民國建築工程期刊匯編

MINGUO JIANZHU GONGCHENG QIKAN HUIBIAN

55

《民國建築工程期刊匯編》編寫組 編

广西师范大学出版社
GUANGXI NORMAL UNIVERSITY PRESS
·桂林·

第五十五册目録

五工程學術團體聯合年會紀念刊

各工程學術團體聯合年會紀念刊
張人傑題
中國工程師學會第六屆年會
中國電機工程師學會第二屆年會
中華化學工業會第十一屆年會
中國自動機工程學會第二屆年會
中國化學工程學會第四屆年會
民國二十五年五月
在杭州舉行

中國電氣股份有限公司

China Electric Company

LIMITED

本公司爲國內規模最大之承裝電話專家設有製造廠於上海聘有專門工程師代客設計如承 各界垂詢無不竭誠歡迎

總公司 上海蘭路二六九號 電話五〇一〇〇號

分公司 天津 漢口 廣州

「……泰西之士，雖一才一藝之微，而國家必寵以科名，是故人能自奮，士不虛生，遂務學成用世，則又有學會以資其博，有報以達其情，萃全國學者之能，日稽考于古人之所已知，推求乎今人之所不逮，翻陳出新，開世人無限之靈機，闢天地無窮之奧理。」——節錄　總理上李鴻章書。

五工程學術團體聯合年會紀念刊目錄

告

演說

論文提要

土木工程

化學工程

特載

史略

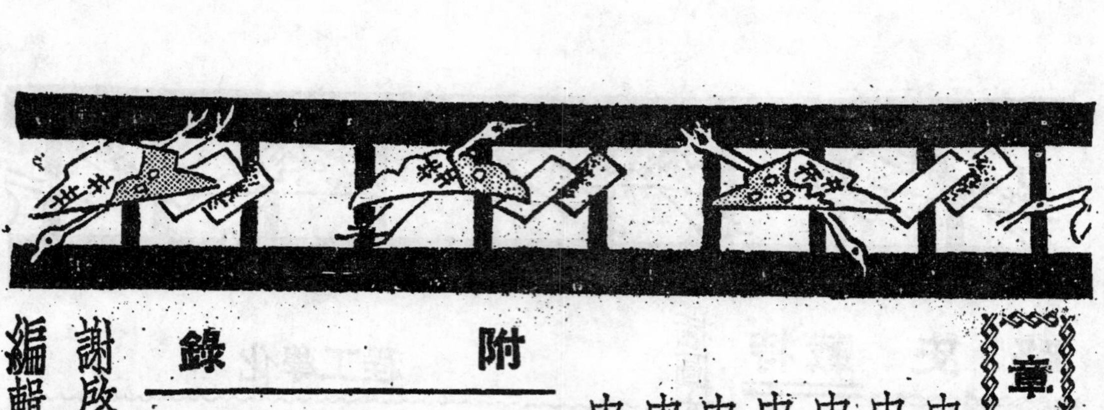

章程

附錄

中國工程師學會中華化學工業會中國化學工程學會

國電機工程師學會中國自動機工程學會中國機械工程師學
會場

會六學術團体聯合年會大會攝影

大會會場

發刊辭

茅以昇

民國二十五年五月下旬，五工程學術團體，舉行聯合年會于杭州，會期中復有兩浙新會成立；研討學術，互契高情，並承長官指導，嘉賓勗勉，會期雖暫，涵義實深。

以昇籌備年會，於今三次，而本屆最爲繁瑣，佈置尤費周章。杭州擅湖山之勝，此次會期，適逢初夏，游人絡繹，館舍喧闐，會員起居讌集，往例可假用校舍，今則弦誦方殷，勢有未便。幸荷浙省府撥助經費一千元，杭市府允假大禮堂，浙大之江及藝專三校惠借集會場所，浙江省電話局特裝通話專綫，公路局配備迎送專車，各旅舍優予招待，所有會期內之住行問題，方粗告解決。開會時，復承滬杭甬鐵路局特予註册便利，各機關學校及團體排日招待，各場所歡迎參觀，各廠店紛致贈品；最後更賴年會指南中廣告之助，得有節餘經費，撥充獎學基金。所領各方盛情，難以罄述，誠以昇及籌備同人欣幸之餘，所當掬誠感謝者也。

會期內蒙浙省府黃主席，各廳廳長，浙黨部各委員，杭市周市長，龍臨開幕；孔部長庸之，葉譽虎先生，蔣夢麐先生，于百忙中，遠道戾止；懇切賜詞，同深敬佩。曾會長養甫遇會主持，各會員參加興奮，並有從粵桂巴蜀航空涉海如期趕到者；濟濟一堂，氣求聲應。緬懷當日場中言論及會外期許，具見本會責任之重大；爰輯本刊藉資策厲；寥寥數晨夕之經過，願與我會員心藏共勉之。

本屆聯合年會一切籌備事宜，端賴副委員長兼總幹事趙曾珏先生精心擘劃，偏勞主持，各名譽委員（非會員）熱誠匡助，各籌備委員協力合作，方獲完成盛舉。以昇濫竽充數，貢獻無多，附此誌歉。

二十五年七月，錢江大橋工次。

五工程學術團體聯合年會職員錄

名譽會長　黃紹竑

名譽副會長　曾養甫　周象賢

聯合年會籌備委員會

委員長　茅以昇

副委員長兼年會總幹事　趙曾珏

委　員　杜鎮遠　侯家源　朱一成　陳仿陶　吳競清　沈景初　葉家俊　周玉坤　曾　桐　羅　英

李　育　洪傳炯　周鎮倫　柴志明　楊耀德　黃　中　陸桂祥　潘承圻　陳廣沅　王承黻

程錫培　王祖蘊　徐　鑅　朱延平　朱重光　王　助　浦峻德　陳曾植　張自立　何尚平

李壽恆　王　箴　孫家謙　孫　詹　沈棻詹　毛起爽　張惠康　莊仲文　曹鳳山　杜長明

吳錦銓　丁嗣賢　徐宗涑　時昭涵　李運華　顧毓珍　譚世藩

大會主席團

曾養甫(工程)　李熙謀(電機)　曹惠羣(化業)　黄叔培(自動)　張洪沅(化工)

大會職員(由籌備委員會聘請)

會程委員會

主任委員　陳仿陶
副主任委員　李壽恒
秘書　張咸鎮
參觀組主任　朱延平
委員　王助　曾桐　尤佳章　陸桂祥　李柏齡　李壽恒　楊耀德　柴志明　許廣臣　張咸鎮
　　李培恩　羅英　李文驥
佈置組主任　張咸鎮
委員　陳克家　胡光鈞　金忠源　陳培德　俞鈞碩　李培恩　王箴　柴志明　李壽恒　曾觀光
catering組主任　陳仿陶
副主任　胡光鈞
委員　張咸鎮　胡存謙　馬宗裕　梁文輔　俞鈞碩　梅賜春　孫家謙　曹壽昌　林廷通　方巽山
　　陳廣沅　戴經甫

游藝組主任　曹壽昌

委　　員　江眉仲　李葵孫　王政聲

招待委員會

主任委員　張自立

副主任委員　吳競清

祕　　書　李紹德

車站招待組主任　程錫培

副 主 任　武書常

委　　員　呂偉彥　浦峻德　阮國瑞　吳祿增　李葵孫

女賓招待組主任　朱重光夫人

副 主 任　王伯修夫人

委　　員　張自立夫人　吳競清夫人　吳錦慶夫人　陳仿陶夫人　王禹朋夫人　勞兆波夫人　曹壽昌夫人

李紹德夫人　程麗娜女士　張信培夫人　俞安英女士

交通組主任　孫家謙

副 主 任　陳曾植

委　　員　朱重光　汪建才　鄭志勤　王道達　吳仲達

旅館組主任 勞倣安

副主任 沈景初

委員 勞兆浚 王鏡清 曹銘先 毛啓爽 蕭理紛 瞿濂甫

遊覽組主任 吳競清

副主任 曹壽昌

委員 朱延平 陳廣沅 曾世榮 瞿濂甫 張國祥 陳亦卿 鍾濟惠 王邦燊 徐鏡陽 江佩衡

鄭 榮

講演委員會

主任委員 顧毓琇

委員 張廷金 茅以昇 柴志明 顧毓珍 吳錦慶 張馨山

編輯委員會

主任委員 陸桂祥

副主任委員 蔡斌賢

委員 陳廣沅 張延祥 沈嗣芳 尤佳章 杜長明 徐宗涑 張德慶 沈三多 張毓鵬 惲琰如

總務委員會

主任委員 趙曾珏（年會總幹事兼）

副主任委員 裘燮鈞

註册兼文書組主任 汪世襄

副主任 陸尊周

委員 王丙基 黃坐 李德培

事務兼糾察組主任 陳克家

副主任 許廣臣

委員 潘毅 汪英甫 丁慰堂

會計組主任 沈景初

委員 劉選英

各學會年會職員錄（由各學會自行聘請）

中國工程師學會第六屆年會論文委員會

委員長 沈怡

副委員長 朱一成

委員 茅以昇 李學海 朱延平 林同棪 徐世大 張含英 李書田 鄭肇經 趙福靈 蔡方蔭

羅英 鄭華 聶肇靈 朱有騫 吳承洛 吳屏 徐宗涑 顧毓珍 顧毓琇 朱其清

周琦 馮簡 張延祥 許應期 錢昌祚 茅以新 莊前鼎 陸增祺 楊繼曾 錢旭暨

王龍佑 曾養甫 李俶 胡庶華 胡博淵 楊簡初 陳章 沈秉魯 柴志明 張德慶

中國工程師學會第六屆年會提案委員會

委員長　惲震

副委員長　張自立

委員　上海分會正副會長　廣州分會正副會長　南京分會正副會長　太原分會正副會長

濟南分會正副會長　長沙分會正副會長　唐山分會正副會長　梧州分會正副會長

青島分會正副會長　重慶分會正副會長　北平分會正副會長　大冶分會正副會長

天津分會正副會長　南甯分會正副會長　杭州分會正副會長　美洲分會正副會長

武漢分會正副會長

中國電機工程師學會第二屆年會論文委員會

委員長　顧毓琇

副委員長　許應期

委員　李郁榮　任之恭　劉晉鈺　馬就雲　倪俊　壽俊良　陳章　王國松　楊耀德　毛啓爽

盧祖詒　胡汝鼎　陳中熙　包可永　楊肇燫　張籍舫

中國電機工程師學會第二屆年會提案委員會

委員長　裘維裕

副委員長　楊孝述

委　員　潘銘新　惲　震　鍾兆琳　胡瑞祥　徐學禹　諸葛恂　張惠康　莊仲文　俞汝鑫　陳良輔

沈嗣芳　沈銘盤

中國自動機工程學會第二屆年會論文委員會

委員長　張登義

委　員　錢迺楨　胡嵩嵒　梁砥中　黃叔培　丁祖澤　陳申武　史久華　孫家謙　曾　桐　鄭　榮

張慕聃

中國自動機工程學會第二屆年會提案委員會

委員長　胡嵩嵒

委　員　張登義　李崇樸　孫家謙　張慕聃

中國化學工程學會第四屆年會論文委員會

委員長　曾昭掄

委　員　張克忠　張漢良　丁嗣賢　時昭涵　馬　傑　賀　闓　胡安愷　陳宗南　金開英　李運華

劉　瑚　蔣導江　徐宗涑　陸貫一

中國化學工程學會第四屆年會提案委員會

委員長　張洪沅

委　員　侯德榜　吳錦銓　區嘉煒　顧毓珍　韓祖康　康辛元　張大煜　萬冊先　杜長明　陳國玱

五工程學術團體聯合年會日程

民國二十五年五月二十日

上午九時　開幕典禮　大禮堂

下午二時　中國工程師學會會務討論　大禮堂

五月二十一日

上午八時　中國工程師學會宣讀論文　藝專禮堂

上午九時　中國機械工程師學會成立大會

下午二時　分組參觀　浙江大學

五月二十二日

上午八時　各工程專科學會會務討論　浙江大學

下午二時　各工程專科學會宣讀論文　浙江大學

五月二十三日

上午八時　中國土木工程師學會成立　大禮堂

下午二時　分組參觀

下午七時　年會宴　鏡湖廳

五月二十四日起分組赴京滬兩地參觀新建設及浙皖兩省名勝遊覽

賀電附祝詞

「我們爲學的目的，是要救人，要救國，要改造社會，要復興民族，要爲社會服務，爲國家盡忠，爲人類造福。簡單的說，就是「學爲濟世，學爲救人。」如此爲學，然後學乃有成；如此爲學，然後學乃致用；如此爲學，然後學問方有價值。……古人說，『興滅國，繼絕世，爲天地立心，爲生民立命，爲往哲繼絕學，爲萬世開太平。』我們爲學的目的，也就是如此。」

——節錄 蔣委員長講「立志爲學與服務」。

大會賀電 附祝詞

一 賀電

孔祥熙先生賀電

中國工程師學會中國電機工程師學會中華化學工業會中國自動機工程學會中國化學工程學會五學術團體聯合年會公鑒本日值貴聯合會年會之期敬維貴會諸君子以學術之磨礱作精神之團結行見利民福國日進無疆特電贊賀諸希亮察孔祥熙哿印

趙祖康先生賀電

杭州浙江省電話局趙局長曾珏轉五學術團體聯合年會中國工程師學會曾會長養甫暨董執兩部諸公公鑒聖湖盛會祖康因事不克躬與謹遙祝成功並頌公祺趙祖康叩效

余籍傳周鳳九兩先生賀電

杭州浙江省電話局轉五學術團體聯合年會公鑒欣值貴會開幕行見羣賢畢集研幾極深發其精思抒爲偉略猥以蟻務未克參加東望杭雲特申賀悃中國工程師學會長沙分會會長余籍傳副會長周鳳九叩哿

林濟青先生賀電

杭州五學術團體聯合年會出席會員先生公鑒年會聯歡西湖雅集道參化育光聚德星濟青羈跡濟南未能附驥遙瞻壇坫電祝馳忱林濟青叩

黃伯樵先生賀電

五學術團體聯合會年會公鑒五會此次舉行年會於湖山勝地四方會友雲集一堂蹡蹡蹌蹌實爲盛事惜伯樵羈於路務不克與諸友好謀一良敍而於籌備之事亦鮮盡力良用歉然惟有敬祝大會圓滿諸君康健而已區區之誠惟祈垂察黃伯樵叩皓

李育先生賀電

公路局李旭涵密譯轉浙江省電話局趙局長眞覺兄錢江大橋工程處茅處長唐臣兄本屆中國工程師學會在杭舉行年會弟於役黔疆未獲參與盛會幫助籌備招待亘深歉仄特電致候並祝大會進步及諸君康健弟李育叩哿

傅无退先生賀電

五學術團體年會諸同志湖上蹌躋昌學聯驩翹繫引企既賀且歉川康公路工程處傅无退巧

中國工程師學會武漢分會賀電

杭州中國工程師學會年會委員會公鑒大會開幕羣英廋粹遠祝進步謹電馳賀武漢分會叩哿

中國工程學會長沙分會賀電

中國工程師學會年會籌備委員會鑒本屆年會在杭舉行闡揚學術縱游名勝會員之幸邦國之光本分會同人服務各界工作緊張無法抽身到會引領東南曷勝悵惘謹此慶祝伏維諒鑒長沙分會叩號

祝　詞

中國工程師學會濟南分會祝詞

民國廿五年五月二十日中華化學工業會中國化學工程學會中國電機工程師學會中國自動機工程學會中國工程師學會舉行聯合年會於杭州，敬爲之祝曰：

「聿新建設，科學是崇。文明大啓，人代天工。

樂羣敬業，交益有功。猗歟年會！共勵和衷。

西湖名勝，咸舉欣逢。碩彥萃聚，道合志同。

五星映曜，輝映寰中。光我民國，懽祝臨風。」

中國工程師學會濟南分會恭祝。

報告

「中國從前只有二種人：第一種人在紙上做文章，第二種人在實地做工作。彼此幾乎各不相通，說話都彼此不懂，不用說互相幫助。現在卻要有第三種人，有知識更能實行，能做工還能研究，這就是工程師。工程師要有很高深的學問，但又要能夠把學問直接應用到實際問題上去。工程師是第一種人，因為他們可以穿上長衫，到專門學會內與博士教授們討論學理；他又是第二種人，因為他們也能拿起斧頭，到礦井底下與工人們一起做工。」

——翁文灝先生論「工程師的任務」。

大會開幕時主席曾養甫先生致開幕詞

五工程學術團體聯合年會籌備經過

趙曾玨

這次年會在杭州舉行是根據去年中國工程師學會在廣西南寗年會的決議。在當時南京分會和上海分會都主本張屆年會在南京和上海舉行。後來會員金通尹君提議本屆年會可在杭州舉行，會後分組赴京滬兩地參觀新建設。他的理由是：因爲浙江建設可供參考研討的地方還多，杭州尤爲交通綰轂之區，風景名勝，海內著稱。開會遊覽，都很適宜。而且杭州和京滬間的交通，火車數小時可達。會後參觀京滬兩地新建設，非常便利。實屬一舉數得。結果金君的提議獲得全體到會會員一致的通過。

去年十一月間，曾玨接到中國工程師學會的一封信，裏面說第六屆年會不久將在杭州舉行，特聘請茅以昇先生爲籌備委員會委員長，曾玨爲副委員長，囑卽主持籌商進行云云，曾玨猥以菲才，對于這樣重大職責，本來不敢擔任。不過因爲本人也是會員一份子。會員服務學會，那是每個會員應盡的責任和應有的努力，毫無推諉的餘地。而且茅以昇先生擔任籌備委員長，一切事情，都可由茅先生主持辦理，本人從旁贊助推進，想來當不致隕越。因此就答應了。就和茅先生召集了杭州分會各會員，組織了一個籌備委員會，商討各項進行問題，並指定各部辦事負責人選。

年會開會的日期，籌備委員會原定爲四月一日至四月四日。在今年的一二月間，籌委會就積極進行籌備。可是這時正好浙江建設廳長曾養甫先生升任鐵道部政務次長，原有建設廳的人員和建設廳附屬機關的人員，都免不了有一番更動。會員中服務建設廳的人數頗多，因此，籌委會的工作便無形中陷於停頓。這時，籌委會同人覺得一方面因爲大會開會期近，時間侷促，籌備不及；同時，更因爲國曆四月，正值杭市香汛，行旅雲集，杭市的莊寓旅舍，都有「客滿」之患。年會如果依期舉行，那麼會員的「住宿」問題，一定不易獲得圓滿解決。籌委會就把這個理由和中國工程師學會往返函牘磋商，於是決定把會期展延到五月二十日至二十三日舉行。

籌委會第一步工作，便是籌集經費。經全體全人會商結果，編製了一個預算；

收入	
一、分會年會費	洋五〇〇、〇〇元
二、廣告費	洋二、二五〇、〇〇元
三、會員註冊費	洋一、二五〇、〇〇元
四、省政府補助費	一、〇〇〇、〇〇元
以上合計洋五、〇〇〇、〇〇元	

支出	
一、印刷費	洋一、〇〇〇、〇〇元
二、交通費	洋一、一〇〇、〇〇元
三、徽章費	洋三〇〇、〇〇元
四、分會公宴費	洋五〇〇、〇〇元
五、雜費（佈置會場僱工搬運等）	洋六〇〇、〇〇元
六、年會宴	洋一、〇〇〇、〇〇元
七、其他臨時招待費用	洋五〇〇、〇〇元
以上合計洋五、〇〇〇、〇〇元	

、預算裏面原列有省政府補助費一千元，由籌委會向省政府洽商，即蒙慨允撥助。籌委會同人深恐大會經費不敷支配，除由中國工程師學會決定撥補助費三百元外，并由籌委會規定其他參加的學會至少各須徵求廣告費二百元，蒙各地會員向京滬杭各商家兜攬年會指南廣告，以廣告所入補助大會開支。兜攬結果，成績居然不錯，共得廣告費約四千六百餘元。大會用度，乃不虞匱乏。會後尚有餘款撥充「工程

獎學基金」作本屆年會的永久紀念。

籌委會第二步工作便是接洽大會會場。估計大會到會人數，尋覓一個適當容納全體會員的場所，倒也不是一件容易事。在杭州，幽靜秀麗的莊寓廬舍儘多，但是如果要找一個能容納三四百人開會的地方，却極困難。最後覓定西湖大禮堂作爲大會會場。西湖大禮堂背山面湖，風景絕佳，內部可容二三千人。各項裝修設備，也還相當的美術化。選爲大會會場，最爲相宜。不過大禮堂自輟演電影以來，塵封已久。籌委會於是函請杭州市政府撥款鳩工修繕，把大禮堂內部油漆粉刷一新。並選定大禮堂靠湖面的兩個大房間，作爲大會辦公廳。會員到會，無論關於註册開會參觀游覽以及招待等等事項，如有任何問題，可向辦公室各組就近詢問，由大會各組職員負責解答或解決。大禮堂而外，又接洽借用浙江大學教室和西湖藝術專科學校教室作爲各學會宣讀論文和討論會務的場所；借用市政府鏡湖廳作爲公宴的地點。這樣，會場和辦公廳的問題都告解決了。

其次，籌委會進行籌辦的便是招待問題。爲便利會員到會起見，特函請鐵道部交通部優待會員乘車乘船；乘坐火車按票價五折計算，乘坐國營輪船，按七折計算。一面籌委會編製了一本年會指南小冊，分發各學會會員查攷。關於到會註册等等手續，在指南上明白訂定，會員祇須按圖索驥，便可一目瞭然了。在杭州城站，並成立了一個車站招待所。會員蒞杭下車，關於一切安置行李，赴會手續及詢問途徑，和寄寓旅舍等等問題，都可向招待所接洽解决。

關於會員到會後的「食」「住」「行」三項，在佈置上頗費周折。「食」的問題，因爲地方上各機關團體都有歡宴的準備，而會期祇四日。籌委會僅將各機關團體公宴日期排定，會員的「食」，自可毋庸籌辦。關於「住」的問題，原想借用莊寓，作爲會員下榻之所。不過因爲會員人數衆多，設置床帳被褥，事實上難以辦到。同時杭州各旅館的設備，尙可差强人意。籌委會於是向各大旅館接洽了一個特別折扣。這樣，對於會員寄宿，無論在舒適上，經濟上都還可以過去。至於「行」的問題，像會員赴會赴宴和參觀，都決定用汽車代步，完全委托浙江省公路局代辦。會員的「行」也就不成問題。

其次進行的就是女賓的招待問題。籌委會預計這次年會會員攜帶眷屬來杭的一定不在少數。不過到杭以後，如果眷屬隨同會員參加開會，必感不便，而眷屬來杭，其目的本在遊覽，今如一同開會，未免乏味。反過來說：如果由會員陪同女賓游覽，足以妨礙會員開會；卽使會員能按時到會開會，而眷屬留守旅舍或獨自出外遊覽，又將使開會的會員難以「安心」。於是另訂女賓招待辦法，會員儘管開會，參觀；眷屬則由女賓招待委員會派人陪伴游覽西湖名勝，這樣一來，會員眷屬，俱得其所。

關於會員註册問題，籌委會設有註册組，掌理其事。未開會前，註册組設於浙江省電話局內。大會期內，便移到大禮堂辦公廳了。在大會的前一二日，籌委會並且做了一個車上註册的嘗試。方法是這樣：由註册組分派人員在滬杭路來杭各班客車上成立臨時辦事處，凡參加年會未經註册的各學會會員，都可於轔轔聲中，利用餘暇，在火車上辦理註册手續。試行結果，尙可滿意。

還有，這次年會各項會議討論事項和參觀的地點（如航空學校等）有些是關係國防，具有相當祕密性的。所以開會和參觀的時候，必須關防嚴密，凡非大會會員職員和有關係的人士，一律不得參加。籌委會仝人深恐有所疎漏。萬一發生何項事端，年會所負的責任實在過於重大。因此就規定了一種出席證（參看附錄）。會員憑證開會或參觀，使非會員無隙入之機會，這確是防止疎誤和減輕年會責任的一個有效方法。

其他籌備各項細節，可參看本刊附錄欄，不另贅述。總之：這次年會的籌備，一因時間關係；（籌委會同人均因職務關係，公餘時間殊少。）二因籌委會同人能力有限；一切都嫌草率。即就大會所表現的成績來說，那也是全體會員精誠合作共同邁進的收獲，籌委會同人殊少貢獻。此外，最令人欽佩的就是地方政府機關和團體的熱心贊助，使年會的籌備，一切得以順利進行。像浙江省政府，年來因省庫不裕，各項開支，均力事撙節。猶能提撥一千元補助大會費用，足見省政當局注意推進學術硏究之一般了。杭州市政府爲了本屆年會，對於西湖大禮堂的修繕，很化了一筆費用，盛意殊爲可感！關於交通方面，如滬杭甬鐵路局、省公路局、省電話局，也都幫了不少的忙。杭州學術界像浙江大學之江文理學院和國立藝術專科學校對於本屆年會也有很多協助的地方，都是值得贊許的。至於大會職員，除會員外，有許多位是向各機關聘請來幫忙的。他們不辭勞苦，熱心來會工作，尤其是該特別表示謝意的。

中國工程師學會最近一年會務報告

（一）關於試驗所募捐事項　本會工業材料試驗所新廈，於去年六月竣工，支出費用爲建築費三萬五千三百餘元，連同捐得材料價值合計約五萬元，又基地地價八千元，已付二千元，收入方面有前中國工程學會移交捐款一萬八千六百七十二元八角二分，政府撥助一萬元，歷年利息八千六百元，兩會合併後捐得一萬五千九百零三元八角四分，（內惲震君經募六千一百五十元，莫衡君經募二千二百三十元，黃均慶君經募三百廿元，鄭葆成君經募三百十元，濮登青君經募一百九十五元，會員個人自捐者張延祥君一千元，各分會經募者武漢分會捐一千八百九十元（即前武漢年會餘款）太原分會經募八百五十四元，南京分會經募六百五十元，太冶分會經募四百四十五元，長沙分會經募四百四十九元，唐山分會經募一百五十六元，廣州分會經募七十元六角五分。）除去建築費三萬五千三百餘元，及基地費二千元，尚存捐款一萬五千八百元，尚有已認而未繳者計三千五百十二元，至所內機械設備費預計至少需十萬元，現捐得之數不敷甚鉅，爰經工業材料試驗所籌備委員長惲震君提議與鐵道部合作，經第二十二次董事會議討論，以茲事體大，非即席所能解決，當議決授權惲君先與鐵道部磋商條件，再報下次董事會決定。

（二）關於修改章程事項　查上屆（即第五屆）年會修改本會章程第廿一條，第廿二條，第廿三條後增加一條爲第廿四條，第卅九條應改爲四十條，第四十條應改爲第四十一條，經通函全體會員公決，截至去年十月十五日止，共計收到三一四票，其中多數贊成修改，本案遂告通過。投票結果如下：——

第二十一條　贊成修改二七八票　不贊成修改二九票　第二三條贊成修改二九五票　不贊成修改十四票　第二一

十三條後增加一條為第二十四條 贊成增加二六五票 不贊成增加四三票第三十九條（應改為四十條） 贊成修改二八九票不贊成修改十三票第四十條（應改為第四十一條） 贊成修改二九九票 不贊成修改九票

（三）關於新職員復選事項 本會會長顏德慶，副會長黃伯樵，董事淩鴻勛，胡博淵，支秉淵，張延祥，曾養甫，基金監徐善祥，均於年會後任滿，業由第六屆職員司選委員李運華，龍純如，顧毓琇，支秉淵，譚世藩君等根據上屆大會修正章程第二十一條之規定，提出下屆職員候選人名單，分發全體會員復選截至八日止，開票結果照錄於下——

會　長　曾養甫

副會長　沈　怡

董　事　淩鴻勛　顏德慶　馬君武　徐佩璜　李儀祉　薛次莘　李書田　裘燮鈞　夏光宇　王寵祐　陳體誠

梅貽琦　胡博淵　李熙謀　趙祖康　沈百先　侯德榜

基金監　黃　炎

（四）關於各地分會事項 本會分會計有十九處之多，除原有上海，南京，濟南，唐山，青島，北平，天津，杭州，武漢，廣州，太原，長沙，蘇州，梧州，重慶，大冶，南寧，美州等分會外，本年新成立之分會有西安一處，又蘇州分會以會員星散，乏人維持，暫告停頓。

（五）關於請求入會事項 本年度聲請入會經董事會通過者，計正會員十五人，仲會員十九人，初級會員二十三人；此外有仲會員升正會員者五人，初級會員升仲會員者二人。

（六）關於技師登記證明書事項 凡工業技師向實業部呈請登記者，須由主管官廳或已向教育部等備案之各工程學術團體證明，確無技師登記法第五條各情事，本屆由本會核發技師登記證明書者計有十一人。

（七）關於會針事項　本會會針自製定發行以來，會員購者至爲踴躍，14K金質每只售價十二元，銀質鍍金每只二元，如會員欲購佩者可向本會購買，鐫名不另取費。

（八）關於年會論文給獎事項　自第四屆年會起，由本會於每屆年會論文中，擇尤給獎，以鼓勵會員研究工程學術之興趣，查第五屆年會論文，經復審委員沈怡，黃炎，鄭葆成，三君擬定：第一獎論文顧毓琇著「二感應電動機之串聯運用特性」，第二獎論文蔡芳蔭著「打樁公式及樁基之承量」，第三獎論文李賦都著「中國第一水工試驗所」，該項獎金業經按照年會論文給獎辦法第四條之規定，分別給予顧毓琇君一百元，蔡芳蔭君五十元，李賦都君二十元。上開獲獎論文，已刊登工程第十卷第六號及第十一卷第一號。（即第五屆年會論文專號上下册）

（九）關於審查機械工程名詞事項　本會前准國立編譯館函，以編訂機械工程名詞將次蒇事，囑仍照前審訂電機工程名詞例推定專家担任審訂工作，經本會第二十二次董事會議及第二十三次執行部會議先後聘定張可治君爲審訂機械工程名詞委員長，王助，王季緒，杜光祖，周仁，魏如，莊前鼎，唐炳源，程孝剛，黃炳奎，黃叔培，楊毅，錢昌祚，羅慶蕃，顧毓琇，劉仙洲，陳廣沅，周厚坤，林鳳岐，周承祐，張家祉，毛毅可，楊繼曾，吳琢之君等二十三人爲委員。又電機工程名詞現亦在審查中。

（十）關於參加中國建築展覽會事項　本年一月間，葉譽虎先生等發起籌備中國建築展覽會，請本會加入爲發起人，並補助經費三百元，當經本會第二十二次董事會議議決補助經費一百五十元，該款已如數撥交矣。

(十一)關於本會與外人組織之中國工程學會等合作事項　茲有外人組織之中國工程學會等，為提倡學術交換智識起見，擬與本會及中國電機工程師學會等合作，並訂有辦法三項(一)任何學會開會時，將演講題目，通知其他學會書記轉知會員蒞會聽講，(二)交換演講人，(三)交換刊物，該項辦法經本會第二十二次董事會議通過，其中(一)(二)兩項係由上海分會辦理。

(十二)關於增刊叢書事項　會員陸增祺君著有「機車鍋爐之保養及修理」一書，請本會接受，刊行為叢書，當由會先後請定專家施鎣，陳明壽，韋以黻，桂孝剛，朱葆芬君等，詳加審查，認為內容良好，爰經董事會，決議付梓，業已出版，全書平裝一冊定價一元五角，本會前已刊印楊毅君之機車概要與趙福靈君之鋼筋混凝土學連此共有叢書三種矣。

(十三)關於刊印廣西考察團報告書事項　本會去年應廣西省政府之邀請，組織廣西考察團，入桂實地研究各種建設問題，並將考察所得彙編報告，以供桂省當局及國人參考。該項報告書內容分：電力，電訊，機械，化工，桐油，礦冶，水利，公路橋梁，市政工程，土地測量等十組，刻已付梓，題名為中國工程師學會廣西考察團報告書。

(十四)關於朱母徵文獎金事項　本屆應徵文論計收到下列七篇：

王朝偉著：速度坐標及其應用

靳成麟著：土方之算法及其土方表

張稼益著：以敵物弧型船(Isherwood Arc-horm)與普通船型之優劣比較

唐賢軫著：竹筋混凝土的試驗

葉　彧著：河渠流速與糙率

馮　寅著：樓架風應力計算

孫運璿著：配電網新計算法

並經第二十二次董事會議議決，聘定徐名材，李謙若，葉雲樵，裘維裕，鍾兆琳五君爲評判委員，業於五月十六日評定孫運璿君獲獎，依照應徵辦法第三條之規定應給獎一百元。

（十五）關於圖書室事項　本年度工程雜誌仍續定下列四種：

1. Engineering News-Record, 2. power plant Engineering3. Mechanical Engineering, 4 Architectural Forum.

又承美國康乃爾大學教授傑可培(Prof.H.S Jacoby)先生捐贈 Transactions of the American Society fo Civil Engineers Vol. 100 1935, and American Railway Engineering Association Vol.36, 1953. 11部。會員徐士遠先生捐贈 Engineering News 1910-1911廿二本，1913-1915廿一本，其他中西文雜誌悉由工程週刊隨時披露，以備會員參考借閱，而向各贈書者誌謝。

（十六）關於建築材料展覽會事項　本會前爲提倡國產建築材料，使建築界及社會各方多所認識與採用起見，於去年十月十日(卽雙十節日)起，在市中心區本會工業材料試驗所主辦國產建築材料展覽會十一天，向國內各大廠商徵集產品材料，並推定濮登青，莫衡，朱樹怡，薛次莘，董大酉，楊錫鏐，黃自强，張延祥，蔣易均，等七人爲籌備委員；以濮君爲主席，莫君副之，朱君任徵集主任，蔣君任佈置主任，參加廠商有六十餘家，陳列出品計分：水木類，五金類，鋼鐵類，油漆類，電器機械類，衛生暖氣類，建築工具類等七項(詳情已誌本會工程週刊第五卷第四期)為獎勵優良出品起見，復請上海市商會，中國建築師學會，上海市營造廠業同業公會，及中央研究院工程研究所各推專家，會同組織審查委員會，慎重評定陳列出品之等級，計發給超等獎狀十張，特等獎狀四十二張，優等獎狀六張。

(十七)關於推派代表參加世界動力協會會議事項　世界動力協會定於本年九月間在華盛頓舉行第三次世界動力大會與第二次世界巨壩大會。經本會第二十二次執行部會議議決，請李書田君代表出席。又世界動力協會於本年六月召開第一次化學工程大會，亦經本會該次會議議決，請戴濟君代表出席。

中國電機工程師學會最近一年會務報告

(一)廿四年第一次年會情形　廿四年四月五日至七日本會借上海交通大學舉行第一屆年會會務討論會二次，論文會二次，宣讀論文計十二篇，並參觀本埠電力公司及電氣製造廠等。

(二)董事會　本董事會至本年度四月止，前後共計舉行會議十五次。每次會議紀錄，均已於本會會刊「電工」上公佈。

(三)演講會　去年本會在上海舉行定期演講九次

第一次二月念五日惲蔭棠先生演講「電氣供給事業之展望」

第二次三月念五日梅循氏（Mr. Miles）演講「A旋轉式自動電話」

第三次四月念九日費立氏（Mr. Pharis）演講「工程之幾種經濟觀點」

第四次五月念七日徐學禹先生演講「中國電話近況」

第五次六月念四日張貢九先生演講「中國廿年來之工程教育」

第六次九月三十日莫登先生（Moulton）演講「無綫電交通」

第七次十月二十八日沈盤銘先生演講「閘北發電廠概況」

第八次十一月廿五日雷氏（J.G.Wray）演講「電話事業發展之經過」

第九次十二月三十日周琦先生演講「高壓瓷瓶之製造」

本年二月二十二日曾與中國工程師學會共同舉行演講會一次，請美國麻省理工大學傑克遜教授演講「工程教育」

（五）電工名詞審查　第一次董事會曾決議推聘會員楊肇燫、沈嗣芳、莊智煥、胡端行、毛啟爽、壽俊良、倪尚達、張承祜、楊孝述、顧毓琇、惲震等十一人，為電工名詞審查委員會委員，繼教育部聘請中國工程師學會及本會担任審查電工名詞工作，乃由本會及中國工程師學會共同推聘周琦、顧毓琇、張廷金、薩本棟、裘維裕、張承祜、壽彬、包可永、趙曾珏、陳章、鮑國寶、惲震、劉晉鈺、李承幹、楊孝述、楊肇燫等十七人，為審查委員，後主任委員惲震，因電工分類繁瑣，原聘十七人不足代表電工分類之全部，乃復決議增聘潘履潔、莊前鼎、康清桂、陶鳳山、黃修青五人，為委員合為二十二人，在上海各委員每星期會合審查二次，經七月之久，電工普通名詞部份，不久即可竣事。倘有電力電信及電化三部名詞，須繼續審查。

（六）電工技術委員會　國際電工技術委員會於一九〇八年成立，其目的為聯絡各國電工學會研究電工名詞與符號之統一，及電工機械儀器額量標準等問題，現各國成立分會加入國際委員會者，已有英、美、德、法、日等三十國。本會鑒於該會工作之重要，爰于去年五月第八次董事會決議成立電工技術委員會中國分會時，以組織章程，未及擬定，故祗推定惲震、顏任光、顧毓琇、薩本棟、張廷金、趙曾珏、徐學禹、楊肇燫、孫國封、周琦、沈嶷銘等七人爲委員，隨即由建設委員會代爲咨請外交部派駐比公使館代辦凌其翰先生出席國際電工技術委員會，在比京舉行之執行部會議代表中國分會提出加入國際委員會之申請。該項申請于去年六月廿七日通過，准許中國分會加入國際委員會爲會員，現在組織章程草案，已經董事會四次修正，不久即可公佈。惟每年應納國際委員會會費五十鎊至二百鎊。自中國分會正式加入國際委員會後，凡國際委員會印發之各項電工技術審查案件，均陸續接到，皆爲極有價值之文件。

（七）叢書編輯　電工叢書委員會由顧毓琇先生主持，已付印者，有直流電機及電工原理二書。

（八）會所　本會會所暫設于上海靜安寺路四一一號，去年中國科學社等二十四學術團體向南京市政府領地八畝，建築聯合會所，已經董事會決議參加

（九）會徽　徽章式樣經董事會多次討論決定，現已製成，經過通告各會員在案。

（十）技術合作　上海西人組織之工程學會(Engineering Society of China)內分電機、土木、機械、三組，曾向本會及中國工程師學會建議聯絡合作辦法，茲經決議：（甲）交換刊物。（乙）互請會員出席演講會。（丙）交換演講員。（丁）交換會員名單。（戊）聯合參觀等五項。下年度內並擬舉行會員工作展覽會以資聯絡。

中華化工業會最近一年會務報告

本會於民國十一年春間在北平發起，成立迄今，已屆十四週，本年爲第十一次年會。其中因時勢變易，十七年總會南遷設於上海，迄今已八載，本會務原定爲（甲）調查國內外工廠實業及土產（乙）徵集關於世界化學工業之最新消息（丙）承受實業界之委託檢驗材料審查工業計畫本互助精神貢獻意見（丁）募集基金建築會所（戊）舉

行關於化學工業之演講（巳）發行化學工業雜誌並隨時刊載關於化學工業之著述（庚）籌辦化學工業參考圖書館及驗試所（辛）介紹化學工業人才於實業界。

以上諸端，均為年來設法進行，逐漸見諸事實者，惟基金之數尚屬有限，會所仍附設於中華工業化學研究所中，收入不多，難以充量發展。分會有上海分會，隨時舉行演講參觀工廠，美國分會新近亦在密西根安亞埠成立。同志加入者甚為踴躍，本年增加正會員三十五人，仲會員二人。

本會會刊，化學工業本年應出之第十卷第一第二兩期，均於年內出齊。天廚獎金徵文，照常每年舉行四次。當選者共有十五篇，計得獎者六篇，得酬金者九篇，均陸續發表於「化學工業」中。

本會曾遵照上海市黨部通知，舉辦識字學校，乃於上海周家橋天原電化廠內，委託本會會員，設立識字學校。辦理成績尚佳，本會又受教育部委託，協同各學會組織化工名詞審查委員會，審查化工名詞。業經推定委員六人審查之。

本會會刊向與國內外著名各學會交換刊物，已有多年。本年將一九三〇年至一九三五年各雜誌，裝訂成冊，以便珍藏而供閱覽。

此外如受機關會員之委託，徵求化工人材，介紹會員職業及技師登記等，均隨時辦理。

中國自動機工程學會最近一年會務報告

（一）概況　本會在籌備期內，辦理經過情形，業經於去年六月二日，舉行成立大會時，詳作報告，並曾詳載會刊第一期中，嗣因本會應向市黨部領取之組織健全訓令，尚未依法辦理，自應繼續進行。即於廿四年九月廿四日，呈請市黨部爲報告本會組織健全，請頒發組織健全訓令去後，至廿五年一月十日奉市執委會執字第三九二七號批令，准予頒發組織健全訓令，并飭仰備文派員具領。本會當於一月十三日派會員盧壽同君，擕帶呈文前往領取，並依照人民團體組織程序，於一月廿四日呈教育局，檢同市黨部組織訓令，請予正式立案。此一年來辦理之概況也。

（二）事業　邇來國內自動機工程日有增進，尤以汽車工程事業，大有一日千里之勢。唯當茲發軔之初，吾人鑒於非以學術作基礎之研究，不足以言求自動機工程之發展。乃於本會成立之始，即以統一編譯汽車工程名詞爲本會事業之先聲。以期使得從事於工程界者得指揮工作，配置零件，編訂書籍，與及研究學術之便利而樹立研究之基礎。故特不厭辛煩，組織特別委員會，專事研討汽車名詞，費時四月，蒐集千餘字，從事整理，分析，參攷，討論，然後分別予以定名。復於會議中幾經審核校讎，及考正，方作最後之決定，名曰英華汽車名詞，業於去歲出版，此本會事業之一。

我人既已將汽車名詞編譯成書問市，然每于工作中感覺不敷應用，尤以與公路等有關之汽車零件及號碼等之混淆謬誤，致各交通機關與服務汽車工程界者咸感不便，故本會將更進一步，搜集各種材料，並參考實情，編訂汽車零件及其號碼等之統一，作爲今後進行事工之一。其他編譯叢書，及擬定各項汽車零件標準等，自當分別舉辦。

（三）研究與著作　本會會員對於自動機工程，多富於研究興趣，近來會員研究稍有結果，已著成論文者計有（1）張登義君之『各種車在中國運用情形之研究』。張君主持上海市公共汽車管理處所得記錄至爲翔實可靠。（2）錢迺楨之『鄂圖循環引擎採用射油方法而仍用着火裝置之研究』，爲錢君在美研究之心得。（3）胡嵩岳君之『小型單汽缸汽油引擎改用木炭代油爐之研究』，胡君主持上海中國建設工程公司機械工程部，受交通部之委託，將該部電台所用美國西屋公司出品之EBI，七五〇瓦特汽油引擎直流電機改用木炭煤氣發生爐，現已初步成功。並爲爐特製一種新式水冷濾清器云。其他會員，研究亦夥，惟尙未著成論文不及備述。

本會著作，已經出版，截至目前止有(1)黃叔培君之『自動機工程』，爲商務印館出版大學叢書之一，內容極爲豐富。(2)丁祖澤君之『汽車駕駛法』，亦係商務印書館出版，已經三版。(3)張登義君之『大客車車身設計』，乃張君自費出版，並經本會特於一月九日第九次常會時，推定梁砥中胡嵩岳錢迺楨三會員負責審查，經提出第十次常會通過，正式定爲本會叢書之一，爲本會叢書之第一種。會員著作，已經編著尙未出版者，有伍光畏君之『汽車駕駛與修理』，爲正中書局定編之科學叢書之一，及『汽車機械名詞』已脫稿。其他會員關於自動機工程之短篇論著，散見於報章及各大雜誌者，多數十篇，篇名不克備載。

(四)學術演講　本會爲增進會員研究興趣起見，特自廿五年一月起，每次常會時舉行學術演講，茲將第一、二、三次演講情形略誌如后。

第一次　一月九日，第九次常會，特請國立上海交通大學機械工程教授錢迺楨君演講『自動機工程在美國之勢趨』。錢君曾在美國密希根大學研究院，專攻自動機工程，去年秋初方由美回國。本會乃請其將美國自動機工程界最近之趨勢情形，作簡單之報告。錢君即將在美耳聞目見之情形，並研究之心得，作提綱挈領之介紹。對於鄂圖循環引擎改用射油裝置而仍用着火燃燒之發展情形，尤有詳切之敘述。

第二次　二月六日第十次常會，特請上海雲飛汽車公司陳秉鈞君演講『十七年來雲飛之經過』。按雲飛公司，現爲上海出租汽車界中之巨擘。陳君於該公司開辦時，即在其機械部任事，對於該公司最初開辦時之簡陋情形，及以後逐年發展至最近地位之經過，均有詳細敍述，並對於該公司自造車身工程上，所遇種種難題，尤多經驗之談。

第三次　三月五日第十一次常會，特請前遼寧兵工廠汽車製造工程師，現任中央銀行顧問，及上海交通大學自動機工程講師，美人麥爾思（Myers）君講演「將來之汽車」（Car of the Future），用英語演講。對於現行汽車之構造，機車設備，車身設計，多所指斥。以爲不脫最初由馬車改造成「無馬車輛」（Horseless Carriage）之窠臼，不合自動車之理想條件。並詳述理想之將來汽車，應有如何設備裝置及設計運用情形，按麥君現在滬寓附近自設小工場一所，設計製造一種兩汽缸極小汽車，擬將售價抑低至五六百元左右，以期普及中國社會云。

（五）調查上海汽車工程業

調查之範圍——本會第一屆大會交下之議決案，調查國內有關自動機工程之工廠，業經理事會負責辦理。唯以範圍至廣，如關於引擎，鍋爐，船舶，車輛等皆在其中。而國內自動工程事業，雖日臻發達，唯仰給外貨者居多；故乃專從事於汽車工程方面之調查，並以上海市爲限，以期得收實效。計分三大業：

（一）木炭代油爐製造業。（木炭汽車）

（二）修理汽車業。

（三）汽車零件製造業。

調查之事項——關於調查之項目，計有：

（一）廠名

(二)廠址

(三)廠長

(四)原動力

(五)產品或能力——其中分：

a.產量

b.每月最多能平均大修完成若干輛

c.每月最多能平均小修若干輛

d.能自製配件成數

e.停車容量

g.其他修理及製造工作

(六)人員——內分高級與低級機務管理員，是爲職員；又分工人，其中有械匠與學徒二種

(七)其他事項

調查之表格——表格共分二種，一係調查關於汽車工程之工廠者；一係調查關於汽車修理行，均經製定表格。

調查之統計——調查結果，除另有表格存會中外，特就廠數，(或行家)管理員，技匠與學徒等分別加以統計，計廠數四七，人員一〇六七，業已製成統計表一紙。

中國化學工程會最近一年會務報告

（一）本會理事會議紀錄

甲、本會二十四年度理事會在廣西南寗會議記錄

出席理事：張洪沅，曾昭掄，賀闓，杜長明。

地　點：廣西　南寗　省政府寄宿舍。

時　間：二十四年八月十四日下午一時

討論事項：

（一）理事杜長明提出，加入中國學術團體聯合籌備委員會案。

議決：通過。

（二）分期舉行聯歡會案。

爲聯絡會友并圖發展會務起見，將由各大城市分區舉行聚餐會。

議決：由各區照辦。

（三）機關會員如何介紹案。

討論結果：斟酌辦理。

（四）推請司選委員會。

議決：推請陳宗南，康辛元，吳魯强爲司選委員，並請陳宗南先生爲司選委員會主席。

27647

附註：以上各議案係經出席理事之議決事，後經理事顧毓琇先生簽字同意。

乙、本會二十四年度理事會秋季大會記錄

出席理事：張洪沅，張克忠，孫洪芬，杜長明，（張克忠代），曾昭掄，賀闓，顧毓琇（以上張洪沅代），韓組康（楊石先代）。

地點：天津南開大學，百樹村七號。

時間：二十四年十月六日下午三時。

報告事項：

（一）理事杜長明，來函報告各學術團體聯合會所進行狀況。

（二）世界動力協會中國分會書記吳承洛先生，來函催集論文。

（三）中國工程師學會，函請本會參加明春在杭舉行之聯合年會。

討論事項：

（一）理事杜長明，提議推請理事顧毓琇為本會出席各學術團體聯合年會籌備會代表案。

議決：通過。

（二）「化學工程雜誌」經理編輯張洪沅提議，吳欽烈為編輯案。

議決：通過

（三）中國工程師學會，邀請參加明春四月在杭舉行之聯合年會案，

議決：通過，並推杜長明為本會出席籌備會代表。

（四）理事孫洪芬，張洪沅提議設立「楚青紀念奬金」以紀念本會已故理事劉楚青先生案。

議決：通過

（五）理事張克忠，孫洪芬提議設立「楚青紀念奬金委員會」，委員人選不限於本會會員案。

議決：通過，並當場推定會員孫洪芬，楊石先，陳調甫，楊蓉賓，杜長明，侯德榜，李運華，陳宗南，吳魯强，曾昭掄，顧毓珍，韓組康，張克忠，賀闓，張洪沅等爲「楚青紀念奬金」籌備委員，孫洪芬爲籌備委員會主席，會外人選，由委員會主席酌量聘請。

丙、本會二十五年度第一次理事會紀錄

出席理事：張洪沅，孫洪芬，曾昭掄，陳宗南（張洪沅代）李運華（張洪沅）代顧毓珍（張洪沅代）賀闓（張洪沅代）。

地點：北平東四牌樓同和居。

時間：二十五年二月一日八時。

議決事項：

（一）請現任職員聯任一年，但杜長明理事任期已滿，理事會書記推理事顧毓珍担任。

（二）出版委員會擬取消，其職務移交編輯部。

（三）名詞委員會保留。

（四）會員委員會改組，并推杜長明爲委員長，負責組織之。

（五）職業介紹委員會改組，並推曾昭掄爲委員長，負責組織。

(六)加組基金委員會，推孫洪芬為委員長，負責組織之。

(二)化學工程雜誌近訊　本雜誌旨在提倡化工學術，鼓勵化工研究，發行以來，深承各學術機關及同志者之鼎力贊助。現以稿件日多，決自第三卷起改為季刊，專載關於化學工程及應用化學研究論文，並國產工業原料分析結果。第三卷一期現已出版。

本誌現任職員：

經理編輯：張洪沅

編　　輯：張大煜，陳宗南，韓組康，賀　闓，徐宗涑，康辛元，金開英，顧毓珍，李運華，區嘉煒，張漢良，丁嗣賢，曾昭掄，杜長明，吳欽烈（以英文姓名字母為序）。

(三)化工名詞審查委員會近訊　本會自創辦以來，即着手翻譯化工名詞，茲已將下列各部翻譯完畢：

(一)化工單元處理　(二)燃料與燃燒　(三)陶瓷工業　(四)油墨與油漆　(五)皮革　(六)水泥石灰與製造　(七)炸藥及毒氣化學　(八)酸鹹工業　(九)電化工業　(十)造紙工業

以上十部所譯名詞，約有九千字之多，其餘如動植物油脂工業，石油工業，橡膠工業，肥料工業，染料工業，等各部之譯名工作，正在分別進行中，不久當可完畢。所有譯竣之各部名詞，業交南京國立編譯館審查。嗣接編譯館來函，要求本會選派六人代表與中國化學會，中國化學工業會合組委員會，負最後審查之責。理事會當即推選下列各位先生為代表：

吳欽烈，金開英，徐宗涑，張克忠，張洪沅，顧毓珍廿四年十二月廿一日，由書記將各委員名單及通信處函達編譯館，並請轉呈教育部加聘外，同時函達各委員查照。

（四）本會加入中國學術團體聯合會會所籌備委員會近訊　中國學術團體聯合會會所籌備委員會，最初係由中國工程師學會，中國科學社等十八個學術團體發起。其目的擬在南京建一聯合會所，以便聯絡吾國各學術團體，共負文化推進之責任。嗣經本會理事會通過加入聯合會會所籌備委員會，並派杜長明先生爲本會出席代表。二十四年十月一日籌備委員會假南京建設委員會開成立大會。先由主席報告成立旨趣，及其經過，至將來會所建築，規模甚爲宏大，除各學會各有辦公室外，並有一大會堂及圖書館，建築經費約需萬餘元，建築費之籌集，或由各學會募捐，或請政府津貼，現正分頭接洽中。建築圖樣，業已製就。至地址係由南京特別市政府捐撥一部，全部面積，約有七畝。嗣大會通過本會加入籌備會。並推選胡博淵吳承洛惲震等七位先生爲常務委員負責進行一切事宜。再本會認擔一個單位之入會費一百五十元，已於二十五年一月內繳納矣。後杜長明辭去本會出席代表之職，該職已由理事會另請理事顧毓珍先生擔任。

（五）本會會員在南寧歡聚記　二十四年八月中國科學社等六學術團體在廣西南寧開會，到會有二百餘人。本會會員到會者，計有十五人之多。因此於八月十二日，在南寧化學試驗所，開一談話會。由會長張洪沅主席。最初，報告當時工作情形，甚爲詳盡。嗣各會員討論本會將來進行計劃，力主擴充會務，推廣會員並决於廿五年開一年會。到會會友無不興高采烈，雖在盛夏，但均忘暑熱之苦，主人爲化試驗所所長李運華博士，竭力招待，亦一不易得之聚會也。當時到會者約二十人云。

五工程學術團體聯合年會經費收支報告

民國二十五年七月二十九日審查

收入欄 摘要	千百十元	角分	支出欄 摘要	千百十元	角分	單據粘存簿起訖號次	備考
							所有全部單據粘存簿冊現交杭州中國工程師學會保存備查
年會指南廣告費(附清單)	4,147	00	佈置費	295	41	2—31	
外埠會員註册費(附清單)	1,330	00	證章費	108	00	32—32	
本埠會員註册費(附清單)	885	00	公宴費及膳食費	1,391	90	33—43	內年會宴費699.38元杭州分會公宴301.30元招待女賓膳食費及會期內辦事員工膳食391.22元
女賓註册費(附清單)	375	00	遊藝費	80	00	44—44	
浙江省政府補助招待費	1,000	00	交通費	951	85	45—67	
中國工程師學會年會補助費	300	00	照相費	51	00	68—68	
華豐造紙廠捐贈招待費	100	00	印刷費	471	01	69—76	
都錦生絲織廠捐贈招待費	20	00	文具費	77	04	77—105	
杭州電氣公司捐贈招待費	36	79	郵電及電燈費	173	78	106—124	中國工程師學會補助年會300元，其他各參加學會代徵廣告各在200元以上。
年會紀念刊廣告費(尚有未收到者不列)	72	00	運送費	3	11	125—126	
利息收入	15	12	各項雜支	78	46	127—175	
來賓參加年會宴費(附清單)	66	00	退還會員五人多繳註册費	25	00	176—179	
			租船費	36	79	180—180	
			墊付土木電機工程師學會照相費	21	00	181—182	
			紀念刊印刷費第一次付款	200	00	183—183	
			浙大工學院工程獎學基金	3,000	00	1—1	永久存儲中央信託局年息一分
			之江文理學院土木系工程獎學基金	1,000	00	184—184	
			存中國銀行	382	56		結存中國銀行餘款悉數撥充紀念刊印刷費不敷另招廣告彌補
總計	8,346	91		8,346	9.		

審查委員 洪傳炯印 毛啓爽印　　籌備正副委員長 茅以昇印 趙曾珏印　　會計組主任沈景初印

27652

演說

「世界最偉大之物質，爲人身之三種汁：一爲汗汁，二爲腦汁，三爲血汁。有此三種汁，方能創造有價值之事業，方能造成國家民族之光榮歷史。工程師如能認識本身之使命，爲國家民族而奮鬥，犧牲其所用之腦汁與汗汁，實與戰士灑在戰場之血汁，有同樣偉大之價值，同具有挽救國家民族之效能。」

—曾養甫先生開幕詞。

右圖爲大會開幕時來賓演說情形。台上中立演説者爲葉譽虎氏。

左爲中國電機工程師學會第二屆年會全體會員攝影。中坐者爲會長張貢九氏，其右爲本屆聯合年會籌備副委員長兼總幹事趙曾珏氏。

大會主席曾養甫先生致開幕詞

——五月二十日在西湖大禮堂大會講——

各位來賓，各位會員：今日爲中國工程師學會，中國電機工程師學會，中華化學工業會，中國自動機工程學會，中國化學工程學會五工程學術團體在此舉行聯合年會之期，承各位來賓光臨指教，各方會員遠道參加，出席人數較以前各次年會特別踴躍，乃一非常難得之機會，兄弟認爲此次舉行聯合年會，有兩種重大意義：

其一、中國工程師學會成立已二十餘年，舉行如此盛大年會今日尚爲第一次，在主觀方面言，由於會中同人之共同努力；在客觀方面言，由於今日之國家社會，對於工程師之需要益見殷切，近數十年來，國家在破壞時期，工程師之需要較少，卽在普通建設時期，工程師之地位，亦不若非常時期之重要，今日全國上下，大家努力於物質建設，使成爲眞正之現代國家，現代國家之要素，固須政治經濟同時改進：而物質建設之迎頭趕上，尤爲最要之條件，物質建設應由各種工程師負責，可見今日以後之工程師與工程師學會，其使命與地位，益形重大。

其二、工程師學會聯合五工程學術團體舉行年會，本年亦爲第一次。工程學術團體，尙有中國機械工程師學會及中國土木工程師學會，卽日成立；鑛冶工程學會，水利工程學會，均以早經決定年會之地點，不能變更，將來必可聯合舉行會議，共同討論硏究，交換知識。但中國各項工程學識與工程事業之進步，因工程之性質，雖可分成多種，而其相互之關係，則非常密切，譬如建築鐵路，固以土木工程橋樑工程爲主，而機械工程與電機工程，關係亦極重要，又如開採鑛藏，固需要鑛冶工程而化學工程電機工程機械工程，亦不可缺。各項工程既有密切關係，自以聯合開會，共同討論，爲最易促學術與事業之進步，今年以後，各項工程人材，必能爲大規模之聯合，使會務迅速進步。

五學術團體在此舉行聯合年會，既有上述兩項重大意義，希望我工程界同人，具有下列三種認識：

一、工程爲新興之科學，在歐美先進國家，尙不到二百年，如飛機汽車等工程，不過三五十年之歷史，我國工程事業，雖以時間短促，尙未能趕上他人，然有先進各國之工程，可供參考，不必再經迭次之試驗，其進步必較迅速，其事業必較經濟，在工程本身立場言，亦屬一種優點。今日各項工程，均在努力邁進時期，工程本身各有其本身之困難，其困難之性質與解決困難之方法不能與過去，他人相同，但同人能有克服困難之勇氣，解除困難之決心，中國之工程事業，必能於最短期間，趕上他人，於最近將來，放一異彩，希望大家努力硏究，努力推進，使中國工程事業，早放燦爛之花。

二、工程師在普通時期，爲技術人員，大家學習工程之目的，亦與學政治經濟等學科異其旨趣，在以本人之技術，易得相當之報酬，社會對於工程人才，亦具同樣之觀感，但因時代之進步，今日之工程師，對於國家民族之與衰存亡，已負有極重大之責任，工程師本身，亦知犧牲其個人之利益，而努力於國家民族之利益，犧牲其職業之與趣，而努力於挽救國家民族之工作，此種心理與風氣，非常偉大，在整個國家民族立場言，關係更爲重要，希望大家益加發揚此種犧牲個人之利益與興趣，爲國家民族服務之精神。

三、今日國家民族，已到非常嚴重時期，已達生死存亡之關頭，今後惟一出路惟一希望，在全國有知識有能力之分子，內心覺悟，全體參加救國救民之工作，國家民族之挽救與復興，並非全靠戰場之決鬥，並非全靠以血肉與槍砲相拚之壯烈犧牲，兄弟以爲世界最偉大之物質，爲人身之三種汁，一、爲汗汁，二、爲腦汁，三、爲血汁。有此三種汁，方能創造有價值之事業，方能造成國家民族之光榮歷史。工程師如能認識本身之使命，爲國家民族而奮鬥，犧牲其所用之腦汁與汗汁，實與灑在戰場之血汁，有同樣偉大之價值，同具有挽救國家民族之效能，希望大家當仁不讓，利用腦汁與汗汁，與喋血沙場之健兒，共同負担挽救國家民族之重任。

今日五學術團體在此舉行年會，全國工程專家，薈萃一堂，共同硏討，關係今後工程事業之進步，非常重大，又蒙黨政長官，學界前輩，蒞臨指導，今後各工程學術團體事業之進步，必能開一新紀元，必能造成相負挽救國家民族重任之學會。

名譽會長黃季寬先生演說詞

——五月二十日在西湖大禮堂大會講——

去歲有六學術團體在廣西聯合舉行年會，兄弟以籍隸廣西，特趕往參加，曾表示希望各科學家對於廣西方面各項建設有所貢獻。並邀各位下屆來浙指導。今年五工程學術團體在杭舉行年會，彌覺欣幸。惟杭州係都市所在，建設方面，已粗具規模。不若內地期待建設之殷切。深望硏究科學者，以後能將眼光移到內地，深入農村。此其一。吾國科學專家每多注意自身生活，是以前此所致力硏究改進者，大都偏向於個人享受方面。以後努力方向，須側重國家社會，以整個民族爲目標，勿過爲自己打算。此其二。現在國家處於非常時期，救亡圖存，根本大計，需要科學家積極爲技術上之奮鬥，始能應付國難。是科學家責任綦重，亟應努力邁進。此其三。

以上三點，均盼到會諸君注意及之。謹以此祝大會之成功！

名譽副會長周企虞先生演說詞

——五月二十日在西湖大禮堂大會講——

今天五學術團體在杭舉行年會，全國工程名家聚首一堂，硏討工程方面各種問題，匪特在杭市爲創舉，亦且爲中國科學進步之一種表現！象賢得躬與盛會，親聆敎益，會員中並多舊友，復可把晤，欣幸之至！回憶從前有許多同學，對於科學方面，不僅努力硏究，甚且殫精竭慮，寢饋於斯，冀欲有所發明，可見我國一般硏究科學的人，率能專心一志，探求眞理，並有遠大之抱負。實可爲我國建設前途慶幸！三十年前，國內鐵路及輪船，多用外國工程師管理，可是近年來大部份已由本國工程師主持，足見我國工程方面，已漸次進步，將來發展，正未可限量。現值國家多難之秋，凡屬科學家，均應努力於創造發明，以救國爲已任，工程師同人責任重大，各學會應密切合作，從事學理上技術上之硏究，以硏究所得，貢獻國家。每見國內各項建設，經費與時間，仍覺不能十分節省，甚望將來能以至省之經費及較短之時間，完成各項建設，此則端賴國內工程學家之共同努力。再國防建設關係國家民族生存，尤望諸君與政府共同努力籌劃，俾國防大計，得以早日完成，兄弟也是技術員之一，願與諸君共勉之。中國幸甚！中華民族幸甚！

前中國工程師學會會長顏德慶先生勗詞

——顏先生爲中國工程師學會上屆會長。此次適因公務遠出，未能到會參加。特由郵寄來此篇，囑爲發表，以告到會會員，用爲揭載於此——

本年鄙人謬荷公推忝領中國工程師學會會務，自維擣昧，本不克勝；復以部路事務殷繁，碌碌道途，會務一切未遑兼顧，尤深慚疚！重賴董事部諸同人暨執行部黃副會長裘總幹事合作進行，精勤擘劃，會務用能日益進展，悚愧之餘，彌深欽慕。茲五學術團體聯合年會在杭開會，髦髦俊彥，畢集一堂，學術切磋，東南盡美。鄙人復以公務遠出，不克參加，引領湖山，益殷嚮往，謹就感想所及。聊貢蕘言，藉求明教。

工程師一職在民國紀元前初不爲國人重視；猶記三十餘年前從事京張鐵路，彼時當局之視各項工程人員，不啻等於高等工匠，外人復嗤我工程人才尚未出生，當日人才之缺乏，與地位之低微，言之慼喟。嗣後雖人才漸衆，然同人硜硜自守，其貢獻於國家社會者，亦皆局於工程範圍，與其他事業，若劃鴻溝，格不相入。民國以來，建設事業日益進展，工程方面，需要漸殷，同人從事於鐵路、國道、河海工程、鑛冶事業，電工，化業，機廠，努力邁進，服務成績，與夫個人品格，未嘗稍後於人，社會地位，始逐漸增高。二十年來，國內艱鉅工程，外人束手却步者，轉完成於國人之手，美譽宏猷，播於中外，然同人所致力者，仍不免限於技術範圍，毅力長才，或猶未能盡其施展也。

今後統一建設，爲民族復興唯一職務，中央既定爲大政方針，社會民生，尤有殷切之需要。新興事業，猛進突飛，夫凡百建設，固必以技術人員爲中堅，則需要程度之殷，視前不啻倍蓰。同人所負之職責與使命，自亦愈爲重大，以質與量言之，今後應如何適應國家社會之需要與現代之潮流，此宜爲同人所深長思也。

今茲國家設建邁進，凡一切新興事業，莫不有相互密切之關係，不容有畸形之發展，與局部之進行。且科學應用於一般事業者日益普遍，故工程技術應用之範圍亦愈益廣泛，與其他事業之關聯，亦愈益密切；苟其思想限於一隅，聲氣病於隔閡，不獨妨於個人服務之精神，即全般事業之進展，亦將濡滯而不前。同人從事工程事業者，如僅爲盡其本職，而發揮其專長，固已綽有餘裕，顧欲適應當前需要與世界潮流，則思想眼光，或不宜自限於工程範圍以內，交換新知，博通聲氣，實爲當務之急。今茲工程學術團體之聯合年會，其意義至為深遠，尤為聯合之良機。同人毅力精心，譽著當世，出而周旋於壇坫樽俎之間，知必能泛應曲當而有餘矣。凡茲所陳，卑無高論，識途智短，亦僅於斯，倘高明賢達，引而伸之，則葑菲之言，聊當嚆引云爾。

孔庸之先生演說詞

——五月廿三日在鏡湖廳年會宴講——

主席，各位來賓，各位會員：在三四個星期以前，承貴會茅唐臣先生來訪，告訴兄弟說：五工程學術團體，定於五月二十日在杭州舉行聯合年會，請兄弟來參加。兄弟因爲對於各種科學，頗感興趣，很願意乘這個機會來領敎，並且自己也是學術團體的一份子，所以更願意來參加盛會。惟因爲兄弟的工夫不是自己的，所以未敢確實答覆。當時曾先和茅先生說明，能來參加更好，萬一因事忙不能來，當備一書面的意見，託由茅先生轉達。到了昨晚，因爲緊急的事情還沒有處理完畢，所以已將書面的意見寄來。迨今早由京到滬，中國農民銀行董事會開過之後，在百忙之中，又把其他事情，急速料理了大概。兄弟總覺四五百專家，能共聚一堂的盛會，機緣難逢。肺腑之言，終以不能不吐爲快。所以又由滬乘下午三時的火車趕到此地。不過今天兄弟不希望再和上次那樣的忽忙，因爲上次到了杭州參加航空學校開學典禮，剛剛講演完了，坐不到四五分鐘，忽然上海來了電話，說有緊急事情，亟待處理，必須要兄弟即刻趕回上海，連火車也不能等，就坐汽車走了。

今天兄弟能參加這樣的盛會，兄弟是非常的歡喜。不過兄弟對於工程等學，可說是門外漢。諸君都是魯班門下的大匠，兄弟來說話，真是班門弄斧。不過兄弟對於工程，素很注意，很願研究，今天當乘這個機會貢獻一點意見，以答諸君寵召的盛意，並請諸君指教。

總理曾說過：「發展中國實業，不單是中國之利害，並且爲今日世界人類之重大問題。」總理又說：「發展之權，操之在我則存，操之在人則亡。」我們中國立國，以最古稱於世界。數千年來，中國發明的東西很多，如渾天儀、指南針、農具、印刷活版、火藥、紙張等種種的東西。對於世界的文化，本來有很大的貢獻。再如運河、長城、北平各項建築等，亦都是雄壯宏麗的鉅大工程。至今工程學家，都驚歎不止。惟是中國的科學發明，現在已落人後了。歐美各國科學發展，不過一二百年的工夫，長足的進步，亦不過才數十年。而日新月異，一日千里。回看我們中國，是怎麽樣呢？這不用兄弟說，諒諸位都已明白了。但今日諸君，都是曾留學過外國，已學得最新的科學回來。又能以五個學術團體的結合，共同討論，互相切磋，臨時又加入了兩個學術團體，共有七個工程學術團體。在這七個學術團體之中，差不多應有盡有，包括無遺。在這中國建設事業亟待舉辦的時候，可以說不得不依賴這七個學術團體。大家果能出其心得，共同努力，要說把中國的建設事業都做起來，也不算是困難的事情。不過我們打算把中國建設起來，不光是把我們學的東西，須加以深刻的研究，並且須再加以改良，使他能夠適合於我們實際的需要，這才是諸君對國家對民族的一個偉大的貢獻。

科學的發明，有的是偶然的，有的是經過多年的殫精竭慮，才能得到些微成功的。譬如英國的牛頓，偶然因樹上掉落一個蘋果，打在了他的頭上，於是觸動了他的靈機，就發明地心吸力。又英國瓦特，偶然看到了水掀動壺蓋，就發明蒸汽機，這都是偶然的事。但是各位要知道，在偶然的中間，也有發明的，也有不能發明的。這原因在甚麼地方呢，就是在能留心與不能留心而已。能夠留心，便有發明。不去留心，發明的機會，便輕易的失掉了。最近如美國的愛迪生，能發明電燈、留聲機、等幾十種，但是看他原來的程度，却不過是個中學生。又如亨利福特，是美國最大的汽車製造家，當初福特研究發明汽車馬達的時候，天天苦苦在作試驗馬達的工夫，如果馬達不動了，便急得他汗如珠出，當時有很多人譏笑他，等到他成功以後，不但他變成美國第一鉅富，而且現在人人受他的利益，實在不少。再說意大利的馬可尼，使我們現在享受空中的音樂，並且在國防上可以利用無綫電，指揮飛機戰艦，但是這種偉大的發明，必經過多少年的埋頭研究，才能收這樣大的效果，亦可見「天下無難事，只怕心不專」，「有志者事竟成」這句話，確是金玉良言，值得我們注意。

本來世界上的發明，大的固與世界有很大的貢獻，但是有許多小的，也與世界有着偉大的關係。一經發明出來，不但對世界是一種偉大的貢獻，而對個人也可以省錢節時。譬如兄弟以前在美國時，看到美國人都歡喜喝牛奶，但當時奶瓶的塞蓋，是軟木做的，發現了許多微生物。於是有一個人發明改用鐵皮蓋，但又不經濟。結果，又給一個人發明了，拿厚紙做瓶蓋，既很衛生，又很經濟。這雖是很小的事，但是那個人却因此發了許多財。而一般喝牛奶的兒童，亦因他的小小發明，竟減少了許多疾病。這對人對已，有何等重大的利益。又如縫級機的發明，在以前做衣，須一針一針的密縷，而現在則可以拿脚一踏，便可以在迅速的時間內縫成。這對人對己，又有何等重大利益。但是這種發明，雖不見得容易，但也不見得有若何困難。只要我們肯下苦功夫，埋頭研究，沒有不收效的。譬如普法之戰，當時法國大有席捲歐洲之勢，而後來普魯士竟一戰而敗法國，這原因在甚麽地方呢，就是因爲當時普魯士曾有人發明了一種後膛槍。只此一點，便能把垂亡的國家救活過來，而竟成歐洲最强盛的國家。就此以上種種證明來看，我們研究學術，發明各種機械，他學的東西不必一定。但望大處遠處的着想，亦要在平常日用方面，爲人家所未留意的地方，多多留意，亦可有所成功。因爲現在是科學的世界，救亡圖存的工作，不能不注重科學。科學的道理，本是一樣，不過能變而通之，神而化之，則其用途之廣，可層出而不窮。所以利用科學，全在一巧字。兄弟希望諸君，對於科學的努力，更要巧中求巧。則所以裨益國計，嘉惠民生者，必無止境了。現在中國正待建設的時候，建設當然是賴許多發明的東西。但是我們從外國學了囘來，如果樣樣東西，一定依照外國的成規，在外國用甚麽，則在中國亦用甚麽，這未免與國家的環境，不甚適合。而且與救國的題目，亦離得太遠了。兄弟以爲現在能負責的人，惟有自已學了甚麽，便應該繼續去研究甚麽，同時又應該在實際上去做甚麽，絕不能以一時環境的關係，便拋棄了他的所學。當光緒三十三年，兄弟從美國留學囘國的時候，當時的留學生，有的加了候補道銜的，平常說候補道是萬能，甚麼事都幹得起。而當時留學生，新從外國回來，滿清政府，亦就把他們當做萬能看待，於是學紡織的，亦叫他辦工程，學農的亦叫他辦外交，這固然是當時滿清政府麻木不仁，用人不得其當，但是留學生既是學成歸國，就應該出其所學，貢獻國家。像這種因爲要做官，而甚麼都願意幹的留學生，就未免失了學者的態度了。在今日情形之下，尤其是大學畢業生，不但不向自已所學的方面去努力幹，却都是向政治方面拚力去擠，結果，有許多學農的，不但不願意向農村去，却願意在衙門中，當一個抄寫的錄事。像這種學非所用，用非所學的現象，兄弟覺得中國的前途，是非常的危險。想今天在座諸君，不少是在學校當教員的，兄弟很希望諸君，對於這個問題，加以深刻的注意。想諸君不但學識豐富，並且愛國心非常濃厚，既是負了爲國家造就有用人才的責任，諒不以兄弟的話爲讕言。我們希望，都能教道他們，使他們學甚麼的去幹甚麼，譬如學農科的，將來一定要到田間去。學電機的將來非要從事電機事業不可。不然，則工程學會，這個名詞，徒成白綫上的黑字，沒有實際成效了。不過諸君要從事建設國家，應該從甚麼方面着手，才能有效呢？兄弟現有幾點意思，簡單的貢獻於各位：

一、建設應該合於中國的國情。中國現在的國情怎麽樣，諒各位都已知道了。現在的中國，是一個窮的國家，但是地大物博，蘊藏豐富。明明如同一個很好的寶庫，不過沒有拿鑰匙來開這個寶庫就是了。所以可以說中國是窮而不窮。同時也是一個弱的國家，但要是中國四萬萬人，能夠團結一致，則衆志成城，亦可以成爲世界上强大的民族。故又可以說中國是弱而不弱。不過現在過渡時期中，我們打算把國家建設起來，使他復其本元，不能不對症下藥。一切的建設，第一、先要使他合乎本國的國情。不然，我們從外國學來的東西很多，如果樣樣都依外國的成規，照樣建設起來，而不顧到自己的財力如何，即未免與國家的環境不甚適合，而與救國的題目，亦未免離得太遠了。

二、建設應該合乎現在的需要。一個國家的建設，千頭萬緒，尤其在中國産業落後的時候，爲合乎國情，必須預定一個整個的計劃。在建設的時候，於先後緩急之間，不得不權衡輕重，定一次序。譬如我們看見洋樓，很覺壯觀，但一家五口，却造了二十人住的洋樓，這就是不切乎實際的需要了。從前兄弟在日本的時候，在日本東京車站上看到所蓋的雨棚，簡陋非常，上面僅是一張洋鐵，下面不過是幾根粗木，然而遇着大雨，則一樣可以遮雨。雖然花錢不多，而總是自己的。反觀我國，我們到了北平，一到東站，看見很偉大的雨棚，雖覺得非常氣概，但是化錢很多。而且都借自外國，所以結果鐵路所賺進的錢，惟有還債，而不能拿來做發展改良的用場。在中國過去的期間，這種種情形，不知多少。所以兄弟覺得這一點，在工程方面的人，尤其應該注意的。

三、建設應該合乎自己的力量。向來中國的學者，往往讀了死書，拘泥不化。現在的留學生，也不免犯了這個毛病。在外國學的甚麼，返國後，便整個的用了起來，一切的材料，都向外國去買。不要說，每年的漏巵很大，而中國原有的原料，不加以研究利用，亦非常的可惜。現在建設須儘量蒐求國內的原料，不但可以合乎國家經濟原則，並且可以得到實際的用途。譬如中國以前所用的菜油燈，光焰很小，後經改良，以煤油點燈，則光焰加大且亮。但是煤油燈的玻璃罩，偶不經意，便容易打碎。於是經濟的人家，便不用燈罩。因此山西有些窮的人家，用沒有玻璃罩的燈很多。到後來因受煤油毒而生腭瘡的人，亦就很多。經過醫生的硏究，才發現出來。所以兄弟在工商部時，曾和他們技術人員說，要他們硏究改造用玻璃罩的菜油燈，不但可以使利權不致外溢，且與身體也無妨害。後來果然被鍾靈蕭賀昌兩君，經過數度的試驗，居然試驗成功了。幾個月前，由蕭君拿來給兄弟看，兄弟看了，光亮很好，非常高興。這對於社會也很有不少的貢獻。又如中國的藥材，自有他特長之處。不過在吃的時候，連渣也吞下去，在這些地方，如能加以硏究，加以改良，把渣提出，鍊成精華，與外國藥同是一樣精良，不但可以救治生病的人，並可以維持許多採藥賣藥人的生活，更可以減少許多漏卮。譬如麻黃素。大蒜精，爲外國人所稱道，而樂於採用。據兄弟看來科學只有古今，並無中外。只要我們能參合新舊融會貫通，必可以有偉大的發明。今天五個工程學術團體，能聯合舉行年會，兄弟覺得這是個很好的現象。因爲中國人向來自顧自，各歸各，尤其在學術方面，有甚麽系，有甚麽派。自古以來，學術團體，不是互相攻訐，便是交相指摘。而在今天有中國工程師學會，中國電機工程學會，中華化學工業會，中國自動機工程學會，中國化學工程學會等團體，能聯絡一起，相親相愛，互相切磋。這是我們中國學術界上一個很好的現象。本來做事，必彼此合作，聯合一貫，這才可以收到極好的效果。譬如蓋一所房屋，工程師打樣，衛生工程師設置衛生設備，土木工程師集料徵工，互相合作，這所房子，才可以蓋得起。不過中國人素來是缺乏這種合作的精神。今天兄弟看到這一種良好的精神，實使兄弟覺得非常的欣慰。希望諸君，繼續努力，繼續探求，向發明的路上一致前進。兄弟又覺得取人之長，去己之短，也未始不可。如中國數十年以來所發明的，現在雖已不甚適用了，但能取人之長處，補己之短處，努力改良，這也是我們應取的途徑。我們把人家的東西研究以後，加以仿造，雖不能迎頭趕上人家，但也可以和人家並駕齊驅。日本是最能仿造的國家。現在我們看日本所發明的東西，也許有勝過歐美的。歐美所沒有的東西，也許在日本發明了。美國是一個科學發達的國家，而在一角或二角的商鋪中，日本貨是常見的。又如印度是英之殖民地，而日本紗布，竟能暢銷於印度。再如英之蘭開夏。孟却斯德。爲英國紗業中心，而紗廠工人所穿的外衣，有人說亦是日本貨。是不是確實，雖沒曾看見，但據報告，確有此種情形的。我們試問，日本能有如此長足的進步，是從那兒來的呢，就是從仿造來的。能仿造人家而推陳出新，才使日本工業有加此長足的進步。所以兄弟覺得中國雖不能發明許多東西，但也可以把人家發明的東西，能加以硏究，能加以仿造。除了仿造以外，還須加以改良。「工欲善其事，必先利其器」。兄弟在長實業部的時候，曾計劃試辦一中央機器廠，預備改良中國手工業的機器，使中國家庭中的婦女，能利用此種改良的東西，來發展中國的家庭工業。想今天在座諸位，必抱有像兄弟同樣的感想。很希望大家儘量去努力。因爲建設事業，無非是從農工商業來着手。現在我國出口貨物，日見減少，進口貨物，日見增加，連年入超甚巨，致陷國家於窮困之境。現在大家要想建設，就須設法救濟農工商業，要想救濟農工商業，必須減少入超。增加出超。兄弟就剛才所說的幾點觀察起來，不能不有所希望的三點，就是除了發明以外，還希望對於進口貨物多多仿造。對於出口貨物，多多改良，則我國的原料，自得充分利用。我國對外貿易，自可逐漸發展。同時並須注意財力物力的愛惜。一切使他合於經濟原則，則裨益於國計民生，實不可以道里計。兄弟嘗說，救國不一定要在政治方面做官，才救得國家，其實與國家最關切最重要的，不是官吏而是發明家。如各位同時能潛心於國防上種種利器的發明，在這目前國家危急的情勢中，尤有很大的需要，尤有很大的助力。環顧世界各國，軍事利器，日新月異，這都是科學家殫精竭慮，埋頭苦幹的結果。而在中國，則無所聞。所以今天兄弟特再提出這點。請各位多多注意，不要讓那發明後膛槍的普魯士人，專美於前。但是發明一定要有相當知識的人，才能收到效果。在中國四萬萬人之中，只希望今天在座諸君，因爲既有相當學識，又有相當經驗，在社會上又有相當地位，要是大家能夠一致堅定我們的意志，抱着苦幹硬幹實幹的精神，兄弟以爲對於國家必有極偉大的貢獻。所以兄弟今天在百忙之中，抽暇來參加盛會，貢獻這幾點意思。希望大家加以注意。雖然，兄弟隨便說來，但完全出於誠意，希望大家能夠接受，能夠實行。這就是對於我們目前國家民族的一個很大的幫助，也就是此次貴會開會最大的使命。

胡博淵先生演說詞

——五月二十日在西湖大禮堂大會講——

今天兄弟代表行政院翁祕書長參加五工程學術團體在杭舉行年會開幕典禮，殊爲榮幸。

我國現在之貧弱，非科學不足以圖救，而科學又分兩種，即自然科學與應用科學是也。自然科學爲純粹科學，而應用科學，即爲適用之工程學。研究自然科學者，其目的在發明新理，造福世界，不計近功，而他人可藉此原理，以適用於工程技術之發展，如牛頓之發明萬引公例，柏斯脫之發明菌苗是也。有一人窮畢生之力而發明一物者，亦有數十百人共同研究一種問題，歷時甚久，而後成功者。此類工作，我國現有中央研究院，北平研究院，地質調查所及各大學各研究試驗所等，積極進行。將來自可於新學識上，多所發現，匪特可以發揚我國科學，且於全世界亦必多所貢獻。

至應用科學則不然。其目的在將已有之科學，應用於工程方面。以充分之智識經驗，在最短時期，用最少金錢，而做有利的生產事業，或工程建設。試觀日本自明治維新以來，蘇俄自革命以後，對於科學上新發明，雖無特殊驚人之號，但能利用世界先進國已有的科學智識，倣效推進，從事工業建設，迎頭趕上，俱不失爲世界第一等强國。我國處此危急存亡之秋，舍力圖工業上之猛晉，自亦無其他良策。

蔣院長最近在十省專員會議席上。告誡地方長官，以後舉辦各事，應信任專家。又總理所說『人盡其才，地盡其利，物盡其用，貨暢其流』四語，亦係對於工程師而希望的。人盡其才，卽係發揮專門才能。地盡其利，卽係開發天然資源。物盡其用，卽係將原料製成有用物品，不任稍有廢棄。貨暢其流，卽係運輸敏捷，銷用便利。是皆與工程師有密切關係者。今國難臨頭，匹夫有責。貴會會員，均屬工程專家，尤屬責無旁貸。望努力勉旃，幸甚。

葉譽虎先生演說詞

——五月二十日在西湖大禮堂大會講——

鄙人既非技術家，亦無專門學問，第以積年職務關係，對科學與技術，深知其需要，且亦深感興趣。今日到會諸人，又多昔日同事同學關係，故欣然到會，然深慮無可貢獻，徒耗會中寶貴之光陰。頃聞黃主席，曾會長所言，鄙人完全具有同感，諒諸君亦皆如是。惟如何方能完成此種使命，此則諸君獨有之責。依鄙人所見，今日吾國專門家，爲數雖不下千人，各方面復深知專門家之需要，且各種重要行政及事業爲專門家所擔任者，亦已甚多，成績昭著者，更復不少。但如謂即此已盡諸君對於國家社會之責任，且已算能供給此非常時期之需要，則恐諸君自已亦未敢承認也。夫以專門家如此之多，國家社會又已有相當重視，而成績却不能滿意，此正如一個戲班湊了許多好脚，而唱不出什麽好戲。此中病源何在？却是今日極應該研究的問題。依鄙人愚見，一半固應由用人者負責(即不能人盡其才)，但吾人自身亦應加以深切的檢討，究竟有甚麽鈌陷，以致不能充分發揮展布。從速加以糾正與改良。

第一是要知道如何方可適應環境。因爲環境是處處不同，時時不同，甚至人人不同的。尤其是建設事業，要他合理化，非澈底明瞭環境，酌定輕重緩急先後之宜，不能取益防損。我國數十年來：辦海陸空軍，辦工廠等等，可以說都是失敗。其最大緣故，就是不能澈底明瞭環境，不能知道某件事非先辦不可，某件事可以緩辦，某件事是某時期所最急，某件事在此時期可以從緩。又必須先辦甲種，然後可以舉行乙種，否則不能成功。凡此等等，在別國皆經若干研究，然後定爲方案，此在我國則極少預備，或祇因一時衝動，而輕率從事，不及問其程序如何。或專聽一二有權力者之指揮，而不敢再加考慮。遂至凌雜重複，犧牲若干精力時間金錢，而並無良果，仍不足供給重大之需要。此非獨個人之苦痛，抑國家社會實受無窮之損失。須知我國目下民窮財盡，已達極端，而國勢阽危，朝不保夕，勢不能再走錯道路，致虛耗精力時間與金錢。總理發明行易知難四個字，我起初不甚了解；近見有許多重大的事，大家做了許久，仍不自覺其錯，然後知道總理的話，確是有爲而發的。不過諸君以專門的人辦專門的事，我意決不應再犯此種毛病。所以希望諸君對於各種新事業，必須妥定施行程序，然後積極進行，不可存錯了再從頭另做之想。因爲時間金錢財力，恐怕不許可的（例如做一大事業，動費數百萬，數千萬，爲期動須數年；豈容你有錯另做）。從前光緒宣統年間，所辦的新事業，如漢陽鐵廠等，立意何嘗不好，祇以計劃錯誤，遂至至今無效果可言。而且至今亦未產生第二個大鐵廠，這就是前車之鑑。所以專門家做事，能適應環境，是極要緊的。

第二是望各會健全內部的組織。剛纔聽見各位報告會中內容，所任的工作不少，但如果要造成擔當非常時期建設大工作任務的一個有力團體，似乎不能僅靠已成之局，便可勝任。蓋目下各團體，似乎僅係一種聯屬會員的機關，尙未能融合會員之意志；集中會員之能力，使之同出於一途，而擔任一種有共同目標之工作。更未能爲某一學術一事業之唯一權威者，以吸集多數之同志而使之趨於團結向上之途。故各會之內容，似均有加以强化之必要。

復次則技術雖似偏屬物質，而實與精神方面大有關係。外國技術家，成大功，建大業，爲國家社會增無量福利，有極大貢獻，皆本諸一種堅貞純潔之精神，貫注前後，故不論冒何險難，受何勞苦，皆所不恤。今雖不敢過爲高論，然我國近日智識階級缺乏之精神修養，以致罕所成就，似已成爲輿論。故渴望諸位專門家，能效法外國專門家，治學治事之精神，以共同渡過國家難關，勿徒以能明習外國專門家所學爲了事。

尤有兩點，望諸君注意者：一、我國因教育未普及之故，至今一般社會能認識專門學之需要者，仍尚不多。此于一切新事業之推進，殊滋阻礙。故深盼諸君一面養成本身之信用，以博得社會之同情，一面力圖事業之成功，以導社會之興起，仍多介紹淺顯書報培養中級人才，以爲推進一切之準備。二、我國最大之缺陷，爲先輩不肯訓導後進，致平時不能收互助之效，過後又復無繼起之人，遂致事業因之中斷。此殆因先輩既乏含宏之量，後進又多躁進之徒，交爲因果，遂成此病。此于一切新事業之成敗，關係甚大，實亦不科學化之甚者，望諸君力矯其弊，造成一種新風氣，于大局前途必能生好影響。

竺可楨先生演說詞

——五月二十日在西湖大禮堂大會講——

主席！諸位來賓，五學術團體諸位會員：

今天是中國工程師學會，中國電機工程師學會，中華化學工業會，中國自動機工程學會，中國化學工程學會，五學術團體開年會之期，能參與盛會，兄弟覺得非常榮幸。記得去年八月中國工程師學會和科學社等六個團體在廣西南甯開會兄弟曾有機會參與，到了三百多人，可稱盛會，今年工程師學會邀集關于工程各學術團體在杭州開會，到會的是人材濟濟，這就是中國工程科學物質科學發達的表現。講到科學，贊成的人固不少，但也有反對的人，美國著名物理學家密列根 Robert Millikan 曾經說過，科學可以爲善可以爲惡，但是科學有三種貢獻能增進人類的幸福，就是反對科學的人也要承認的，就是(一)增加國家的財富。(二)便利各地的交通。(三)延長人生的壽命。而這三種貢獻，多半是要靠各類工程科學的。

各類工程科學統能增加財富，如開發礦產，灌溉田畝，製造化學肥料，利用水力來發電，統要工程師的開發指導，在我們民窮財盡而土地尙稱廣大的國家，尤其要靠工程師的努力。

講到交通的便利，近世文明和古代文明的差別，在這一點上最看得出，從周秦到十九世紀，交通的方法，二千多年差不多沒有改良，但近一百年的進步，却勝似過去二千年。拿坡侖從莫斯科受嚴冬的襲擊逃回巴黎，路上走了四十九天，最後十三天是單鎗匹馬逃走的。但現在用飛機只要幾個鐘頭就可以到。中國有句俗話，叫望洋與嘆，以滄海之大，人對之沒有辦法。但去年美國 China Chipper 飛船不到一星期竟可飛渡太平洋了。China Chipper 的成功，完全靠汎美洲航空 Pan American Air Line 公司裏幾個工程師米高司基 Mirkosky，馬丁 Martin 的努力。這項飛船的速度每小時不過一百五十英里，現在英德法美的工程師，正在設法利用同溫層來航空，不久當可成功，成功以後在二萬五千英尺到三萬尺的高度，飛行速度就可增加到每小時三萬哩，飛渡太平洋只要二三天就行了。

至於延長壽命要靠工程的地方也不少。不但是化學工程師可以發明許多有機的藥品。歐美各國遇重要病症就要用飛機載醫生或運病人，往往幾分鐘的差別就可以活一個人。三年前美國加省 Long Beach 地方地震。沿加省南北二百哩各村居房子倒塌同時起火，各類交通器具統被毁壞，以後還靠了幾個業餘無線電員的傳遞消息，報告外邊，使全國消防隊能盡力滅除火的蔓延，結果祇死了一百卅人。民國九年甘肅固原一帶地震，死的人民數目至今沒有調查清楚，或說是卅萬人，或說是十五萬人，死人數目如此之多，但地震的程度并不能算十分劇烈，由于黃土的構造易于崩潰，當時若由無綫電的報告消息，飛機和火車的運輸，至少在黃土堆裏可以救出幾千人。

近年我們進口的汽油飛機無綫電等每年爲數不少，而五金的進口，佔進口各物的第一位。在平時爲一大漏巵，到戰時不能進口，則國防亦談不到。我們要抵制這種損失，籌備國防，必得由研究才行。美國單是美國鋼鐵公司 M. S. Steel Corpaoration 一個機關就有一千四百人在那邊研究，單一部汽車裏就有八十三種成份不同的鋼。講到飛機美國有幾個工科大學，如同加省理工學院、麻省理工學院統有好幾個風管，可以作飛機的試驗，英國國家物理實驗室就有八九個風管，惟有這樣才能使飛機的結構進步。至於製造飛機的原料也要靠礦冶工程師和化學工程師的研究，惟有研究才可以致國家于富强。據丁在君先生的估計中國化在科學上的研究費，合共只有四百萬元，化在工程科學上的研究費只占其中的一小部份，數目之小，可想而知，所以希望社會政府尤其是大工廠能出資本用在研究工程科學上面。諸位對于各項工程，統有專門，將來一定可以研究得到結果，而爲人民造幸福，爲國家挽回權利的。

胡健中先生演說詞

——五月二十日在西湖大禮堂講——

中國工程師學會中國電機工程師學會中華化學工業會中國自動機工程學會中國化學工程學會等五學術團體，今日在杭舉行聯合年會。鄙人代表省黨部躬與其盛，不勝榮幸！吾人在杭言杭，對五學術團體之在杭開會，應盡其地主之誼，而鑒於五學術團體使命之重大，尤不能不攄舉感想之所及，以貢獻之忱，致頌祝之意！

就經濟言，中國今日之病態，已如百孔千瘡，虛損怯弱，非奉行　總理之實業救國計劃，以生產建設復國家元氣，則全國垂斃之經濟，决無昭蘇之可能，此近時有識之士，所一致主張，而中央與各地當局，所昕夕圖維者；其爲根本大計，自不待言。更自軍事論之，中國現時，殆已無國防之可言，而今日中國之需要整頓國防，實較世界任何國家爲迫切。吾人覩于蘇俄革命之後，種種偉大驚人之國防工業，均於短時期內，有非常顯著之進展。因以震懾其勢不兩立之强敵，側目相視，而不敢輕於發難，此誠我國今日所首應取法，而於上述經濟建設，宜迅求同時見諸實施者。顧一思實施二字，卽不能不致念於資力人才之兩感缺乏，而樹人百載，求艾三年，技術專才之不能培植於旦夕，較之資力問題，實尤感困難。是吾人對於今茲來杭年會之工程專家，不能不重之若碩果晨星。而深致望於諸學術團體本「已立立人已達達人」之旨，於研究學術之餘，益致力于科學救國之提倡，與喚起青年對於科學研究之興趣者也。

其次，吾人所殷望于五學術團體諸君子者：中國科學落後，毋庸諱言，以器學落後之故，致軍事工業，以至一切日常用品，雖模擬他人，亦多未逮，以言發明器物，更不知其相去幾何里也，昔法國微菌學始學巴士特氏，竭畢生精力，研究微菌之學，其所成就貢獻于世界生物醫藥及軍事上者，赫胥里氏稱其價值之高足抵一八七一年法國交付德國五十萬萬法郎之賠款而有餘。氏常語人：「惟學說能造成發明之精神。」又當阿阿巴之役，巴氏與其友人之皆慨嘆科學知識之缺乏，實爲一切失敗之主因，乃復有「五十年輕視科學之罪已于此戰役受其報償之語。」以法國科學之發達，與巴氏致力科學之專一，而所慨嘆也如此，此誠我人所宜深長以思。而尤其我人所惟一重視今日在杭年會之五學術團體，所宜引爲藥石之言者。抑以諸團體爲學術團體之故，我人更甚望以「學說造成發明之精神」。俾以驚人偉大之發明，抵償我國家百年來對外之損失；亦即以奠定我全國未來之基礎。蓋巴氏又曰：科學家必具愛國之心曰：「吾人必當工作，當時時人作」。此科學家之金科玉律也。五團體諸君子，皆吾國科學界績學之士，愛國固有甚于常人，而吾人怵目時艱，鑒於科學救國之迫切需要，對此碩果晨星之五團體諸君，更不能不殷望其以巴氏時時工作之精神，加速學說造成發明之偉績，諸君子其不以吾言爲迕乎!?

抑更有進者：惟學說能造成發明之精神，亦惟科學的發明，最切於經濟國防之實用。年來吾國種種學術，不可謂無相當進步。學術團體之成立，亦如雨後春筍，時時可見於報章。吾人對任何學術團體之成立，無不致其贊許之忱，對任何學術團體之來杭，無不致其歡迎之意。惟今茲對五工程學術團體之來杭舉行年會，所以期望而歡迎之者，較之任何團體，尤覺熱烈而懇摯。蓋以五學術團體爲研究科學的團體，其所發明；爲最切於經濟國防之實用；而最合于吾國現時的需要。簡切言之：吾人所爲熱烈懇摯的歡迎五團體體君子者，實即以科學救國之重任，負諸諸君之肩頭。匡時明達如諸君子，度必有以接受吾人歡迎之熱忱，而肩起經濟國防之重責；是吾人於歡迎之餘，並致其頌祝之意者。吾人敢致簡短之詞於諸君子之前曰：珍重前程，爲國努力!

徐青甫先生演說詞

——五月廿二日在競湖廳浙江省綢業工會杭州市商會杭州電氣公司
杭州銀行公會杭州錢業工會公宴講——

主席！諸位來賓！今天適值本市工商界公宴五學術團體聯合年會全體會員，邀兄弟作陪，覺得非常光榮，非常欣幸！近來稍微有點感觸，想藉這個機會來和諸位談談：今天要和大家談的有二點，一點是向大家訴苦，第二點是向大家請求。向大家訴苦的是什麽呢？就是國民經濟問題。我們中國一般民衆，不論衣、食、住、行各方面比起歐美各國來，樣樣都需要加以改良，樣樣都應力求進步。兄弟每天都在想這個問題。在前些年覺得人生日常生活，除了總理所說的衣、食、住、行四項而外，還有一部份生活上的需要，不是衣、食、住、行四項所能概括。因此兄弟覺得人生日常生活的需要實際上共有五部份，就是衣、食、住、行、用。例如日常用品，像牙刷、木梳、剪刀等等，既非衣、食所需，亦非用於住、行。這一部份的需要，我們只好替他另立項目，稱之曰「用」。可是最近兄弟覺得人生的需要，除此五項之外，還有一部份叫做「衛」。何以「衛」是人生所需要的呢？這個道理非常簡單。譬如普通人家門上的鎖，園外的圍牆，牠的目的並非衣、食、住、行、用，而是「衛」。就是保衛自己的正當權利。一人一家固然如此，一個國家一個民族又何嘗是例外呢。所以任何國家的「國防」問題，都十分重要。中國民生的凋敝，一般經濟情形的衰落，是無可諱言的。兄弟就是爲了這個幾項問題，每日苦思焦慮，想不出一個妥善的方案。我們覺中國有許多寶藏，有許多可以利用的原料，可是我們不會取用；有許多有價值有用的東西，聽任其荒廢拋棄，這是多麽可惜的事情！尤其可惜的是人工的荒廢。現在各地失業的人很多，中國又沒有大規模的企業來容納這批失業的人，他們都是有能力的，都希望能夠找到工作做。可是在這樣不景氣的社會經濟狀況下，因爲事業範圍過小，人力過剩，只好聽任其投閑置散，這實在是中國最不合理最不經濟的一件事。關於這些困難問題都是很嚴重的，可是一時不易想到適當補救的辦法。這是兄弟要向大家訴苦的。

今天在座諸君，主人方面是本市工商界，可以說是事業家；客人方面都是工程界，可以說是技術專家。兄弟因此想到以前焦慮的問題，現在有了解決的途徑了。

因爲改進生活，須創立大規模的企業。有了大規模的企業，才能使衣、食、住、行、用、衛六項得到圓滿解決；才能容納大批失業的人，才能做到　總理所說的「物盡其其用，人盡其才」的地步。但是創辦大規模企業，一方面需要事業家來投資，一方面還需要技術家來策劃進行。僅有事業家而無技術家，固難達到改進生活的目的；僅有技術家而無事業家，也難做到成功的地步。正和有米無炊，有炊無米同樣不能解決吃飯問題。所以現在中國唯一的出路，就是事業家和技術家的眞誠合作。事業家如能盡量投資，技術家能盡力去工作，去改良。這樣一來力沒有用的東西，馬上可以化爲有用；廢棄東西，一樣樣把牠利用起來；失業的人，都可找到工作。以前的困難都不難迎刃而解。實在是很合理的辦法。我想在座的主人和來賓一定是願意這樣做的，也是兄弟要向諸君請求的。謹以杯酒恭祝諸君健康，並希望此後眞誠合作。

補白

本屆年會期中，可紀之事物甚多。大會主席曾養甫氏，飯後談話曾講過：「工程師打破了空間與時間的支配。吾國工程師尤須注重時間問題，國內任何工程能早完成一秒鐘，國家的力量就早增强一秒鐘！」可作各會員的佩弦。

——曾珏．

議

「現在國際的戰爭，不僅是士兵的肉搏，乃是整個民族力量的決鬥；不僅是砲火的交施，乃兼各種物質供給的動員。歐戰的教訓，很明顯地告訴大家，二十世紀的大戰，不僅兼海陸空軍的總動員，乃兼全國人民人力智力物力的總動員，方可以決最後的勝負。」

第一會場（浙江大學教室）

第二會場（藝專禮堂）

會議

中國工程師學會會務討論紀錄

時間：五月二十日下午二時。

地點：西湖大禮堂。

主席：曾養甫

決議事項

(一)國民大會工程師團體代表六人應如何產生案。

(辦法)擬依照國民大會代表選舉法第三章第二十條之規定，由本會執行部召集各工程師團體執行機關職員聯席會議，推選應出代表名額之三倍候選人(卽十八人)，報請國民政府就中指定十二人，再由各團體會員依法圈選代表六人。

議決：通過。

(二)下屆年會請於太原或西安舉行，以促進西北建設案。

議決：下屆在山西太原舉行。

（三）本會各會員應積極注意建設及國防工作，並隨時擬具計劃，送由本會各專門組委員會審查後，貢獻意見于政府案。

議決：通過。

（四）本會應與已成立之各專科工程學會密切聯絡，並促成其他專科工程學會組織成立，以收分工合作之效案。

議決：交董事會辦理。

（五）關于工業材料試驗所應否與鐵道部合作辦理，抑改爲本會上海會所及圖書館案。

議決：交董事會全權辦理，提出下屆年會報告。

（六）擬請設立工程材料試驗合作委員會案。

議決：通過。

（七）擬請政府規定辦法，准許商廠製造防毒器具，公開發售案。

議決：修正通過。（將「辦法」二字放在發售之後）

(八)擬請本會研究工業分區及規定公營民營範圍，呈請中央規定實施，以利民族整個工業案。

議決：修正通過。（本案改爲「擬請本會研究發展工業及統制辦法呈請中央規定實施以利民族整個工業案」）

(九)擬請本會綜核編製各工程學會聯合會員名錄案。

議決：通過。

(十)推舉本屆司選委員會委員案。

議決：推舉趙曾珏、茅以昇、羅英、張自立、丁嗣賢五人爲本屆司選委員會委員。

臨時提案：

(一)關於呈請文化基金委員會撥款補助實用工業之研究案。

議決：上案由提案委員會提出增加「聯合其他工程學會共同呈請」字樣，照提案通過。

(二)關於本案應研究援助有關國防之發明案；

議決：交董事會擬辦。

(三)前會所訂之國民代表大會工程師團體代表名額之三倍十八人候選人，應按各立案之各科工程學會會員人數比例推舉案。

議決：通過。

中國電機工程師學會會務討論紀錄

時間：五月二十二日上午十時。

地址：浙江大學教室。

主席：張貢九

決議事項：

(一)學生會員入會費應予免收，並將升級費自三元改收五元案。

議決：通過。

(二)函請各大學將每年畢業之電信電機學員，其姓名成績詳細住址，開送本會俾有記錄，而便介紹案。

議決：交由董事會辦理。

（三）通告商辦電燈電話公司，遇有困難問題，可向本會通訊解釋，或介紹技術人員設計改革案。

議決：交董事會辦理。

（四）本會每年應派員分赴各商辦電話電燈公司參觀，並擬具計劃，刊登電工雜誌案。

議決：本案取銷。

（五）由本會聘請與國內電機工程事業及教育有關之專家，擬訂電機工程系課程標準，建議國民政府教育部採用案。

議決：通過。

（六）擬請本會設立委員會研究發展電機事業之辦法，俾供政府及實業界參考案。

議決：通過，交董事會辦理。

（七）擬請本會設法促進奬勵電機學生注重研究案。

議決：通過，交董事會辦理。

（八）擬請本會設法聯絡電機製造工廠及使用者，與學術機關合作研究案。

議決：修正通過。

(九)由本會聯合設有電機工程科之各大學，函請中英庚款董事會等派遣留學生機關，設立電機工程公費生名額案。

議決：修正通過。

(十)擬請本會籌備電氣展覽會，以期發展電氣事業案。

議決：請董事會斟酌辦理。

臨時提案：

(一)下屆年會仍與中國工程師學會合併舉行，但如遇困難，授權董事會酌量辦理案。

議決：通過。

(二)推舉下屆司選委員會委員案。

議決：推定陳長源、楊耀德、鍾兆琳、毛啓爽、王國松為下屆司選委員。

(三)推舉查賬員案。

議決：推定周琦、陳祖光二人為查賬員。

中華化學工業會會務討論紀錄

時間：五月二十二日上午十時。

地點：西湖遊艇上舉行。

主席：曹梁廈

決議事項：

(一)審查上年度賬目。

(二)推選司選委員。

(三)選定吳蘊初、徐名材、徐佩璜等三人爲國民大會代表候選人。

(四)下屆年會地點暫不決定，依與其他學術團體聯合舉行原則，交執行部辦理。

(五)與化學工程學會合作問題，在原則上贊同，其詳細辦法交執行部與該會理事會共同商酌辦理。

中國自動機工程學會會務討論紀錄

時間：五月二十二日上午十時。

地點：浙江大學教室。

主席：黃叔培

決議事項：

(一)擬請規定汽車各種另件之標準尺寸，俾利劃一製造，而便改進案。

議決：交第二屆理事辦理。

(二)將現有各種國產汽車材料設法研究促進改良案。

議決：交第二屆理事會技術部辦理。

(三)我國公路，氣候，技術，及國民經濟情形，與歐美逈異，製造汽車應以適合國情為原則，不能以歐美汽車為標準，須另行設法製造案。

議決：由本會函請各公路機關，對于現用之歐美車輛，是否適合國情，請繕具意見，檢送本會，經本會整理參加意見後，轉致中國汽車製造公司等，以資參考。

(四)呈請政府設汽車技術委員會，製訂各種車輛標準，並設專管機關；依照標準採購車輛，以資減少平時行車費，並作自造車輛之準備案。

議決：由理事會詳敘理由，呈請政府實施。

(五)呈請政府獎勵車主採用國貨汽車另件及燃料案。

議決：由理事會詳加說明，函請全國經委會辦理。

(六)修改會章案。

議決：照修正案通過。

臨時提案：

(一)下屆理事改選三分之一，應儘先於已連任之理事，由抽籤法決定之案。

議決：通過。

(二)本會正會員所徵永久會費，確定爲本會基金，由理事中推舉兩人，共同負責保管，妥存銀行生息，息金可移作經常費開支案。

議決：通過。

(三)發行自動機工程定期刊物，自二十五年度起每年出年刊一次，交總務編纂兩部會同辦理案。

議決：通過。

（四）選舉理事案。

選舉開票結果：黃叔培、張登義、胡嵩嵒、丁祖澤、梁砥中、陳育麟、李崇樸、孫家謙、陳申武等九人當選爲理事。趙端章，湯仲明二人當選爲候補理事。

中國化學工程學會會務討論紀錄

時間：五月二十二日上午十時。

地點：在西湖遊艇上舉行。

主席：張洪沅

決議事項：

（一）本會組織化工教育研究委員會，詳細計劃發展中國化工教育案。

辦法　一、擬定化工課程標準，以作國內化工教育界之參考。

二、擬定教科書。

三、化工機械之設計及製造。

四、統計國內化工人才。

五、討論化工教授法。

議決：交理事會辦理。

(二)擬發展本會出版事業計劃，敬求公決案。

議決：交理事會酌辦。

(三)本會主辦之化學工程雜誌，應由二十六年度起，改爲二月刊案。

議決：交理事會酌量辦理。

(四)充實刊物內容案。

議決：交理事會酌量辦理。

(五)本會應援助中國化學工業之創辦及其進展案。

議決：交理事會辦理。

(六)本會下屆年會仍與其他工程學術團體聯合舉行年會案。

議決：交理事會辦理。

(七)請政府開發石油案。

議決：通過。詳細辦法，交金開英先生與陸貫一先生會同辦理。

（八）請政府在各大城市設立煤氣廠案。

議決：交理事會辦理。

（九）請政府修改硝磺局章程案。

議決：交理事會辦理。

（十）請政府速行新辦法案。

議決：交理事會辦理。

（十一）本會應與中華化學工業會，密切聯絡及合作，其細目交由理事會與中華化學工業會負責人酌量商訂案。

議決：交理事會辦理。

九工程學術團體執行部第一次聯席會議紀錄

日　期：廿五年五月廿三日下午二時。

地　點：西冷飯店。

出席者：中國工程師學會　曾養甫，沈怡，裘燮鈞。

中國電機工程師學會　張貢九，李熙謀，張惠康。

中華化學工業會　吳蘊初（徐佩璜代），曹惠羣（徐名材代）。

中國自動機工程學會　黃叔培，胡嵩嵒，張登義。

中國化學工程學會　張洪沅，張克忠，（丁嗣賢代）杜長明。

中國機械工程學會　黃伯樵，莊前鼎。

中國土木工程師學會　夏光宇，李書田，沈　怡。

中國礦冶工程師學會　胡博淵，曾養甫。

中國水利工程師學會　李書田，張自立。

主　席：曾養甫

議決事項：

（一）甲、籌建聯合會所設於首都。（地點漢中路礦冶學會基地十五畝）。

乙、聯合呈請中英庚款委員會撥款。呈文推夏光宇惲震辦。

丙、組織籌築各工程團體聯合會所委員會，推夏光宇曾養甫關頌聲韋以黻汪胡楨負責籌備會所建築事宜，由曾養甫召集。

（二）下屆年會共同在太原舉行，關於籌備事宜完全委托中國工程師學會辦理。

（旅費請減輕）

（三）限於本年十月底以前將各專科學會會員名錄交中國工程學師會彙編聯合會員錄。

（四）各團體會員加入中國工程師學會時免繳入會費。反之亦同。

（五）請中國工程師學會正會員一律加入各專科學會爲會員，並請各專科學會合於中國工程師學會會員資格之會員，一律加入中國工程師學會。

（六）中國工程師學會之刊物，注重國內外實際建設報告（特別注重國內），各會會刊論文提要，普通工程論文（不妨略趨通俗）。各專科學會之刊物注重理論及試驗，愈專愈佳。請各位總編輯隨時取得密切聯絡。

（七）各會會費之劃一，請各位分別研究。

（八）各會執行部每年至少舉行聯席會議一次，遇必要時，由中國工程師學會臨時召集之。經三團體之提議，亦得臨時召集。

（九）根據本屆年會之決議，組織國防工程問題研究委員會，請各會執行部將所推委員於本年六月底以前通知中國工程師學會，由工程師學會召集之。（完）

論文提要

「工程的目的，本來是爲厚生的，謀人類幸福的。但是，目前的世界，我們中國的工程師，還不能希望爲全人類服務，只有先從爲中國人服務做起。爲保障我們中國人的生存起見，我們工程師的責任，便應該注意于國防問題。我們應該研究怎樣可以防禦堅甲利兵，我們應該進一步做關于國防的實際工作。我們應該造槍礮，我們應該學習射擊。我們應該造飛機，我們還應該學習駕駛。我們應該造無線電，我們還應該學習戰時的通訊。我們應該造彈藥，造防毒面具，造煙幕彈，我們還應該練習毒氣戰爭！」

論文提要

本屆年會宣讀論文，因五學會聯合舉行，共有六七十篇之多。經大會論文委員會議決，關於土木工程論文，定于五月廿一日上午中國工程師學會論文會時宣讀。其他如機械、電機、化業、化工及自動機論文，則于各專科工程學會分別宣讀。除論文全豹，另由各學會于雜誌上發表外，茲特摘要刊登於后。

土木工程

鋼筋混凝土公路橋梁經濟設計之檢討

趙國華　河南省建設廳技正

本篇就設計簡單鋼筋混凝土公路橋梁上部構造之經濟問題，加以討論，其內容如下：

(一)平坂及T梁經濟斷面決定法之理論

1. 平坂之經濟斷面決定法　2. T梁之經濟斷面決定法

(二)材料單價估定之方法

(三)主梁經濟間距之理論

1. 主梁經濟間距之總公式之誘導　2. 公路橋梁之經濟間距公式　3. 實例

(四)坂橋與T橋梁經濟跨度之限界

(五)結語

平漢路重建新樂橋橋基工程竣工報告

趙福靈　平漢鐵路工務處工程師

平漢鐵路新樂橋，架設於沙河之上，爲該路黃河鐵橋以次最長之橋。因舊橋基礎薄弱，屢被洪水冲毀，故於二十三年重建新橋。本篇係報告該橋橋台橋墩橋基工程施工情形，自設計籌備招標開工起，至全部橋基完工止，除鋼桁梁向國外訂購外，已做工程，總值十六萬五千餘元。並附圖照數十幀。

連續架之圖解通法

蔡方蔭　國立清華大學土木工程系教授

本文表述連續架之圖解法。其所以名為通法者，蓋有二義：其一，前人所表述之此種方法，或僅可用於斷面不變（Constant Cross-section）之連續架。其能用於斷面改變（Variable Cross-section）之連續架者，亦多係將用於斷面不變之方法，稍加更改，僅求適用而已。一似二者之方法，不能相提並論。本文之方法，將斷面不變與改變之連續架，合而述之，以求概括與普通。其二：前人所表述之此種方法，每各有不同之處，故同一問題，而各人之解法互異。本文將此項問題異解之法，如O. Mohr, W. Ritter, T. C Fidler, A. Ostenfeld, E. Suter, A. Strassner 等以及著者本人所發現之新法，擇要臚列，以資比較貫通。故本文之圖解法，雖多採自前人，但其表述方法，與前人頗多根本不同之點。

以任何方法分析一斷面改變之連續架，必先求其所謂「梁係數」及「載重係數」。

本文於此項係數之各種求法，亦詳細說明。若其斷面之改變，爲通常形式（如直線形，拋物線形，及鋭曲綫形），則此項係數，可用 Strassner 氏之表計算之，甚爲簡易。爲此項圖解法之應用方便起見，特將該表之排列方法，略加改良，印於本文之末，作爲附錄。

此外幷附例題二則，於其計算之步驟，亦詳加解釋，以明 Strassner 表及此種圖解法在實際上之應用。

鋼筋水泥連拱設計之硏討

王敬立 北平市政府工程師

連拱由於若干單拱所組成。故許多單拱設計中之原理與關係亦存在。設計者須設法利用配合，以臻完善，此乃本文之主旨。其硏究之結果，大致如下：

1. 爲減少墩基之動轉起見，墩頂之固定橫力與固定動率當力求其平衡。
2. 上項之平衡，若不能完全求得，則當擇其存在時間較久之力，設法求得平衡，而捨其餘。

3. 若定端横力與定端動率不能同時求得均衡，則當捨其後者。

4. 同時均衡死重横力與死重動率須使拱軸與均衡曲綫相脗合。

5. 過於不對稱之拱不宜用。

路簽自動交換機

華南圭　北寧鐵路工務處處長

北寧鐵路近採用路簽自動機，以代替人力，本篇詳述其構造方法，另附圖樣，以供參考。

1. 簽圈之改製　2. 接收機與交付機之構造　3. 火車交換機之裝置

黄河史料之研究

沈怡　上海市工務局局長

作者根據十餘年來所集關於黄河之史料，爲黄河決溢，作一比較正確之統計。並對有史以來，黄河六大變遷，有所論列。

記採用三綫對數法計算畝分之經過及其效果

劉寶偉　京滬滬杭甬鐵路管理局產業課長

本篇介紹諾模術編製三綫對數法一種，以推算三角形面積。通常以舊法推算需時約一小時者，今祇須二三分鐘即可畢事。由此算出之面積，與舊法相較，僅差約五百分之一，而節省時間極多。京滬滬杭甬兩路收購民地，計算畝分，現均採用此法。

隴海鐵路終點海港

劉峻峯　隴海鐵路工程師

本篇介紹連雲港工程，自開工以至於最近之情形，至為詳盡。內容分四章(一)緒論。(二)施工紀要。(三)海港設備。(四)本港最近將來發展芻議。附錄：石堤在膠泥海底移動之研究。

上海建築基礎之研究

秦元澄　費博工程司工務主任

本文作者根據十年來從事建築工程之經驗，觀察上海土地性質，判定設計基礎時應採用之承樁及打樁公式，而得以下結論：

1. 上海之土質，鬆軟而富有彈性。

2. 基礎設計，宜用 E. S. Load，使其下沉平均，建築物不致傾欹。

3. 高不逾四層之建築，以用12吋方對開之木樁，最爲經濟。

4. 長樁疏排，優於短樁密排。

5. 樁之表皮阻力，不宜用足。如照下表，可望十分安全。

水泥樁爲　300磅　楔形樁爲　250磅　普通木樁爲　200磅

6. 打樁後如地土之一部份仍須承重者，每方呎之承量，不能仍用1700磅，祇能用500至600磅。

7. Hiely 氏打樁公式。

$$R=\frac{w.h.s}{S+\frac{c}{7}}(W+P) \qquad L=\frac{R}{F}$$

尙合實地情形，可以引用。

8. 用樁基礎，最好先擇數樁，加以試驗，知其承量，酌定相當之表皮阻力，以期穩固。

鋼筋混凝土拱橋新分析法之設計(英文本)

陳錦松　廣州市工務局工程師

鋼筋混凝土拱橋之應用，日漸推廣。作者本研究心得，獲一妥善之公式，全文共分五章。

1. 敍言。
2. 總論。
3. 弧綫桁梁之彎度。
4. 鋼筋混凝土拱橋之普通設計方法。
5. 應用新分析法推求Vo,Ho及Mo之公式。

高樓各種支持風力法則之堅固及經濟比較

徐寬年

本文之目的，爲討論限制高樓之偏向及該項材料分配之經濟問題，而得結論如下：

在所有支持風力法則之內，每種法則有其相當之用途。至於偏向一方面而言，f小則偏向小，若用「高拖力之合鋼」(High Tensile Alloy Steel)而"E"仍等於普通鋼鐵，則f加大而偏向亦因之大矣。

非有完善之佈置，不可得堅固而經濟之效果，故在設計之時，工程師與建築師須有精密之合作，而後可收完善之成效。

公尺制之泰爾鮑脫螺形曲線

許鑑 鐵道部設計科

本篇說明泰爾鮑脫螺形曲線之原理，並將所有略號及重要應用公式，均改爲公尺制，俾適合我國標準。

二種測設法，亦加說明。所舉例題，均用偏倚角法。

泰爾鮑脫螺形曲線，不限用等弦測設之。但爲測量時便利起見，亦可用等弦測設。

鑄鐵鐵鋼之研究與試驗

國立中央研究院工程研究所

本篇係中央研究院工程所在上海設立之鋼鐵試驗場五年以來之總報告，內分六段，（1）鑄模砂土之研究，（2）特種鑄鐵之研究，（3）普通鑄鋼之研究，（4）錳鋼等之研究，（5）不銹鋼之研究，（6）高速鋼之研究。各段詳論學理及實驗工作之結果，爲研究鋼鐵材料及機械製造者之一參考。

三十五公尺鋼板梁橋裝架方法

支秉淵　魏如　新中工程公司

上海新中工程公司承包浙贛鐵路江西南昌梁家渡橋35公尺鋼鈑梁工程，共14孔，爲國內最大之鋼鈑梁橋，亦爲國內第一座鐵路公路聯合橋梁。每孔鋼料重125公噸，吊高15公尺，所用工具多係特別設計者。本篇詳述（1）鋼料檢驗及截切，（2）鑽眼及鉸光，（3）拚聯及鉚釘，（4）吊起安裝。全部工程于六個月內完成，亦一紀錄也。

錢塘江橋工程

茅以昇　羅英等　錢塘江橋工程處

錢塘江橋，自開工以來，閱時年半，所有各部工程之重要工作，自設計以迄施工，皆歷經困阻，始底於成，茲幸一切工具及方法，均已改良就緒，在技術上粗有成績，爲供獻各方參考起見，特將有關本橋之各項工程，擇其性質重要者，草成下列各篇，以求專家之指正。

(一)橋礅工程
(二)鋼梁工程
(三)打樁工程
(四)浮運沉箱之設計
(五)浮運沉箱之施工
(六)沉奠氣壓沉箱
(七)沉奠開頂沉箱
(八)鋼鈑樁圍堰
(九)橋基鑽探
(十)混凝土工程

機械工程

機車標準之初步探討

陸增祺　浙贛鐵路局工程師

機車式類過多，足使鐵路效率減低，增加消耗。本篇首述機車規定標準之必要，次述英德美各國鐵路規定標準之實例，暨我國現有機車之式別，並將各路所有機車之鍋爐氣壓，火箱質料，裝有拱管及磚拱者，水泵，閥動機關，同動機關地位，構架式別等分列詳表，以資比較。

數年來的貢獻——國立清華大學機械工程系

莊前鼎　國立清華大學機械系主任

本篇臚述清華大學機械工程系四年來之重要工作，凡十二件：

(一)防毒面具之製造。

(二)清華大學新電廠之完成。

(三)機械工程館設備之佈置安裝。
(四)英漢對照機械工程名詞之編訂。
(五)機械工程書籍之編譯。
(六)國內第一航空風洞之設計及製造。
(七)離心力打水機之設計及製造。
(八)二噸載重汽車之配製。
(九)滑翔機之設計及製造。
(十)脚踏三輪車之設計及製造。
(十一)單翼教練飛機之設計。
(十二)機械工具之製造。

國立清華大學機械工程系發展概況

莊前鼎　國立清華大學機械系主任

清華大學工學院機械工程系於二十一年成立，本文敘述下列各項房屋之建築，及其內部機械設備：

（一）機械工程館。

（二）航空館。

（三）飛機實驗室。

（四）金木煅鑄工場。

清華大學機械工程系之航空風洞

華敦德　國立清華大學機機系美籍教授
（莊前鼎介紹）

鐵路車輛鉤承減除磨耗之設計

封雲廷　平綏鐵路局機械工程師

鐵路車輛之車鉤與鉤託間，因磨擦劇烈，極易損壞，不特需鉅額保養費用，且因時常修理，車輛不能充分運用。本文作者以平日研究心得，發明在鉤頸下裝一車鉤托承，俾將磨擦動作，改爲轉動動作，其優點如下：

（一）鉤身不受磨損。

(二)減少車鉤各部傷損。

(三)鉤高不受車鉤影響。

(四)鉤口不受絲毫磨損。

綿紡織微

李錫釗　上海永安紡織公司第三廠工程師

本文供給紡織史料，暨管理廠務，改進計劃等，頗爲詳盡，概要如下：

(一)紡織史略。

(二)原棉之改進方法。

(三)紡織廠設計要點。

(四)機械之最近單簡化和演進。

(五)機械之保全。

(六)紡織廠之管理。

(七)勞工問題。

(八)組織。

27725

我國機械工程教育之檢討

柴志明　國立浙江大學教授

(一)工程教育對於建設事業之迫切。

(二)機械工程教育之範圍。

(三)我國機械工程教育之沿革

1. 制度之演變——由大學中之工科展而至於獨立之工專，再進於大學中之工學院——依教育制度而演變。

2. 科系之增加——由土木礦冶科始，擴充增加機械電機化工等科——依時代需要而演變。

3. 教材之演變——始則循襲歐美，繼而效法日本，近有自立標準之勢——依我國環境而演變。

(四)我國機械工業之概况及特來之展望。

1. 增加適應環境之機器問題。

2. 開發原料問題。

3. 增拓資本問題。

4. 發展交通問題。

5. 培植人才問題。

(五) 改進我國機械工程教育之芻議。

1. 充實設備與教材，以切合國內之需要。

2. 因地域環境之不同，而輕重其各學程之分配。

3. 扶植職業教育，以匡工程教育之不及，而收指臂之效。

4. 增加參觀機會，以補課程之不及。

5. 注重德育訓導，養成服務社會之道德，及感化下級之人格。

近代紡毛鋼絲機

陳靖宇　天津仁立紡毛廠

我國西北部，出產羊毛極夥，苟紡織精良，不難挽救每年數千萬元之漏巵，更進而將毛織品運銷出口。本篇作者根據服務紡毛廠五六年之經驗，討論羊毛粗紡鋼絲機五個重要部份(一)進毛機 Hopper feed (二)初梳機 Scribbler (三)過毛機 Interm ediate feed (四)整梳機 Carder (五)凝縮機 Condenser 裝置之差别，而研究下列三種式樣之利弊。

1. 英國式。

2. 大陸式。

3. 英國大陸混合式。

二〇〇瓩汽輪機及鍋爐試驗報告　莊前鼎　董樹屏　葛祖彭

(一)各種管子系統

(二)工作程序

(三)汽輪機蒸汽量試驗結果

負載	50瓩	100瓩	150瓩	200瓩
每瓩蒸汽量	35磅	23磅	21磅	20磅
效率——%	7.5	11.0	13.4	13.8

(四)鍋爐試驗結果

鍋爐蒸汽量——%	100	140	180	210

鍋爐效率——% 58.8 59.7 59.8 59.4

(五)全廠試驗效率結果

全廠負載量——% 20 40 60 80 100

全廠效率——% 3 4.8 6.0 6.6 6.3

(六)每瓩用煤量

全月平均 每瓩用煤 6.5磅 煤價每瓩 3.0分

全月最高電負(180瓩)時平均每瓩用煤4.0磅 煤價每瓩2.0分

美國機械工程師學會的歷史組織及發展概況

莊前鼎 國立清華大學機械系主任

歷史——發起組織迄今五十六年

會員成立時一二百人現在二萬餘人

組織——包括執行部及董事部

常設委員會十七種

發展——該會原由美國土木工程師學會內機械工程師發起組織繼續發展及逐年設立

委員會工作概况可供國內各工程學會參考

鐵甲車和坦克車

史久華

(一)引言

(二)從戰略上剖視

1. 野戰砲隊 2. 應備軍械 3. 夾層玻璃 4. 高強速度 5. 靈敏轉向 6. 最低載重 7. 越野能力

(三)從機構上剖視

1. 動力 2. 轍輪 3. 懸置 4. 通氣 5. 修繕 6. 其他關於機構問題

(四)劃一各個單位

1. 明定標準 2. 機關槍 3. 高射砲 4. 工程師 5. 傳訊隊 6. 騎兵隊 7. 軍需隊 8. 坦克車

(五)設計上之商權

中國自造長途汽車運貨汽車底盤之商權

張登義　上海市工用局

(一)緒論

(二)自造步驟

(三)採用何國出品零件最爲經濟

(四)盡量採用與福特或雪佛來相同之零件

(五)自造何種另件

(六)引擎之選擇

1. 柴油引擎與汽油引擎 2. 柴油引擎之選擇

(七)汽車底盤上其他構造各部分之選擇

(八)結論

各種汽車車胎在中國運用情形

張登義　上海市工用局

（一）引言

（二）銷行中國之車胎之類別

（三）各種車胎壽命之記錄

（四）車胎壽命短促之原因及改造

1. 載重過量
2. 盛氣不足
3. 對準車輪
4. 道路不良
5. 駕駛人之技術不良
6. 車胎存棧過久

（五）結論

小型單汽缸汽油引擎改用木炭代油爐之研究

胡嵩嵒　上海交通大學教授

(一)研究之動機

(二)西屋E 31 汽油引擎發電機之構造

(三)幾種代油爐之試驗經過

(四)中建式代油爐及其濾清器

(五)用汽油與改用木炭代油爐後引擎工作情形

(六)結論

奧吐循環引擎改用注射給油之研究

錢迺楨

(一)本問題在國外研究之情形

(二)注射給油之優點

(三)注射設備之裝置

(四)注射給油今後研究之動向

(五)本問題在吾國現今之地位

二感應電動機之串聯運用特性

顧毓琇　朱曾賞　徐範　國立清華大學電機工程系

去年中國工程師學會年會中，顧氏曾發表二感應電動機串聯運用特性之通解。茲依通解公式計算外加電壓驟加或短接時各部電流及轉力之瞬變情形，本文附有計算例題所得之曲線及用示波器攝得之波形。

二感應電動機之串聯運用實驗

嚴陵　婁爾康　國立清華大學電機工程系

將兩部相同之感應電動機作串聯運用實驗，得其起動力——拖落曲線（Torque slip.curve），在某種拖落程度，其起動力顯出降落現象與理論脗合。

國立清華大學二十五萬伏高壓實驗室

顧毓琇　婁爾康　國立清華大學電機工程系

本文報告國立清華大學高壓實驗室之設備及實驗情形。該室現有之設備、可得35 仟安 250000 伏之 50 週波交流高壓，150000 伏之直流高壓，220000 伏之人造雷電，及 50000 週波 60000 伏之高頻高壓。已做之實驗，有電暈，飛閃放電，表面放電，球隙放電，衝擊放電等，詳見攝影各圖。

試製感應電動機之經過

章名濤　范崇武　國立清華大學電機工程系

本文報告國立清華大學電機製造實驗室自製十馬力感應電動機之設計大概，製創經過及試驗結果。

電網絡參數互變之實例

李郁榮　張思侯　國立清華大學電機工程系

電網絡參數間相互關係昔無人論及。溫納氏(N.Wiener)首先指出之。溫及李氏曾以傅立葉餘弦及正弦展列式求得參數互變之公式，使電網絡參數易於計算。本文卽綜合此法，以標準電話電纜爲實例，計算其各種參數，作成曲線，與由上法求得者比較，結果甚爲相合。

電話增音機

朱一成　沈秉魯　黃如祖

本文分七章。共計二萬多字。插圖有二十五張。是硏究增音機的一篇基本文字

(一)導　言

(二)類別和各式的比較

增音機
- 單向
  - 機械式
  - 眞空管式
    - 一級
    - 多級
- 雙向
  - 機械式
  - 眞空管式
    - 二線
      - 一器「二一式」
      - 二器「二二式」
        - 直通
        - 繩塞
    - 四線
      - 一級
      - 多級

增音機的應用範圍。（1）二一式偶一用之。（2）二二式大都在架空明線的線路上。（3）四線式多半用于長距離電纜線路上。

(三)真空管放大器

（1）用輸入和輸出變壓器與外線阻抗偶合。（2）用平均線網，減少頻畸變。（3）用電位計，以調節增音率。（4）用留低頻濾波器，免除與線路截止頻相近的話音，發生反射和干擾。

(四)三線圈變壓器的理論

（1）三線圈變壓器的正常關係

$$Z_1 = Z_2 = 2Z_3 = \frac{1}{2n^2} Z_4,$$

内中 $n = \frac{Neg}{Ncd}$

（2）不平衡

回射耗衰 $S_t = 20 \log_{10} \frac{Zo + Z_t}{Zo - Z_t} db$

Z_3與Z_4間的耗衰，$T = S_t + 6 + L_c = S_t + 6.5 \quad db$

（3）振鳴聲，回射耗衰，和增音率。

A. 二一式增音機

全增音機的增音率，$g=S_t$

B. 二二式增音機

$g+g'=S_t+S'_t$

（五）增音線路的最小耗衰

（1）振鳴或近鳴的限制

振音邊際＝（左向與右向的活效回射耗衰的和）－$(g+g')$

（2）回聲的限制

（3）串話的限制

（六）增音站的間隔和增音率的規定

四線式：最高　10db,最低－24db.

二線式：最高　6db,最低－15db.

（七）結論

杭州電氣公司閘口發電廠三年來改進概要

陳仿陶　杭州電氣公司總工程師

杭州電氣公司閘口電廠于廿一年十月告成，開始發電。採用蒸汽透平發電機。汽壓大至三百五十磅，汽熱亦高至華氏七百度。鍋爐燃燒粉煤以致電熱効率高達百分之二十。玆將本廠機器設備，工作狀况，以及發電效率之研究，分章陳述，以備我工程界之檢討。

乾電池放電計算及試驗新法

胡汝鼎　建設委員會電機製造廠

著者根據各種之試驗，導出常流放電方程式兩式。依此所擬定之試驗新法，較美國標準局所制定者爲簡單，較交通部之程式所訂者爲準確，且試驗時只須作二次之常流放電，卽可决定各常數，以求各種放電時之電量。

高壓綫路瓷瓶之製造及應用

周　琦　益中電機製造廠工程師

本文說明瓷瓶之受電現象，設計原則，針狀及掛鉤瓷瓶之應用。製造程序及其測驗。

我國無線電廣播網之芻議

徐學禹 交通部上海電話局局長

本文先述無線電廣播網有十種利益。繼則指明英德兩國早收成効。我國似可效法。末於各項設備經濟問題，加以討論。

施行標準及規定型式

徐學禹 交通部上海電話局局長

本篇說明施行標準及規定型式二事於國民經濟上之關係以喚起國人注意。

(一)照規定標準而行，足使人類工作簡單而經濟。

(二)在消耗方面，想出經濟便利的方法，足以調節物力，疏通生活。

(三)社會上需求貨品有一定標準後，製造者貿易者消耗者均蒙受其利益。

(四)各項工業規定施行標準及型式後，隨時可將民用改爲軍用，於國防軍事，極有裨益。

（五）惟規定標準之先，必須十分鄭重，以免隨時更改，致多損失，好在我國工業，尙在萌芽時期，正可自由設計。

ACOUSTIC AND ELECTRIC COMPENSATORS

By Y. C. C,hu （朱一成）

The Acoustic and electric conpensators are the very useful instruments for locating the position of submarines, warships, etc The principles and constructions of three types of the compensators are briefly discussed and described in this paper; namely A. 2-spot acoustic compensator, B. 2-spot electrical compensator and C. MV 12-spot acoustic compensator.

PUBLIC REGULATION OF PRIVATE ELECTRIC UTILITIES IN CHINA

By Electric Utility Regulation Board National Cons truction Commission Nanking, China.

（建設委員會全國電氣事業指導委員會）

I. National Policy

II. History of Regulation

III. Existing Regulation

IV. System of Regulation Adopted

V. Scope of Regulation

VI. Administrative Organizations

VII. Conclusion

ELECTRIC POWER DEVELOPMENT IN CHINA

By Electric Utility Regulation Board National Construction Commission Nanking, China.

(建設委員會全國電氣事業指導委員會)

I. Introduction

II. Statistical Facts

III. Significant Trends

IV. Preparation of Statistics

V. Summary

以上所刊建設委員會全國電氣事業指導委員會之兩篇論文係惲震先生於中國電機工程師學會宣讀論文時附帶提出報告，並非年會宣讀之論文。玆併刊於此。

編者附誌

化學工程

中華化學工業會
中國化學工程學會　合併宣讀

我國棉子油內提煉輕油之研究

杜長明　中央大學教授

濟南溥益甜菜製糖工廠之蒸氣銷耗及其加熱與蒸發設備面積之統計

陸寶愈　溥益製糖工廠總工程師

27743

濟南溥益糖廠爲國內僅有之甜菜製糖工廠，創於民國十年，曾一度停辦，二十四年春復業并附設酒精工廠，利用廢蜜爲原料，本文介紹該廠改良後之蒸氣消耗狀况，并主張化學工廠必須舉行熱力均衡計算，以期對於減低成本一問題，可獲較明瞭之觀念。

中國製皂工業之進展

盧成章　五洲固本皂藥廠工程師

本文介紹世界製皂工業改進情况，及國內製皂工業之創設進展情形，概分四點：

1. 製皂工業史。
2. 製皂工業之原料。
3. 我國製皂工業進展情形及五洲固本皂藥廠之沿革。
4. 製皂法。

硫酸與硝酸製造方法之革命

陳繼元　永利錏廠工程師

製酸舊法。多經改進。製硫酸舊法。多用鉛室法。今則多用接觸法。且用釩爲觸媒。其製成之媒介物。係矽酸與釩之複雜化合物。兼含有鹼金屬鹼土金屬等。釩接觸法勝於舊用鉑接觸法之重要點。在乎前者不怕「中毒」。如砒硒等物。均不使觸媒之效能減低。此法在攝氏四百度。變化効率最高。在攝氏五百五十至五百七十度。變化速度最高。欲同時得上述兩點情形。可先將氣體保持在較高溫度。然後在較低溫度通過媒介物。

製造硝酸。本以智利硝爲原料。今則多採用安摩尼亞法。先將安摩尼亞。養化成一養化氮。再養化成二養化氮。後者遇水即成硝酸。以第一步工作最爲重要。法用鉑絲織成之紗爲觸媒。(或用鉑百分之九十及銠百分之十之合金)置變化器中。於攝氏七百五十至八百度間。氣壓每方吋一百磅。(用普通氣壓亦可但速度較低費用較高)將安摩尼亞約百分之十一及空氣之混合氣體。通過變化器。排出之氣體。大部變爲一養化氮。冷卻後通入養化塔。即成二養化氮。用水吸收。即成硝酸。上海夫利氮氣廠及永利錏廠均用此法。

菜子油製造汽油之研究

顧毓珍　鄭栗銘　實業部中央工業試驗所

菜子油之熱分裂解製造汽油，著者前已爲文報告，本篇研究結果指示在我國工業狀態之下，觸媒液相分解較易舉辦。各類觸媒劑之選擇，除促進菜子油之分解速度外，對其分解方式，亦有影響，尤以應用鹼性物質觸媒時最爲顯著。菜子油之分解方式，亦若他類植物油，循取下列分解方式途徑：

$$\begin{array}{l} CH_2—OCOR' \\ | \\ CH—OCOR'' \\ | \\ CH_2—OCOCH_2R''' \end{array} \longrightarrow \begin{array}{l} CH_2 \\ \| \\ CH \\ | \\ CHO \end{array} + R'COOH + R''CH{=}CO \quad \cdots\cdots (1)$$

$$CH_2{=}CHCHO \longrightarrow CO + CH_2{=}CH_2 \quad \cdots\cdots (2)$$

$$RCH_2COOH \begin{array}{l} \nearrow RCH{=}CO + H_2O \\ \searrow R—CH_3CO_2 \end{array} \quad \cdots\cdots (3)$$

$$2RCH{=}CO \longrightarrow RCH{=}CHR + 2CO \quad \cdots\cdots (4)$$

棉籽油改作燃料油之試驗

杜長明　辜祖澤　國立中央大學化學工程系

棉籽油之粘度與凝點，均較柴油爲高，故不能直接用於柴油機，作爲燃料。如欲以棉籽油代替柴油之一部，其最簡單之方法，莫過於以適當之液體燃料，摻入棉籽油中，使其粘度與凝點減低，而適合於柴油機之需用。作者所用之摻和劑，有汽油、酒精、光油(卽火油)、柴油及苯等，均各按不同容積比例摻入，而後考驗其粘度，凝點及其因儲藏而起之變化。

酒精與棉籽油因溶度關係，不能混合，故須覓一混合劑，使之混和。依實驗結果，丁醇 (butyl alcohol, n.) 雖可用，但酒精容量須不超過丁醇之一半。

棉籽油中摻入汽油、光油、柴油等礦物油類後，其粘度之減低，與摻和劑之多寡成正比例，然是否卽能直接用於內燃機，尚待實地施用。

摻和液之凝點俱在−3°C.至−18°C.之間，與棉籽油在12°C.時卽起沉澱者，已屬優良。

摻和液之儲藏，於摻和劑之多寡及溫度，均有關係，蓋在冬季時，除摻入50%礦物油類者未變外，其餘俱有沉澱析出。

其他之純植物油，如豆油、菜油、花生油等，亦曾作與棉籽油同樣之試驗，若以棉籽油爲主，而比較其粘度，則菜油與花生油之粘度較棉籽油爲高。而豆油較低，棉籽油經過冷却而析出之清油，其粘度較棉籽油爲低，除菜油外，所有粘度之高低相差甚微，至於因受冷而起之現象，花生油稍優於棉籽油；其起沉澱時之溫度，約在 8°C.；而菜油與豆油則俱在 −2°C. 由以上觀察，可知他種植物油與礦物油摻和液之凝點，當較棉籽油與礦物油之摻和液爲低，而其粘度無若何顯著區別也。

粗棉籽油氣相熱裂之初步試驗

杜長明　王　昶　國立中央大學化學工程系

以未經提煉之粗棉籽油（俗稱毛油）加熱使之氣化，然後通過高溫熱裂管使油氣分解，可得多量之粗油，其餘則爲焦炭與可燃燒之油氣，所得粗油用10% NaOH及90% H_2SO_4處理後分級蒸溜，可得輕油（40°－210°C.相當汽油部份），中油（210°－300°C.）與重油（300°C.以上）。本項研究，在以不變之氣化速度下，而試驗其熱裂最適宜之溫度。經多次實驗後，始得以下初步結果。

毛油氣相熱裂溫度，以在700°C.爲最佳，所得無色輕油爲27.8%（百分比係以當原毛油之容量計算）。淡褐色中油52%及微量之重油。如以清油（即已提煉之棉籽油，普通市面所出售者）爲原料計算，則作者所得輕油在30%以上，中油在 60 %以上。

利用棉籽油脚之研究

杜長明　潘福瑩　國立中央大學化學工程系

在上海棉籽油工廠中，由精煉棉籽油而得之油脚，每年約計四萬担，若以此油脚用簡單之乾蒸餾處理後，可得粗油約當油脚重量之54%及可燃氣體與焦炭狀之殘渣。粗油經酸，鹼處理之後，再行分溜，可得10%輕油，17%中油及19%重油百分率均以當油脚重量計算）。

乾蒸餾時所得油氣，如在未冷凝成液體前，再行氣相分裂，則可得11%輕油，18%中油，及10%重油。而氣體之發生，較簡單乾蒸餾時，增加極多。

上述所得各種油類，均帶有深淺不一之顏色，除重油外，輕油與中油之色素，用適當方法處理後，可得無色之輕油，及淺色之中油。其精煉損失，在實驗室小規模情形下，約爲10%。

由以上研究，可知價值低廉而認爲廢物之油脚，經熱裂手續，可得價值高尙之液體燃料。依現在油脚價值推測，本項試驗頗有商業化之可能。

中國動力之資源

金開英　實業部地質調查所沁園燃料研究室

明礬石研究之進展

張克忠　天津南開大學教授

半機械式蠶種紙製法

魯　波　中元製紙研究所

蠶種紙來自日本，爲保育蠶卵之用。此紙寬九英吋半長十四英吋，上印方格二十八方。紙爲雙層，分面紙與底紙，蠶蛾產卵於上，發賣蠶卵時將紙取出，浸濃度比重1.2溫度180度之濃熱鹽酸中六至十分鐘之久，並不斷轉動以求均勻。浸潤後置河流中冲洗半小時至一小時脫酸。脫酸後陰乾，檢查有無毒卵，若有毒者須將面紙挖撕棄去，另自他張挖取無毒者填補面紙挖撕時，應迅速不毛，而面紙與底紙在浸酸冰洗時，又不應有分層或爛碎現象，是二種特性恰好相反。

本試驗製法係用任何强力紙漿，如桑皮，破布及未漂白或輕漂白之木漿皆可。對於浸酸冲洗不爛一點，以重量松香皮膠及水玻璃處理之。打漿須至相當凝度，然後紙可薄韌，並具防水性。關於浸酸冬洗不分不爛及揭撕甚易一點，以下列方法處理之：

(一) 撈一種薄紙爲面紙，每張用布隔開（因漿内有松香膠及水玻璃，若不隔開則榨水後不易分開也）榨出水分，至於適當乾度（隨溫度而上下）。

(二) 另撈一種厚者爲底紙，亦榨至適當濕度，二者皆以纖維毛俯偃至適當程度（並未全）爲目的，以便合攏後，互相拚合，但又不甚緊。

(三) 將面度拚合，再壓榨至適當程度（約含水百分之四十上下），然後烘乾卽成。

因面紙須薄而具靱性，底紙可厚而稍弱，故所用原料及打漿法，皆有不同。

博山玻璃原料及其製品

胡鐵生　羅瑞麟　青島山東大學化學系

博山及其附近不特感產玻璃原料，且有豐富之煤及耐火材料，故博山自昔即爲製造玻璃之區；惟時至今日，博山玻璃工業，已漸呈衰落之現象，其原因當在製品之不良及不合社會之需要；今後改進之方法，自宜循此二點進行，以博山及其附近所產原料之豐，及工人之有相當訓練，當不難收切實之效果也。

博山所產之玻璃原料，計有三種，爲紫石，石灰石及方解石；其他原料如白藥渣來自大崑崙，硅石粉產自萊蕪縣，皮硝則產於博興及桓台二縣間之金秋湖。其中萊蕪所產之硅石粉含二氧化硅達 90% 以上，而所含氧化鐵則僅爲萬分之七，爲製造光學用以外各種玻璃之上等原料；石灰石產量甚豐，所含氧化鐵亦僅爲萬分之八，亦屬製普通玻璃之優良原料，皮硝雖含不溶物甚高，而無鐵質存在，且價格低廉：可代碳酸鈉之用；他如白藥渣則含鐵過高，方解石亦產量不多，均未能廣爲應用。至博山所出之玻璃成品，因含氧化鈉之成分皆高過18%，對於水及酸液之溶解度太大，對於熱之抵抗力亦弱，不適於作化學器皿之用。改良之法，當於原料之選擇及配合方面，多加注意。經作者屢次之試驗，知用石硅粉成潔淨無色之玻璃；檢驗之結果，對於水，酸，碱液等之溶解度，與他種國內外所出之化學玻璃相較，尚不過劣；其對於熱之抵抗力，如緩冷爐之管理得當，亦可達適當程度。

實業部溫溪紙廠計劃之商榷

丁嗣賢　國立交通大學化學系

根據各方面試驗及調查結果，就原料，廠址，原動力，製漿產量成本，及流動資金等問題詳加商榷，而得下列結論：——

（一）原料真杉柳杉之纖維長度 2.9 – 35mm. 可稱滿意，惟所含松脂成分之高低，在製紙機上有無黏破紙張之困難，及製出新聞紙之拉力破裂力等，應加試驗（據最近私人消息，真杉已經試驗，製出之紙尚無Resin Spot結果附）。

（二）木材供給量甚裕，不成問題。惟將來價格難免上漲，應早設法自行造林。

（三）用亞硫酸法製化學木漿，與機械木漿合用，尤稱妥善。

（四）現擬廠址近林區，水質良，水源富，交通便，可稱妥善。惟應注意防水並加擴大。

（五）原動力用煤較佳。

（六）產量每日35長噸，已達最低限度之經濟產量，倘利用現在多餘之亞硫酸木漿製造能力，加工製造亞硫酸木漿，而售諸市場，則獲利可較豐。

（七）每年工作日數只能按330日計算，原列350日，太樂觀。

（八）因英庚款資本係以英磅計算關係純益增加之數不與紙價上漲之數正比例故紙價上漲時，純益之增加遠不及常人想像之鉅。

（九）流動資金六十萬元，無可再少。

（十）亞硫酸及海風腐蝕性強，房屋折舊應改爲3 1/3%。

A NEW METHOD FOR DETERMINING ELEOSTEARIC ACID IN TUNG OIL

By P. S. Ku (古　栻)

Chemical Research Laboratory, Government Testing Bureau of Hankow

THE MANUEACTURE OF BAKELITE

By Y. C. Tao (陶延橋)

Department of Chemistry, Wu-Han University

CLASSIFICATION OF CHINESE COAL APPLICATION OF PARR'S UNIR COAL FORMULA

By S. H. Li (李壽恆)　　and H. T. Loh (陸懷祖)

Department of Chemical Engineering, University of Chekiang.

METALLIC STILLINGATES.

By C. C. Wu (吳錦銓)　　and Y. L. Yao (姚玉林)

Department of Chemical Engineering, University of Chekiang.

VELOCITY DISTRIBUTION IN PIPES

By Eugene C. Koo (顧毓珍)
National Bureau of Industrial Research

From a survey of literature on the isothermal velocity distribution of fluids in circular pipes, it is recommended that Hagenbach's formula should be used for the velocity distribution in laminar flow. In the case of turbulent flow a modified form of Prandtl-Kármán formula is recommended, such that

$$\frac{V}{V_{max.}} = \left(1 - \frac{r}{R}\right)^{a}$$

The exponent 'a' is defined as the velocity distribution exponent and is related with the friction factor 'f' and Reynolds number, Re, as follows:

$$a = -1.5 + 0.5\sqrt{9 - 8\left(\frac{Redf}{fdRe}\right)}$$

It follows then that the ratio of average to axial velocity can well be expressed in terms of 'a', or 'f' and Re. other factors, affecting the velocity distribution, such as inlet length, inlet shape and roughness of pipe, are also discussed.

THE RELATION BETWEEN BOILING POINTS AND CRITICAL TEMPERATURES AND PRESSURES

By Chu-Yao Chen (陳初堯) and Chao-Lun Tseng (曾昭掄)

Department of Chemistry, National University of Peking, Peping.

It has been shown by many investigators that the boiling points of liquids can be esti--mated from their critical temperatures. An examination of the physical constants of gases in--dicates that for high boiling temperatures, both the critical temperatures and pressures are high, but for liquified gases the critical temperatures increase more rapidly than critical pressures. Thus, the boiling points of liquified gases can be expressed as a function of both critical temperatures and critical pressures. On basis of the data obtained on 18 different liquified gases, an empirical formula is given and compared with other formula from literature. The empirical formula is as follows:

$$T_b = 0.53796T_c + 0.23755P_c$$

where T_b, T_c and P_c are boiling temperature, critical temperature and critical pressure, respectively.

STUDIES OF THE RATE OF REACTION IN THE VANADIUM CONTACT SULPHURIC ACID PROCESS

By Hung Y. Chang (張洪沅) and Te Hui Chang (張德惠)

Research Laboratory of Applied Chemistry, Nankai University, Tientsin

Because of the fact that the capacity of a commercial unit of a contact sulphuric acid plant depends much on the reaction rate as equilibrium is approached, one of the present writers had sometime ago carried out a careful investigation of the rate of reaction in presence of platinum catalyst approaching from both sides of the equilibrium. The results showed that the oxidation and decomposition data could not be correlated by any existing theoretical equa-tions. Two empirical equations were recommended to the calculation of the rate of SO_2 oxi-dation and the rate of SO_3 decomposition. The equation for SO_2 oxidation is as follows:

$$\frac{-d[SO_2]}{d\theta} = k\frac{[SO_2]}{[SO_2]^{0.2}} \ln\frac{e_e}{e}$$

In view of the recent development and the growing importance of the vanadium contact sulphuric acid process, the present writers made an investigation on the rate of oxidation of SO_2 in presence of vanadium catalyst. The data so obtained could not be correlated by the writer's platinum equation, nor by any other existing theoretical equations. It was found however that if $[SO_2]$ is made second order the data is fairly well correlated. The new empirical equation for vanadium catalyst is as follows:

$$\frac{-d[SO_2]}{d\theta} = k\frac{[SO_2]^2}{[SO_3]^{0\cdot 2}} \ln \frac{e_e}{e}$$

The character of the change of the specific rate with temperature indicates the diversity of the mechanism of platinum and vanadium catalysts. The fact that the rate goes through a maximum and then drops rapidly with increasing temperature, shows the great complexity and transformation of reaction mechanism with temperature. However, one can explain this in the light of Langmuir's concept of the mechanism of surface catalysis that as temperature rises, SO_2 is less adsorbed, thereby giving negative temperature coefficient.

DECOLORIZATION OF CARAMEL SOLUTIONS BY ACTIVE CARBON

By C. A. Yen (顏春安) and W. K. Leung (梁榮光)

Chiao-Tung University, Shanghai.

The writers advocate, in this article, the use of caramel solutions as a standard test for the decolorization power of active carbons. Caramel is claimed to be a pure coloring substance which behaves like an indicator with a color change at pH 5.6 to 6.6. The optimum conditions of the adsorption of caramel by active carbon from solutions are determined to be a temperature of 80°C and a time of contact of 40 minutes. The Freundlich equation is found to hold true in all adsorption epuilibria, except where other substances are introduced, such as glycerine and sucrose, which cause a decrease in decolorization due to increased viscosity. Sodium chloride has a pronounced effect in promoting the adsorption of caramel. The influence of pH value of the caramel solutions is very great and therefore all decolorization tests must take place in test-liquors of the same pH value. Light has a bleaching effect on caramel solutions.

GENERAL PROPERTIES OF SOME CHINESE AND IMPORTED PAPERS

By Tao-Yuan Tang (唐燾源)

Chemical Laboratory the Commercial Press, Shanghai.

Although the art of paper making has been known in China for about two thousand years, yet its scientific study has never been taken up until recently. The present paper reports the results obtained in the Commercial Press Chemical Laboratory on the study of 17 kinds of Chinese papers and 24 kinds of imported papers. The results indicate that the weight of the Chinese writing and printing papers is lighter than that of the imported papers. The folding strength of the Chinese papers is rather poor; the bursting strength varies from 3.28 to 25 lbs. per sq. in. and the breaking strength from 2430 to 4690 meters. However, the shrin--kage and expansion of the Chinese hand-made papers, made under varying humidity condi--tions, are apparently consistent. The average thicknese runs from 0·002 in. to 0.0065 in.

A SURVEY OF POTASSIUM CONTENT IN CHINESE COMMON SALT

By C. N. Tsao (曹初寳)

Chemical Laboratory, Central Field Health Station, Nanking.

In view of important role played by potassium in chemical and physiological processes of human boby, the Central Field Health Station Laboratory has attempted an investigation on the potassium content of Chinese common salt. 150 samples have been collected from 16 different provinces in China, representing practically all the salt resources in this country. The potassium content was determined by cobalt nitrite method. The results indicate that salts from coastal provinces, such as Hopei, Shantung, Chekiang, Kwangtung and Fukien, are rich in potassium and those from northwestern provinces, such as Kansu, Chinghai, Shinkiang, Ninghsia and Shansi, are rather poor. Two samples, one from Dee-Hwa of Shinkiang and one from Jing-Tai of Kansu, only showed traces of potassium. Samples from Szechuan and Yunnan provinces are rich in potassium. Two samples from Honan are particularly rich, showing a content as high as 7.9%. Refined salt samples, collected from five different large salt refineries in this country, indicate a potassium content varying from 0.010% to 0.087%.

特載

『吳稚暉先生曾經主張在上海開一工藝夜校，俾使社會上一般人可以去學習各種工藝，而同大世界一樣熱鬧，或竟超過之。這便是社會教育及成人補習教育工藝化的意思。假使都市中間大部份工人能晚上得到補習工藝教育，而不到大世界去，我們的中國豈不就換了一個新樣子了？』

一幀在中國工程史上值得紀念的照片

上圖左爲會長黃伯樵君，係代表京滬滬杭甬鐵路。右爲會員杜鎭遠君，係代表浙贛鐵路。中爲會員茅以昇君，係代表錢江大橋。此照爲會員惲震君所攝。蓋指錢江大橋完成後，滬杭甬路與浙贛路可以聯絡通車。是日適值該三機關假座之江文理學院宴請年會全體會員，此幀可資深長紀念。

年會會徽

五工程學術團體杭州聯合年會之觀感

惲震

去年廣西六學術團體的聯合年會，引起了今年杭州的五工程學會聯合年會，從這年會裏，又產生了兩個嶄新的工程師學會，變成七個學會的聯合年會（中國機械工程師學會中國土木工程師學會都在年會期間成立），這在中國工程史上，眞可以算做一件大事了。從五月二十日上午八時起，到二十三日下午十二時止，整整四天，沒有一刻不緊張，沒有一時不痛快，這個年會，是工程師集體的成功。值得紀載的，有以下幾件事：

（一）到會的人數，打破以往紀錄。

（二）開會的時季與天氣，不冷不熱，人人感覺舒適歡暢，不似往年的炎暑可畏。

（三）籌備委員會的組織健全，人選適宜，用錢不浪費，思慮周密，招待周到，精神貫注，表現工程師的組織能力，爲歷屆年會成績最優者。

（四）各學會的會長，都親自到會組織主席團，而中國工程師學會新當選的會長副會長，都能在開會以前到杭，閉會以後離杭，負責策劃將來的工作，尤其是歷來未有的好現象。

（五）工程師全體表示願爲國防的工作，犧牲一切，獻身於國家。

(六)工程師全體表示願意熱烈參加國民大會的工作。

(七)每一專科的工程師都表示願意，除了集大成合衆志的『中國工程師學會』以外，並須組織一個專研究本科學術的『工程師學會』。所以工程的五大類，(一)土木，(二)機械，(三)電機，(四)礦冶，(五)化工，在這一次年會中，一齊組織起來。從此以後，『中國工程師學會』，便好比似一個手掌心，五個專科工程學會，便像五個手指，使用靈活，應心得手，了無遺憾。此外如水利，建築，航空，自動機，紡織，等等學會，或有職業上的需要，或爲更專門的集合，其存在自無妨礙，在合作上也不成問題。

以上七點，都是事實的表現。我記得十一年以前，『中國工程學會』也曾在杭州開過年會，那是民國十四年，到會人數雖不過百人左右，然而精神也很好。担任籌備的，多半是浙江工業專門學校的教員，開會的地點，是在省教育會。那時有一個會員公開演講飛機製造，有一個會員宣傳三民主義，嚇得那時的地方當局派人來監視行動，這些事回想起來都很有趣。我聽見一位會員慨歎着說，這一次開會的精神，不及十一年前了，因爲官場酬應太多，而且多半的會員帶些官氣，不如從前的平民化。我也是十一年前到年會的，覺得這句話不完全對。當時各會員在社會上的貢獻決沒有現在的多，學術研究也不如現在的成熟，而且服務於政府機關，和服務於商業公司，一樣地有價值，不能說做了公務員便有官氣。不過這位會員的話很足使我們警惕。我們以後開年會，必須與當地政府及團體說明，不可耗費許多錢來吃筵席，我們只要便飯，不吃酒，每餐時間連說話不超過一小時，這才合乎工程師的新生活。

年會中我們又看見許多年紀比較老的會員來參加，五十歲以上，精神和少年人差不多，一樣參觀，開會，走路，說笑話，一團和氣，這種現象使得我們大家興奮。中國人向來早衰，一過五十歲，便想退隱林泉去享兒孫的福，不知道外國人到五六十歲，正是他們做事緊張的時候。我們工程師最應該吃苦受磨難，身體自然也應該最好。我們決不甘心說老，我們永遠是年青的。我們到了六七十歲也還是青年，像杭州的西湖山水一樣。

有幾位會員疑心各專科學會成立之後，中國工程師學會便無事可做，或者慢慢地要失掉他存在的價值。我以爲決不然。工程師固然喜歡和他的同行談論研究，但是決不能如此狹窄。例如一個發電廠的問題，便需要電機，機械，化工，三種工程師來共同解決；造一座橋梁，便需要建築，土木，機械三種工程師來共同辦理。我們此次開年會，電機化工與機械三組論文同時宣讀，我們學電機的沒有機會去聽化工及機械對於我們有興趣的論文，便覺得是一個遺憾。所以各專科會員除了同行以外便不需要聯絡，那是一個大笑話。況且在此國難十分嚴重工程師隨時有全體動員之必要的時候，各科工程師的嚴密組織，分工合作，集中指揮，尤其有無上的需要。我熱誠盼望中國工程師學會與各專科學會的負責職員，切實地施行「分工合作」，不要徒有軀殼而遺其實際。

年會裏決議，明年在山西太原舉行工程團體聯合年會，那時除了本年參加的各學會之外，還要請水利鑛冶航空等學會參加。山西工業建設頗快，但是去研究參觀的專家太少，明年的擴大年會，不僅在各會員可以觀摩游覽，增加對於山西的認識，即在山西方面努力工作的同志，也可以得到各省許多專家的批評切磋，一定是雙方有利益的。廣東的會員也邀請我們到廣州去開會，大家意思，以爲可以定在後年，因爲後年不但粵漢可以直達，從南京可以坐通車經過錢塘江大橋穿過浙贛湘三省直達廣州，更爲便利。而且年會的舉行，一次華南，一次華中，一次華北，如是周而復始，也是很公平而又很有趣味的。

最後我有兩重意思要貢獻與各會員。第一，每個會員事業的成功，都是學會的光榮，學會本身不必定要做許多事業，而且從經濟方面看，是不可能的。學會最大的功用，乃是團結意志，促進工作，發布成績，鼓勵後進，提高職業標準，並使各方面不相統屬的力量與智慧，調和溝通，分配培厚，以求最大的總效率。工程師學會是一個學術團體，同時也是一個職業團體。工程是應用的科學，同時也是崇高的藝術。工程師必須能指揮人力，物力，天然力，機械力，去達到救國建國的目的。做了工程師必須進工程師學會，猶之乎做了人不能過單獨生活而必須合羣一樣。這些學會是屬於每一個工程師的，誰也不能放棄這責任。

第二重意思是每一個會員須盡會員之職責，每一個職員須盡職員的職責。會員的責任是按期納費，開會時非不得已不缺席，除了有關軍事政治或商業的祕密之外，凡身歷之重大工程，必須寫成實錄，以供同志的參攷（發表與否聽便）。如有心得關於機械及方法之改良，發明，試驗結果等等，一點一滴，均是國家社會培養吾人所得之成績，不可以個人自私或懶惰之故，遂祕不告人，或竟廢棄不專整理，不求精進，以致前功盡隳。我們整個的肉體與心靈，是屬於國家民族的，所以應當把工作的結果盡量的貢獻。至於被選舉做了學會的職員，那是大家對你有深切的期望，不可自傲，尤不可辜負，即使你本身的職業很忙，也應該盡些責任。假使你做了三年董事，一次會也不到，會裏寫來的公信都置之不復，連個「是」與「否」的意見都不肯發表，那是很自私的表示，虛憍的習氣，必須要力改的。一個人的工作時間，必須善爲支配，工程師尤其是善於支配時間的。

我在這裏，敬祝每一個學會職員努力，每一個會員努力！

中國工程師學會及各專科學會萬歲！

中華民國萬歲！

勗中國工程學者

陳訓慈

近年來，因爲杭州風景建設的吸引，時常有學術團體來杭州舉行年會，頗有增厚浙江學術空氣之效。（如二十一年之社會教育社，二十二年之經濟學社，二十三年之中華農學會等）在最近，又有中國工程師學會，中國電機工程師學會、中華化學工業會、中國自動機工程學會、中國化學工程學會五團體于五月二十至廿三日在杭舉行聯合年會，同時中國機械工程師學會和土木工程師學會也先後於五月二十一日二十三日在杭成立。全國工程學者和工程界的領袖，薈萃杭垣，討論研摩，以策學術與事業的進步。不僅是工程界的盛事，也是杭州舉行的學術會集之第一次盛會了。

這次大會有好多特點是值得稱許的，如到會人員之包涵各方面工程學者與實際負工程建設責任者之衆多，宣讀論文之經充分研討，（錢江大橋工程一文係十餘人合作），工程參觀之重視，以及從學會與政府當局之歡洽空氣中反映出來學者與建設行政合作之前途，皆是很好的現象。杭州在湖山享受之中，文藝空氣太濃厚了，而科學應用技術的研究風氣依然很不發達。然近來因浙大工學院與各建設機關人員之提倡，我們發覺風氣漸已轉移。（如來本館借此類圖書者日增）。我們相信因這次七團體開會的倡導，科學工程研究的風氣必更將推進。這是我們以本地學術機關的地位而最願表示歡慰與感謝的。

我們沒有工程學術的素養，不能有具體的貢獻。可是站在文化事業的立場，我們也不敢自薄以爲「外行人的老實話」是必無所補于專家的。很平凡却是很誠懇的，讓我們說四句話罷：

第一、一切眞實的事業決不能與學術絕緣的。所以我們希望負無論如何繁重責任的工程學者，不要忽視進學的機會。好像有人太看重了社會的勢力，而推卸了自己意志不堅的責任，說是中國社會是摧殘學術的進步的，摧毀學者的進學機會的。這句話中所提的動因，我們不能苟同，但其結論不幸已是明顯的事實。許多學者做了官，竟不能像外國政與領袖之還是學問與事業並進。而在工程行政上的領袖，因為其設計改進常是需要學理的根據，宜乎不致與其所專究的學術隔離了。可是我們所發見的竟不盡如此。也許有的局長廠長是憑藉特殊勢力而來的，姑不屑論，而賢明的政府近來頗多任專家主持建設行政，可是一主事務，多數是缺乏科學上繼續的貢獻，甚至聲望日高，學術上便日益埋沒無聞了。這不是使國家重用人才的初意變成摧殘人才了麼？我們于此，一方面固希望社會觀念與習慣之改善，一方面尤希望工程專家的自覺。專門技術之與日俱新是過于文學社會科學的，而一切行政亦沒有如工程事業之最有賴于日新不已的學術基點。專家應擺脫社會無謂的應酬，施行經濟的管理，不大意而不瑣碎，保留一部分讀書修養的時間，時時吸收新學識，即時時推進其事業。如果社會與有摧殘人才的因素，我們要以對智識的信心與毅力來戰勝這種摧殘，而由個人的進步策學術事業的發展。

第二、任何專門的專家同時仍是一個「人」，是一個「公民」，所以工程學家不能不有「做人的素養」，不能喪失了憂時報國的意願。我們需要專家，可是我們所需要的是「有常識基礎的專家」，是具「有中國文化素養的專家」。譬如我們反對十歲左右就跟父母出國讀書以漸進而造就的一專門學者，正因為怕他剝奪他受中國文化訓練的機會了。自外國成學回來的工程學者中，有沒有缺乏這樣基礎的人，我們不敢說，我們只是正面的希望諸位專家能推己及人，對于與工程有輔助關係的學科，相對的予以注意，對于本國與國際的政治經濟大勢，加以留心，尤宜時刻關心國家現狀，而思以所學自效馳驅。又如自覺對于中國史地與一般文化的了解欠缺些，也得不吝稍分實驗專究的時間來補充些，因為這樣國民的常識也許就是造成健全的專家之一個條件。在工程學者中，個人所認識的如趙眞覺(晉玨)先生之好論一般教育文化問題，顧一樵(毓琇)先生之擅長作劇，薛宇澄(紹清)先生之喜寫詩歌，我都很佩服，他們在專究學科外之有一種修養，決不害其爲專家，而正足以推廣其識度與其實際造就的。

第三、基于本國學術史與國內實際資料的注意，工程學者於盡力輸入新學識之外，也得兼顧及于「中國舊時工程」之研討。中國科學研究中衰是事實，中國已往沒有精深的物質文化是武斷。不用說國內現存的偉大建築工程引起世界人士的驚服，就是許多前人著作中所包涵科學工程的研究也何可限量？就建築工程而言，宋代李明仲(誡)奉敕所撰之營造法式，爲今營造學者所感稱。即近世如清初桐城方密之(以智)之通雅與物理小識，也包含了不少理化與工程的材料，只不過缺乏系統與解釋。我們以爲工程學在中國不是沒有精密的研究，(新式機械與化學工程自然除外)只可惜本身現少說明，後來就缺乏流傳與光大。這正猶如中國醫藥之知其然而不重其所以然一樣，期待科學家來解釋而不應就加推翻的。今後的建築工程學者對于中國舊時工程應加以推闡與研討，以證明而採取其所長。其他學者也得分心稍涉舊籍，將其中涉及工程部分加以整理與解釋。一面更應推明斯學不昌之故，以爲今後推進發揚之一助。

第四、學者應以經世的精神，基于國家當前的需要而努力，工程學者尤應就各自專門的研究，以共赴今日國家本位的工程建設。這一層，我們觀于工程師學會第一日會議，有「各會員應積極注意建設及國防工作，以計劃送由專委會審查後貢獻于政府案」之通過，可見工程界已認定這樣共同的目標，我們似無需贅說。這次七團體之擇定杭州開會，或即以浙省建設事業之發達爲一因；而這幾個學會對于浙省當局之引起較多的興奮，當亦本于今日國家，在國防與平時建設上需要工程專家特多之期望。這世界的危機日益迫切，而中國的忍辱負重，至于此極，莫非因爲準備之有待。這種期待的準備，工程家的責任無疑的過于軍人與政治家。工程家應如何寶愛這世界武裝和平期的光陰，作迎頭趕上的努力。如軍事機械，電氣防禦，土木修建，毒瓦斯及其他化學工程等，皆是修整國防中必需的條件。我們決不應遲疑以爲這是破壞性的工程，須知在他人準備大破壞工作之中，我們這樣的對案，正是防範以求減免本國建設之大量破壞。其次，我們也決不如此短見的把國防準備認爲工程家惟一之務。工程家最大的任務與價值當然是利用科學技巧來促進國民經濟的建設以造成國家物質的繁榮——這纔是國力與自衛力的最大最實的基礎。基于此義，服務于一橋一路一局一廠的工程者，只要真有成效，便都是國家本位的工程建設。惟于此我們要注意平民的經濟狀態，作爲我們努力的參考。例如無關軍事與商業重要的小公路之建設，不如在這小城鄉辦了用簡單引擎的貧民工廠。小本企業的指導協助，期以增高一般生產力，應是深入民間的工程學者努力之一原則，專注力大都市工程機關也許太偏于個人圖謀的意味；一個中央鋼鐵廠中有許多容納不一的工程師，還不是有大匠能創辦了一個鄉村小工廠之有實利于國家。所以我們雖也同情桀桀君側重'防禦工程'以應時需之論（見五月廿二日東南日報），可是我們更願意工程家以他們的偉力，對于國民生產與國家戰備有兼等的努力。

謹以這樣平凡的四點，貢獻並期望于七團體會員與一切從物質科學爲國效勞的人士。

略

「到了敵兵向我們開火的時候，我們方始添辦兵工廠，方始開礦，方始鍊鋼，方始籌備硫酸廠，方始修造鐵路公路，方始擴充紡織廠，豈不嫌晚了麼？但是，這時候而再不覺悟要國防，再不提倡國防工程，我們更不知道以後還有沒有我們自已提倡的機會了！」

史畧

五工程學術團體史略

中國工程師學會，民國元年，詹天佑先生任廣東粤漢鐵路總理時，約集同志在廣州創立中華工程師會。同時顏德慶屠蔚曾等在上海創立工學會。徐文泂等又創辦鐵路同人共濟會。三會會員人數約各六七十人。民國二年適詹顏二氏均在漢口主辦漢粤川鐵路建築事宜，工程學者來集漸多，爲求會務發達起見，將三會併而爲一，定名爲中華工程師學會，公舉詹顏二氏爲正副會長。會員依土木，機械，電氣，鑛冶，兵工，應用化學，船等門類，分爲正會員，會員，副會員三種，會址設北平，在西城報子街購置廣大地基，建築會所。按期出版會報，每年舉行年會，每月舉行月會，歷年出版書籍甚多，詹氏並捐有的款，每年設獎徵求論文。截至民國十九年，正會員，會員，副會員共計有五百人。民國六年，留美工程家茅唐臣氏等二十餘人、發起組織中國工程師學會於美國紐約。民國七年曾與中國科學社舉行聯合年會，惟種種活動均限於美國境內。民國十一年，總會遷回中國，會址設於上海。其工作：一爲試驗工業材料，一爲發刊會報及工程叢書，一爲參加國際工程學術會議，一爲增進工程職業地位與提高會員資格，一爲貢獻地方及政府實際建設意見與計劃。民國二十年春，兩會同人，僉以吾國工程學術尚在萌芽，亟應集中人才，力求進取，以圖發展。爰由華南圭、胡庶華、凌鴻勛、夏光宇、徐佩璜、韋以黻、王繩善、唐在賢、薛次莘九君，提議合併，草具意見書，徵求兩會會員同意。當於同年八月兩會舉行聯合年會於首都時，議決合併，改名爲中國工程師學會，舉韋以黻氏爲首任會長，胡庶華氏爲副會長。廿一年秋，在天津開第二屆年會，選顏德慶爲會長，支秉淵爲副會長。廿二年秋，在武漢舉行第三屆年會，選薩福均爲會長，黃伯樵爲副會長。廿三年秋在濟南舉行第四屆年會，選徐佩璜爲會長，惲震爲副會長。廿四年八月在南甯舉行第五屆年會。選顏德慶爲會長，黃伯樵爲副會長。數年以來，會員日多。截至民國廿四年止，計有二千七百九十四人（內團體員會十七家），包括土木，化工、電機、機械，礦冶等五大組。設分會於上海，南京，天津，北平，漢口，青島、濟南，杭州，長沙，梧州，廣州，南甯，蘇州，重慶，大治，太原，唐山等處，連美國及歐州，共有分會十八處之多，爲吾國工程學術之最大集會。

中國電機工程師學會 中國電機工程師學會於民國廿三年在上海成立。但在七八年前，吾國留美德兩國之電工學生，已各有電工學會之設立，以通風氣。同國後爲應研究學術之需要，於民國十九年創立電工雜誌社，每季發刊一册，由趙曾珏先生担任總編輯。其後改季刊爲兩月刊。近來吾國電氣事業日益發達，電機工程師日漸增加，乃於民國廿三年由李熙謀張廷金顧毓秀惲震先生等發起組織中國電機工程師學會，於十月十四日在上海開成立大會。當初參加會員僅六七十人，今逐漸擴充，正式會員已有二百六十二人，個人贊助會員三人，團體贊助會員八人。

中華化學工業會 民國十一年，由陳世璋俞同奎二君倡議組織中華化學工業會。於四月間在北平成立，選張新吾爲會長陳世璋爲副會長，俞同奎爲總編纂。十二年四月在北平舉行年會。討論會務，修改會章，進行選舉。選舉結果副會長，會長，總編纂均連任。九月間復在上海籌設分部，推曹惠羣爲主任。會務自此日漸發展。國民政府奠都南京以後，總會乃遷於上海。

中國自動機工程學會 民國十九年一月國內從事汽車工程事業之同志梁砥中

27777

李果能、黃叔培等十一人，在上海組織中國汽車工程學會。嗣後會員逐年增加，乃擴大範圍，於二十四年六月，改稱今名，在上海舉行成立大會。選舉黃叔培、粱砥中、張登義等七人爲第一屆理事。成立後曾派代表出席五省市交通委員會議，並接受該會委托辦理「編譯汽車零件名稱之統一與定名及號碼編定」工作。並舉行多次學術演講。現有會員共九十人。關于研究學術，編訂汽車名詞等，頗著成績。

中國化學工程學會 中國化學工程學會之發起，始於民國十八年春。最初由留學美國麻省理工大學同學二十餘人所發起，經多次之討論，直至是年五月十日發出啓事，正式組織，中國化學工程學會，各地響應者二十餘人。當時由理事會總理會務外，並設會刊，名詞，圖書，諮詢等委員會，分理會中各項事務。第一屆年會，於民國十九年九月七日，在美國波士頓舉行，到者約二十人。當時會員人數，日益增加，並設有波士頓分會。民國二十年後，會員陸續離美，當卽還同中國，對於會務，仍繼續進行。二十三年春，河北省一帶會員在天津舉行聯歡會，到者三十餘人，並參觀永利，久大等各大工廠。二十三年八月會中一部會員，復在上海舉行聯歡會，到者二十餘人，對於進行計劃，諸多討論。此時會員人數，已陸續加至八十餘人。最重要之會務，爲籌備化學工程雜誌之刊行，及化學工程各部名詞之翻譯。二十四年六月起，接辦中國化學工程雜誌，專載研究論文。二十四年八月在廣西南寧舉行茶話會，到者十餘人，對於會中進行計劃，擬定爲擴充會務，推廣會員二項。二十五年四月，會員陸續增至一百二十餘人。并成立南京分會。

中國機械工程學會成立記

中國機械工程師學會於五月二十一日上午九時假浙江大學文理學院新禮堂舉行成立大會，到發起人及會員等六十八人，省黨部代表張萬鰲，教育廳代表陳哲夫等均出席指導。首由籌備委員會籌莊前鼎報告備經過，次由鐵部次長曾養甫致詞。

曾養甫致詞 曾氏講詞略謂，中國機械工程師學會，於今日創立告成，十分忻幸！機械工程可說是一切工程之基礎，不特交通製造各項工業，均須重用機械工程；即新式之農業技術，亦多引用機械工程。今後中國機械工程有進步，各項建設方有完成發展之希望。過去中國之機械工程業，未能有迅速之進步與發展，兄弟認爲有兩種原因：一爲心理上之障礙，二爲使用機械未能十分得法，此後希望機械工程專家，注意於使用機械之實際經驗，以促機械工程之迅速進步。並謂中國之前途如何，全視建設事業有無進步，欲求建設之成功，又須使一切建設均能充分利用機械，成爲機械化之建設，故機械工程師學會之成立，對國家建設方面，使命異常重大，希望大家努力，使建設事業機械化之願望，早日實現，同時轉移社會輕視機械之心理，推進各項建設事業，由使用機械而進爲自製自給云云。

演說者三人 曾氏致詞後，復由黃伯樵演說。對機械工程之重要有所申述。並謂機械工程共有數十種，分佔海陸空各重要地位，以後可分工合作，努力推進云云。再次由交通部韋以黻代表胡瑞祥演說，引阿國爲例，說明機械工程之進步，與國家之强弱，關係至爲顯著。最後由電機工程師學會代表張貢九演說畢，卽由大會臨時推舉黃伯樵爲主席，莊前鼎爲書記，吳競清爲幹事，開始討論章程草案，當卽修正通過。

選舉各職員 討論後開始發票選舉職員，結果柴志明，陳廣沅，王 弼，周仁，胡嵩嶽，程孝剛，楊毅，茅以昇等當選爲董事。惟吳競清，孫嘉祿票數相同，須另行抽籤決定。韋以黻，顧毓瑔爲候補董事，柴志明，陳廣沅，吳競清，孫家謙，胡叔嵩爲司選委員，辦理下屆選舉事宜，直至一時許始完畢。

議決案八項　五月廿二日上午十時中國機械工程師學會假浙大禮堂舉行談話會，到吳競清等十餘人。主席莊前鼎，報告選舉結果，並決定：(一)由黃伯樵莊前鼎任本會正副會長。(二)由書記印就章程分發各會員。(三)擴大徵求會員案，辦法：分區負責進行，各地分會應迅速成立以便負責。(四)徵求各路局各學校各工廠加入爲團體會員。(五)「機械工程名詞」原由清華大學印行，現將重印，上註中國機械工程師學會印行。每本售一元，收費捐助本會作爲基金。(六)會刊請執行部籌集經費，徵求廣告，及入會與常年會費。(七)會員錄包括簡單履歷。(八)工廠安全法規，鍋爐安全法規，及工作法規等，交政府參考採用。

中國土木工程師學會成立記

中國土木工程師學會於五月廿三日上午八時假西湖大禮堂舉行成立大會，到鐵道部次長曾養甫、浙江教育廳長許紹棣、及會員沈怡、張自立、茅以昇等五十餘人。公推沈怡爲臨時主席。首由籌備委員李書田報告籌備成立大會及起草章程經過。

曾養甫夏光宇致詞　次請中國工程師學會會長曾養甫致詞，大意爲工程師之工作，要快要便宜要好，尤須注重人才及時間經濟，及工程師教育，俾得完成爲國家民族應盡的責任，延長民族的生命。詞畢，開始討論會章，修正通過中國土木工程師學會章程。繼即投票選舉第一屆會長副會長董事等，結果夏光宇當選爲正會長，李書田、沈怡當選爲副會長。侯家源、華南圭、李儀祉、凌鴻勛、茅以昇、杜鎮遠、薩福均、張自立、周象賢、羅英、顏德慶、裘錫鈞、陳體誠、沈百先、李育等十五人當選爲董事。旋由會長夏光宇就職致詞，大意爲目前土木工程人才之缺乏，即鐵路方面已有不敷支配之處，故培養訓練人才極爲重要，鐵部正計劃與各學校合作，使其課程切合於實用云云。

臨時動議案三項：(一)劉夢錫、李書田提議，凡中國工程師學會各級會員，及其他具有全國性質而有關土木之團體各級會員加入本會者，請准予免繳入會費案，議決：通過。(二)李書田提議，請到會各會員儘量介紹新會員案，議決：通過。並由董事會成立時，通函各會員暨水利工程學會等會員照辦。(三)議決：本會下屆年會決定與中國工程師學會同時同地舉行。

程

「工程者，乃以經濟之方法，利用自然界之定律能力與材料，供人類享用之科學與技術也。」

—美國哈佛大學教授史璜氏(G.F.Swain)之工程定義。

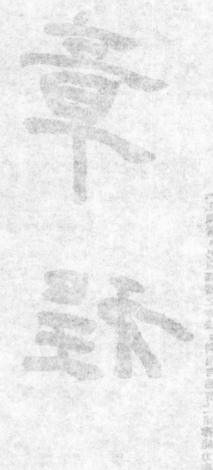

章程

此間所刊爲參加年會之五工程學術章程連同在年會中成立之中國機械工程師學會及中國土木工程師學會一併列入以供讀者參考

中國工程師學會章程

民國二十四年八月十五日南寗年會修正

第一章　總綱

第一條　本會定名爲中國工程師學會。

第二條　本會聯絡工程界同志，協力發展中國工程事業，並研究促進各項工程學術爲宗旨。

第三條　本會設總會於首都。（在總會會所未建成以前，暫設於上海。）

第四條　本會會員有十人以上住同一地點者，得設立分會，其章程由各分會擬訂，由總會董事會校定。

第二章　會員

第五條　本會會員分爲（一）會員（二）仲會員（三）初級會員（四）團體會員（五）名譽會員。

第六條　凡具有專門技能之工程師，已有八年之工程經驗，內有三年係負責辦理工程事務者，由會員三人之證明，經董事會審查合格　得爲本會會員。

第七條　凡具有專門技能之工程師，已有五年之工程經驗，內有一年係負責辦理工程事務者，由會員或仲會員三人之證明，經董事會審查合格，得爲本會仲會員。

第八條　凡有二年之工程經驗者，由會員或仲會員三人之證明，經董事會審查合格，得爲本會初級會員。

第九條　凡在工科大學或同等程度之專科學校畢業，作爲三年工程經驗，三年修業期滿，作爲二年經驗。凡在大學工科或同等程度之專科學校教授工科課程，或入工科研究院修業者，以工程經驗論。

第十條　凡與工程界有關係之機關學校，或其他學術團體，由會員五人之介紹，經董事會通過，得爲本會團體會員。

第十一條　凡對於工程事業，或學術，有特殊供獻，而能贊助本會進行者，由會員五人之介紹，經董事會全體通過，得爲本會名譽會員。

第十二條　會員有選舉權及被選舉權。仲會員有選舉權，無被選舉權。初級會員，團體會員，及名譽會員，無選舉權及被選舉權。

第十三條　凡仲會員或初級會員經驗資格已及升級之時，得由本人具函聲請升級，並由會員或仲會員二人之證明，經董事會審查合格，即許其升級。

第十四條　凡本會會員有自願出會者，應具函聲明理由，經董事會認可，方得出會。

第十五條　凡本會會員有行爲損及本會名譽者，經會員或仲會員五人以上署名報告，由董事會查明除名。

第三章　會務

第十六條　本會發行會刊，及定期會務報告，經董事會之議決，得編印發行其他刊物。

第十七條　本會經董事會之議決，得設立各種委員會，分掌各項特殊會務。

第十八條　本會每年春季開年會一次，其時間及地點，由上屆年會會員議定，但有必要時，得由執行部更改之。

第十九條　執行部每年應造具全年度收支報告，財產目錄，及會務總報告，於年會時提出報告之。

第四章　職員

第二十條　本會總會設董事會及執行部。

第二十一條　本會設會長一人，副會長一人，董事二十七人，基金監二人，董事每年改選三分之一，基金監每年改選一人，其餘均任期一年。每屆選舉由上屆年會出席會員推定司選委員五人，再由司選委員會提出各職員三倍人數，用通信法由全體會員選舉，於次屆年會前公布之。前任職員連舉得連任一次。

第二十二條　本會設總幹事，文書幹事，會計幹事，事務幹事，總編輯，各一人，均由董事會於年會閉會後二星期內選舉之，任期一年，連舉得連任。

前項職員亦得由董事兼任。

第二十三條　董事會由董事，及會長，副會長，組織之，其開會法定人數定爲十五人。董事會開會時，以會長爲主席，執行部其他職員均得列入，但無表決權。會長，副會長，不能出席時，得自行委託另一董事爲代表，董事不能出席時，每次應書面委託另一董事或會員爲代表，但以代表一人爲限。

第二十四條　董事會遇必要時，得邀請歷屆前任會長副會長列席會議。

第二十五條　董事會之職權如下：

（一）決議本會進行方針，

（二）審核執行部之預算決算，

（三）審查會員資格，

（四）決議執行部所不能解決之重大事務。

（五）其他本章程所規定之職務。

第二十六條　執行部由會長，副會長，總幹事，會計幹事，文書幹事，事務幹事，及總編輯組織之。執行部職員除會長副會長外，爲辦事便利起見，均須爲總會所在地之會員。

第二十七條　董事會開會無定期，但每年至少須四次，由會長召集之。

執行部每月開會一次，由總幹事承會長之命召集之。

第二十八條　會長總理本會事務，並得爲本會對外代表。

第二十九條　副會長輔助會長辦理會務，會長不能到會時，其職務由副會長代行之。

第三十條　總幹事承會長之命，總理本會執行部日常事務。

第三十一條　文書幹事掌管本會一切文書事務。

第三十二條　會計幹事掌管本會一切會計事務。

第三十三條　事務幹事掌管本會會計文書以外之一切事務。

第三十四條　總編輯主持本會會刊及叢書編輯事宜。

第三十五條　基金監保管本會基金及其他特種捐款，但不得兼任本會其他職員。

第三十六條　本會各委員會人選，由董事會撰定之，任期一年，連選得連任，各委員會委員長得出席執行部會議。

第三十七條　本會職員皆名譽職，但經董事會之議決，執行部得聘有薪給之職員及助理員。

第三十八條　新舊職員之交代，應於年會閉會後一個月內辦理完畢。

第五章　會費

第三十九條　本會會員之會費規定如左：

（名　稱）	（入會費）	（常年會費）
會　　員	十五元	六元
仲會員	十元	四元
初級會員	五元	二元
團體會員	無	二十元
名譽會員	無	無

凡會員升級時，須補足入會費。

第四十條 凡團體會員一次繳足永久會費叁百元，會員或仲會員，除繳入會費外，一次繳足永久會費一百元，或先繳五十元，餘數於五年內繳足者，以後得免繳常年會費。前項會費應由基金監保存，非經董事會議決，不得動用。

第四十一條 每年常年會費，應於該年六月底前繳齊之

第四十二條 各項會費由各地分會憑總會所發正式收條收取，入會費全數及常年會費半數，應於每月月終解繳總會，常年會費之其餘半數，留存各該分會應用。凡會員所在地未成立分會者，由總會直接收取會費。

第四十三條 凡會員逾期三個月不繳會費，經兩次函催不復者，停寄其各種應得之印刷品，經三次函催不復，而復經證明所寄地址不誤者，由總會執行部通告，停止其會員資格，非經董事會復審特許，不得恢復。

第六章 附則

第四十四條 本章程如有應行增修之處，經會員十人以上之提議，於年會時以出席三分之二以上人數通過，交由執行部用通訊法交付全體會員公決，以復到會員三分之二以上之決定修正之。但會員在通訊發出後三個月不復者，作默認論。

中國電機工程師學會章程

二十二年十月十四日成立大會通過

第一章　總綱

第一條　本會定名為中國電機工程師學會，簡稱中國電工學會，英文譯名為 THE CHINESE INSTITUTE OF ELECTRICAL ENGINEERS

第二條　本會以聯絡電工同志，研究電工學術，協力發展中國電工事業為宗旨

第三條　本會設總會於上海。

第四條　本會會員有十人以上在同一地點者，經該地會員過半數之同意，得請求董事會核准設立分會。

第二章　會員

第五條　本會會員分為（一）會員（二）學生會員（三）贊助會員（四）名譽會員

第六條　凡具有左列資格之一者，由會員二人之介紹，經董事會審查通過，得為本會會員。（一）在國內外大學電機工程科畢業者。（二）在國內外大學理科及其他工科畢業曾有二年以上電工服務經驗者。（三）有六年以上電工經驗，內有三年係負責辦理工程事務，在學術上或事業上有相當成績者。

第七條　凡在大學電機工程科之學生由會員二人之介紹，經董事會審查通過，得為本會學生會員。

第八條　凡與電機工程界有關係之個人機關學校或其他學術團體贊助本會者，由會員五人之介紹經董事會審查通過，得為本會贊助會員。

第九條　凡對于電工事業或電工學術有特殊供獻者，由會員廿人以上之推薦，經董事會全體之認可，提交年

會大會經出席全體會員三份之二之通過，得由本會聘爲名譽會員。

第十條　會員有選舉權及被選舉權。學生會員贊助會員及名譽會員無選舉權及被選權。

第十一條　凡學生會員已達會員資格時，得由本人具函聲請升級，並由會員二人之證明，經董事會審查通過，方得升級。

第十二條　凡本會會員有自願出會者，應具函聲明理由，經董事會認可，方得出會。

第十三條　凡本會會員有損害本會名譽之行爲者，經會員五人以上署名報告，得由董事會查明除名。

第十四條　本會會員之會費規定如左

名稱	入會費	常年會費	永久會費	升級費
會員	五元	五元	五十元	
學生會員	二元	二元		三元
贊助會員	捐助	捐助		
名譽會員	免	免		

注意：新會員須繳入會費五元。不願繳永久會費者每年須繳常年會費五元。繳永久會費者，無須另繳常年會費。

第三章　會務

第十五條　本會發行會刊及定期會務報告，經董事會之議決，並得編印其他刊物。

第十六條　本會經董事會之議決，得設各種委員會，分掌各項特殊會務。

第十七條　(甲)本會得受公私機關之委託研究及解決關於電工上一切問題。

(乙)本會得舉行講學會及設立分類研究組，以促進電工學術。

(丙)本會得徵集圖書，調查國內外電工事業最新發展，以供國內學術及實業機關之參考。

(丁)本會協助會員介紹職業，辦理參觀調查及其他關於電工事務。

第十八條　本會每年春季開年會一次，其時間及地點由上屆年會時公決之。但于必要時，得由董事會更改之。

第四章　職員

第十九條　本會總會設立董事會，為最高執行機關。

第二十條　董事會由會長一人上屆會長一人及董事九人組織之。董事會每年于董事中推選秘書董事及會計董事各一人。董事會開會法定人數為六人。開會時以會長為主席。會長不能出席時，其職務由秘書董事代行之。

第廿一條　會長任期一年。董事每年改選三分之一。連舉均得連任。每屆選舉，由上屆年會出席會員推定司選委員五人，再由司選委員會于該屆年會後六個月內提出各職員三倍人數為候選人。凡會員每十人以上之連署，亦得提出候選人，惟以三人為限，交由司選委員會彙集，用通信法由全體會員選舉。選舉結果于每年二月前公佈之。候選人得同數選票時，由董事投票決定之。每年三月一日，為會長及新任董事就職之期。

第廿二條　本會設總編輯一人，每年由董事會聘請之。

第廿三條　董事會之職權如下：

（一）決議本會進行方針。

（二）審核預算決算。

（三）審查會員資格。

（四）決議本會重大事務。

（五）其他本章程所規定之職權。

第廿四條　董事會開會無定期，但每年至少須四次，由會長召集之。

第廿五條　會長總理本會會務，並為本會對外代表。

第廿六條　秘書董事協助會長執行本會一切會務。

第廿七條　會計董事掌管本會一切經濟事項。

第廿八條　董事會每年造具收支報告、財產目錄、及會務報告，于年會時提出報告之。

第廿九條　總編輯主持本會會刊及其他刊物輯編發行事宜。

第　卅　條　本會各委員會委員每年由董事會提定之。各委員會委員長，得列席董事會會議。

第卅一條　本會職員皆名譽職，但經董事會之議決，得聘有薪給之職員及助理員。

第五章　附則

第卅二條　本會會章得由會員二十人以上之書面提議，經年會出席會員三分之二之通過後修改之。

中華化學工業會章程

二十四年一月大會修正

（一）名　稱　本會定名為中華化學工業會（英文譯名為The Chinese Society of Chemical Industry）

（二）宗　旨　本會以研究化學學術促進化學工業為宗旨。

（三）會　所　本會總會設於上海，凡工商大埠有會員十人以上者，得設分會。分會章程另定之。

（四）會員種類　本會會員分正會員、名譽會員、機關會員、仲會員四種。

（五）會員資格　（甲）凡具有左列各項資格之一者，皆得為正會員：

（子）國內外大學或高等專門學校化學專科畢業者。

（丑）辦理化學工業有經驗者。

（寅）曾在國內外大學畢業專習他種科學與化學工業有關係者。

（乙）凡表同情於本會，而特別贊助本會進行者，得由評議會之決議，推舉為名譽會員。

（丙）凡學校與工廠贊成本會宗旨者，得為機關會員。

（丁）凡國內外大學或高等專門學校，曾專習化學二年以上，皆得為仲會員。

（戊）凡正會員一次納費國幣五十元者，得為永久會員。機關會員一次納費國幣百元者，得為永久機關會員。

（六）入會手續　凡願入會者，應填寫志願書及履歷單，由正會員二人以上之介紹，經評議部審查合格後，由本會通知得為本會會員。

(七)會　費　正會員每年納費國幣三元，仲會員每年三元，機關會員每年十元，於每年一月繳付。

(八)組　織　本會設執行部與評議部。

(九)執　行　部　(甲)執行部設會長一人副會長一人書記二人會計一人庶務一人編纂二人，均由執行部互選之。

(乙)會長主持會務進行事宜。凡當會期，蒞會主席。

副會長輔助會長籌劃會務。凡當會期，如會長不能出席，得由副會長代理之。

書記分理全會文牘記錄事宜。

會計掌管本會銀錢之出納。

庶務掌管本會庶務事宜。

編纂整理調查報告及編訂關於化學工業之刊物。

(丙)編纂任期二年，每年改選一人。其他職員任期均一年，但連舉得連任。

(十)評　議　部　(甲)評議部以評議員七人組織之。會長爲當然評議員。

(乙)評議部討論會務進行之方針，審核會員之資格及處理其他重要事件。

(丙)評議部設主席一人，由評議員互推之。

(丁)評議員任期二年，每年改選三人。

(戊)評議部每三月舉行常會一次。若遇重要事件，得由主席召集臨時會議。

(十一)選　舉　權　正會員仲會員均有選舉權，惟正會員有被選舉權。

(十二)選舉方法　每年大會時公舉司選委員三人，於下屆大會前三月推出三倍於應選之人數，函知各會員就提出人選中選定，在大會時由司選委員報告結果。

（十三）全體大會　本會每年舉行大會一次。其日期地點由執行評議兩部聯席會議決定之。

（十四）出　會　（甲）會員逾六個月不繳會費者，即停止會員權利。逾一年則註銷。

（乙）會員如有損害本會名譽或有失身分之行為，經會員之檢舉，由評議部查實後即行除名。

（十五）附　則　本會章如有不盡妥善之處，得由會員十人以上連署，於大會時提議，經出席會員三分之二以上決議修正之。

中國自動機工程學會章程

此係舊有章程最近修訂者在呈請主管官署核准中

第一章 定名

第一條 本會定名爲中國自動機工程學會，英文名稱爲"Chinese Society of Automotive Engineers"縮寫爲C.S.A.E.

第二章 宗旨

第二條 本會以聯絡工程界同志，研究自動機學術，協力發展國內飛機汽車汽船等工程事業爲宗旨。

第三章 會所

第三條 本會設總會於上海敏體尼蔭路三五三號

第四條 本會會員有十人以上住同一地點者得設立分會。其章程由各分會擬定呈報總會核定

第四章 會員

第五條 本會會員分爲四種

一、正會員

二、仲會員

三、初級會員

四、特別會員

第六條　正會員資格凡具下列資格之一，由正會員二人之介紹，再由全體理事審查合格者，得爲本會正會員。

甲、經教育部認可之國內外大學及與大學相等程度學校之工程科畢業生，並確有二年以上之自動機工程經驗者。

乙、曾受中等工業教育，並有六年以上之自動機工程經驗者。

丙、對於自動機事業，有特殊貢獻者。

丁、曾爲本會仲會員滿二年，而確在自動機工程界服務並有成績者。

第七條　仲會員資格，凡具下列資格之一，由正會員，或仲會員二人之介紹並經全體理事審查合格者，得爲本會仲會員。

甲、經教育部認可之國內外大學及與大學相等程度學校之工程科畢業生，而有研究自動機工程之志願者。

乙、經本會認可之國內外自動機職業學校畢業生，幷有二年以上之自動機工程經驗者。

丙、曾受中等工業教育，並有四年以上之自動機工程經驗者。

丁、初中畢業後，在自動機工程界有五年以上之經驗者。

第八條　初級會員資格，凡具下列資格之一，由正會員或仲會員二人之介紹，並經全體理事審查合格者，得爲本會初級會員。

甲、經教育部認可之國內外大學及與大學相等程度學校之工程科三四年級學生，而有研究自動機工程之志願者。

乙、經本會認可之國內自動機職業學校學生，而由該校正式推薦者。

第九條　特別會員資格，凡團體或個人與自動機事業，有特殊關係而切實贊助本會者，由正會員三人之推薦，並經全體理事審查合格者得爲本會特別會員。

第十條　仲會員與初級會員之升格，凡仲會員或初級會員，具有正會員或仲會員資格時，得由本人具函聲請升格，並由全體理事審查合格者得爲本會正會員或仲會員。

第十一條　凡以上各種會員，有不道德行爲損壞本會名譽者，經正會員或仲會員五人以上署名報告，由理事會查明除名。

第十二條　本會會員不繳納會費在一年以上者，理事會得將其除名，會員自願退會，應先書面通知理事會，二月後發生效力。

第五章　事業

第十三條　本會應辦事業，暫分下列四項：

一、關于國內各種自動機工程事業之調查，統計，研究設計及標準事項。

二、關于國內自動機工程設備之檢驗及改善事項。

三、關于各種自動機工程知識之普及事項。

甲、出版定期及不定期刊物。

乙、舉行演講會展覽會等。

四、其他關于國內自動機工程之應辦事項。

第六章　組織

第十四條：本會之組織系統如下：

會員大會
- 理事會
  - 技術部
    - 調查股
    - 統計股
    - 研究股
    - 設計股
    - 標準股
    - 檢驗股
    - 指導股
  - 總務部
    - 會計股
    - 文牘股
    - 庶務股
    - 宣傳股
  - 編纂部
    - 統計股
    - 編譯股
    - 圖書股
    - 出版股

第十五條　本會為便利辦事起見設總務，技術，編纂等部，各部主任，由理事互推一人兼任之，各股主任由各該部主任聘請之。

第十六條　本會理事會，於必要時，得設特種委員會，其組織臨時決定之

第七章　會員大會

第十七條　本會每年舉行會員大會一次，選舉本會新任理事，討論會務進行及通過預算．決算。

第十八條　由會員十人以上之請求，或理事二人以上之提議，經理事會之同意，得召集臨時會員大會。

第十九條　會員大會之日期，地點，組織，議程等，由理事會規定之。

第八章　理事會

第二十條　本會由會員大會，在正會員中選舉理事七人，候補理事二人，(以得票次多數充任)組織理事會，綜理本會一切事務。

第廿一條　本會由理事互推常務理事一人，辦理本會日常事務。

第廿二條　理事會每月舉行常會一次，由常務理事召集之，遇必要時，得由常務理事召集臨時會議。

第九章　選舉及任期

第廿三條　本會以每年七月一日爲年度之始．至翌年六月三十日爲年度之終。

第廿四條　本會一切選舉，均用記名投票法行之。

第廿五條　各理事連舉得連任，惟不得連任經過兩次。

第廿六條　仲會員與初級會員，無被選舉權。

第廿七條　特別會員無選舉權及被選舉權

第十章　經費及會費

第廿八條　本會經費以下列各項充之。

一、會員入會費及常年會費，其數額規定如下：

（名稱）	（入會費）	（常年會費）
正會員	五元	三元
仲會員	三元	二元
初級會員	二元	一元
特別會員	免	免

凡會員升格時，須補足入會費。

二、會員特別捐

第廿九條　本會遇必要時得募集基金，其用途及分配由理事會規定之。

第十一章　附則

第三十條　理事會各部細則另定之。

第卅一條　本章程，如有應行修改之處，得由理事會建議，或正會員十人以上之聯名建議，提交會員大會修正之。

第卅二條　本章程自成立大會通過，呈奉主管官署核准之日起施行。

中國化學工程學會會章

第一章　定名

本會定名爲中國化學工程學會。

第二章　宗旨

本會宗旨爲：研究化工學術，提倡化工事業。

第三章　會員

本會分正會員，仲會員，學生會員，永久會員，名譽會員，團體會員六種，其資格如下：

(一)正會員　凡具大學畢業或相當程度，其學科爲化學工程，或爲工業化學，或爲化學而對於化工有興趣，且有二年以上之任事經驗者。

(二)仲會員　凡具大學畢業或相當程度，其學科爲化學工程，或爲工業化學，或爲化學而對於化工有興趣者。

(三)學生會員　凡在國內外大學化學工程或化學系肄業二年以上者。

(四)永久會員　凡正會員一次繳足會費五十元者。

(五)名譽會員　凡於實業界有聲望，而對於化工事業有與趣者。

(六)團體會員　凡國內外農，工，商，學等團體，於化工事業有切實關係者。

第四章　組織

(一)本會設理事會，由理事九人組織之，議決本會事務。

(二)本會設會長，書記，會計，幹事(兼圖書管理)各一人，執行本會事務。

第五章 選舉

(一)理事九人由全體會員公舉，會長，書記，會計，幹事，由理事互選。

(二)理事由正會員充任，任期三年，每年改選三分之一，連選得連任。

第六章 經費

(一)入會費 凡正會員，仲會員，永久會員，團體會員於入會時，須交納國幣五元，儲作本會基金。

(二)常年會費 正會員國幣五元，仲會員三元，學生會員一元，團體會員廿五元，永久會員及名譽會員免納。

(三)特別費 本會遇必要時得徵收特別費。

(四)自由捐 本會得收名譽會員，永久會員，正會員，仲會員及非會員之自由捐助。

第七章 年會

本會每年開年會一次，年會地點及時間，由理事會調查決定。

第八章 刊物

本會發行會刊，登載關於化工學術，化工事業之著述并報告會務。

第九章 彈劾

本會職員經會員十人或十人以上之聯名彈劾，並經表决人數三分之二之通過，其職務即行終止。

第十章　分會

凡一地有會員十人以上，得組織分會。

第十一章　修正

本會章程有不適用時由會員十人或十人以上之提議，經表决人數三分之二通過，得修正之。

中國機械工程學會章程

二十五年五月二十一日成立大會通過

第一章 總綱

第一條 本會定名爲中國機械工程學會。

第二條 本會以聯絡機械工程同志，研究機械工程學術，並努力發展機械工程事業爲宗旨。

第三條 本會設總會於南京。

第四條 在某一城市有本會會員十人以上時，經該地會員過半數之同意，得請求董事會核准設立分會。（關係另訂）

第二章 會員

第五條 本會會員分爲（一）正會員（二）仲會員（三）贊助會員（四）名譽會員。

第六條 凡具左列資格之一者，由正會員二人以上之介紹，經董事會審查通過，得爲本會正會員。

（一）在國內外大學（或獨立工學院）機械工程系畢業，曾辦理機械工程事務三年以上，對於學術或事業上有相當成績者。

（二）在國內外大學理科或其他工程系畢業，曾辦理機械工程事務五年以上，對於學術或事業上有相當成績者。

（三）曾爲本會仲會員三年以上，並辦理機械工程事務有相當成績者。

第七條 凡具左列資格之一者，由正會員或仲會員二人以上之介紹，經董事會審查通過，得爲本會仲會員。

(一)在國內外大學(或獨立工學院)機械工程系畢業者。

(二)在國內外大學理科或其他工程系畢業，曾辦理機械工程事務三年以上，對於學術或事業上有相當成績者。

第八條　凡與機械工程界有關係之個人機關學校或其他學術團體，贊助本會者，由會員五人以上之介紹，經董事會審查通過，得為本會贊助會員。

第九條　凡對於機械工程事業或機械工程學術有特殊貢獻者，由會員二十人以上之推薦，經董事會全體之認可，提交年會大會，經出席會員三分之二以上之通過，得由本會聘為名譽會員。

第十條　正會員有選舉權。及被選舉權仲會員有選舉權無被選舉權。贊助會員及名譽會員無選舉權及被選舉權。

第十一條　仲會員已達正會員資格時，得由本人具函聲請，或經正會員二人以上之推薦，並經董事會審查通過，即得升為正會員。

第十二條　凡本會會員有自願出會者，應具函聲明理由，經董事會認可，方得出會。

第十三條　凡本會會員有損害本會名譽之行為者，經會員五人以上署名報告，得由董事會查明除名。

第十四條　本會各種會員之會費規定如左：

名稱	入會費	常年會費	永久會費	升級費
正會員	五元	五元	三十元	

仲會員	三元	三元		二元
贊助會員	捐助	捐助		
名譽會員	免	免		

注意　新會員均須交入會費。如正會員願爲永久會員者，再一次交永久會費二十元，以後即不必再繳常年會費。

第三章　會務

第十五條　本會經董事會之議決，得辦理下列各項事務，其詳細辦法另訂之。

（一）接受會外個人或公私機關之委託，研究並解決關於機械工程上之一切問題。

（二）舉行學術講演會及設立分類研究組，以促進機械工程學術之發展。

（三）徵集圖書，調查國內外機械工程事業最新發展，以供國內學術界及實業界之參考。

（四）審定機械工程名詞。

（五）擬定關係機械工程各種試驗標準。

（六）審定有關機械工程各項物料標準及其規範。

（七）研究關係機械工程教育事項。

（八）刊行會誌會報及關於機械工程之各種書籍。

（九）協助會員介紹職業。

（十）辦理其他與本會有關係之事業。

第十六條　本會經董事會之議決，得設各種委員會，分掌各項特殊會務。

第十七條　本會每年開年會一次，其時間及地點由每屆年會時公決。但遇必要時，得由董事會議決更改之。

第四章　職員

第十八條　本會設會長一人，總理本會會務。副會長一人，協助會長處理本會會務。

第十九條　本會總會設立董事會，由董事十一人組織之。會長及副會長爲當然董事。又董事會每年於董事中互選祕書會計及總編輯各一人。董事會開會法定人數爲六人。開會時以會長爲主席。會長不能出席時，由副會長主席、

第二十條　會長及副會長任期，均爲一年。董事每年改選三人，其改選次序在第一次選出時，用抽籤法定之。但連選均得連任，又每屆選舉均由上屆年會出席會員推定司選委員五人組織司選委員會，於該屆年會後六個月內提出各職員三倍人數爲候選人，用通信法由全體會員選舉。選舉結果於每年年會前公佈之。候選人得同數選票時，由董事會投票選定之。每年六月底爲新舊職員交替之期。

第二十一條　董事會之職權如下：

（一）執行大會議決方案。

（二）審核本會預算決算。

（三）審查會員資格。

(四)決議本會臨時緊急事務。

(五)其他本章程所規定之職權。

第二十二條　董事會開會無定期，但每兩個月內，至少須開會一次。由會長召集之。

第二十三條　秘書掌管本會一切文書事項。會計掌管本會一切收支事項。總編輯主持本會會刊及其他刊物編輯發行事宜。

第二十四條　董事會每年須造具收支報告財產目錄及會務報告，於六月底提出書面報告。

第二十五條　本會各委員會委員。由董事會選定之。各委員會之組織及辦事細則另訂之。

第二十六條　本會職員爲名譽職，但遇必要時經董事會之議決，得另聘職員及助理員，酌給薪資。

第五章　附則

第二十七條　本會章程得由會員十人以上之書面提議，經全體會員過半數之通過後修改之。

中國土木工程師學會章程

二十五年五月二十三日成立大會通過

第一章 總綱

第一條 本會定名爲中國土木工程師學會。

第二條 本會以聯絡土木工程同志，研究土木工程學術，協力發展中國土木工程建設爲宗旨。

第三條 本會設總會於首都。

第四條 本會會員有十人以上在同一地點者，經該地會員過半數之同意，得請求董事會核准設立分會。

第二章 會員

第五條 本會會員分爲(一)會員(二)仲會員(三)學生會員(四)名譽會員。

第六條 凡工程師，已有八年以上之土木工程經驗，內并有三年以上係負責辦理工程事務者，由會員二人之介紹，經董事會審查合格，得爲本會會員。

第七條 凡工程師，已有四年以上之土木工程經驗，由會員或仲會員二人之介紹，經董事會審查合格，得爲本會仲會員。

第八條 凡在國內外大學工學院或獨立工學院肄業者，由會員或仲會員一人之介紹，經董事會審查合格，得爲本會學生會員。

第九條 凡在國內外大學工學院或獨立工學院畢業，作爲四年工程經驗，工程專科學校畢業，作爲三年經驗。三年修業期滿作爲二年經驗 二年修業期滿，作爲一年經驗。凡在國內外大學工學院 獨立工學院或工程專科學校教授土木工程課程，或在工科研究所研究者，以工程經驗論。

第十條　凡對於土木工程事業或學術，有特殊供獻者，由會員二十人以上之連署舉薦，經董事會通過，得舉爲本會名譽會員。

第十一條　會員有選舉權及被選舉權。

仲會員有選舉權，無被選舉權。

學生會員，無選舉權及被選舉權。

名譽會員由本會會員中選出者，仍有選舉權及被選舉權。

第十二條　凡仲會員或學生會員經驗資格已及升級之時，得由本人具函聲請升級，但須由會員或仲會員三人之證明，經董事會審查合格，方得升級。

第十三條　凡本會會員有自願出會者，應具函聲明理由，并經董事會認可，方得出會。

第十四條　凡本會會員言行有損及本會名譽者，經會員或仲會員十人以上署名報告。由董事會查明屬實，得將其除名。

第三章　會務

第十五條　本會之會務如左

(甲)編印與發行刊物。

(乙)接受公私機關之委託研究及解决關於土木工程上一切問題。

(丙)舉行講學會及設立分類研究組。

(丁)徵集圖書調查國內外土木工程事業。

(戊)協助會員介紹職業。

(己)其他關於土木工程事項。

第十六條　本會經董事會之議决，得設立各項委員會，分掌各項特種會務。

第十七條　本會每年舉行年會一次，其時間及地點，由上屆年會决定，遇必要時，得由董事會更改之。

第四章　職員

第十八條　本會設董事會及執行部。

第十九條　本會設會長一人，副會長二人，任期各一年。

第二十條　會長，副會長，及前三屆之會長爲董事會之當然董事，又設董事十五人每年改選三分之一。第一屆董事，任期三年者五人，二年者五人，一年者五人，以票數多寡定之。

第二十一條　每屆選舉，由前三屆會長提出各職員三倍人數，用通訊法由全體會員選舉，於次屆年會前公布之。第一屆之職員，由成立大會選舉之。在選舉未滿三屆以前，其不足之前任會長人數，由上屆年會推定司選委員補充之。

第二十二條　前任職員，除會長外，連舉得連任。

第二十三條　本會設總幹事，總會計，總編輯。各一人，均由董事會於年會閉幕後即行選舉之，任期一年，連舉得連任前項職員亦得由董事兼任。

第二十四條　董事會開會時之法定人數爲十一人。董事會開會時，以會長爲主席，執行部職員均得列席，但無表決權。

第二十五條　董事會之職權如左：

(一)決議本會進行方針。

(二)審核執行部之預算決算。

(三)審查會員資格。

(四)其他本會重大事務。

第二十六條　執行部由會長，副會長，總幹事，總會計，及總編輯組織之。

第二十七條　董事會開會無定期，但每年至少須四次，由會長召集之。

第二十八條　會長總理本會會務，並爲本會對外代表。

第二十九條　副會長協助會長辦理會務，會長不能到會時，其職務由其所指定之副會長代行之。

第三十條　總幹事承會長之命，辦理本會日常事宜。

第三十一條　總會計掌管本會會計事宜。

第三十二條　總編輯主持本會刊物編輯事宜。

第三十三條　本會各委員會人選，由董事會選定之，任期一年，連選得連任，但特種委員會委員之任期不在此限。各委員會委員長得出席執行部會議。

第三十四條　本會職員皆無給職，但經董事會之議決，執行部得聘有給之職員及助理員。

第三十五條　新舊職員之交代，應於年會閉幕後二星期內辦理完畢。

第三十六條　本會會員之會費規定如左：

第五章　會費

(名　稱)	(入會費)	(常年會費)	(永久會費)
會　員	五元	五元	五十元
仲會員	三元	三元	
學生會員	一元	一元	
名譽會員	無	無	

凡會員升級時，免繳入會費之差額。

第三十七條　凡會員除繳入會費外，一次繳足永久會費五十元者，以後免繳常年會費。前項永久會費，應存儲爲本會基金，非經董事會議決，不得動用。

第三十八條　會員於年度開始後，有即行繳納常年會費之義務。逾期不繳，經執行部函催三次以上，除有特殊情形外滿一年後，仍不繳納者，應由執行部提請董事會議決停止其會員資格。

第六章　附則

第三十九條　本章程如有應行增改之處，經會員十人以上之提議，於年會時由出席三分之二以上人數通過，交由執行部用通訊法交付全體會員公決，以復到會員三分之二以上之決定修正之。但會員在通訊發出後三個月不復者以棄權論。

第四十條　本章程自成立大會議決後施行。

附錄

「關于全國人力總動員的準備，我們惟有多受軍事訓練，多多提倡民團，自衛軍，國防軍等等組織。關于智力總動員的準備，我們惟有注重教育，提倡科學。我們要發明的天才，我們要組織的領袖，我們要「運籌帷幄」的專家。關于物力總動員的準備，我們除了發展工程事業，沒有別的「終南捷徑」。」

出席聯合年會會員姓名錄

註册號數	姓名	學會	何地會員	通信地址
一	吳承洛	工、化業	南京	全國度量衡局
二	沈怡	工	上海	上海市工務局
四	周開基	工	湖北	湖北石灰窰大冶鐵鑛採礦股
五	盧鉞章	工	上海	上海楊樹浦電力公司
六	徐新之	化業	上海	上海漢口路五六六號中央化學玻璃廠總發行所
七	邱世恩	電	吳興	吳興電氣公司
八	惲震	工、電	南京	建設委員會
九	李書田	工	天津	天津英租界牛津道牛津別墅十號
一〇	戴華	工	濟南	濟南富官街十二號

一二	董開章	工	紹興	紹興湯公祠
一三	沈嗣芳	工、電	吳興	吳興電氣公司
一八	劉峻峯	工	江蘇	江蘇連雲港荷蘭治港公司
一九	張延祥	工	上海	上海江西路三七八號
二一	史維新	工	南京	建設委員會
二二	王燮灝	工	南京	建設委員會
二三	廖定渠	工、化業	南京	南京下浮橋菱角市五號
二四	鄭禮明	工、電	南京	南京西華門三條巷仁壽里二四號
二五	盧成章	工	上海	上海南京路五洲大藥房
二七	杜長明	化工	南京	中央大學化學系
二九	金開英	化工	南京	地質調查所
三〇	陸貫一	化工	南京	經濟委員會公路處
三一	馬傑	化工	南京	金陵大學工業化學系
三三	朱寶鈞	化工	南京	中央大學化工系
三四	朱子清	化工	南京	兵工署應用化學研究所

三六	陳　　覽	工	湖　北	湖北石灰窰大冶廠礦車務科
三七	郭　　楠	工	長　興	長興煤礦
三八	程瀛章	工、化業	上　海	上海梅白格路三四五街
四一	龔以爵	工	青　島	青島廣西路電報總局
四三	文樹聲	工	廣　州	廣州市工務局
四四	董寶楨	工	天　津	天津英工部局自來水廠
四五	汪　　煦	工	天　津	北洋大學工學院
四六	盧賓侯	工	上　海	上海江西路四五一號內五二號寫字間
四七	劉端履	工	湖　北	湖北黃石港大冶鐵礦廠
四九	張子堅	化工	濟　南	濟南西關上元街十號
五〇	張以敬	化工	濟　南	濟南西關上元街十號
五一	鄒忠曜	工、電	無　錫	無錫廣勤紗廠
五三	華南圭	工	天　津	北甯鐵路總局
五五	陳靖宇	工、電	天　津	天津法租界陳林公司
五六	張承祜	工、電	上　海	南京水晶台資源委員會

五七	董芝眉	工	上海	上海白利南路二八號
五八	司徒錫	工	上海	上海愚園路五七九弄一三號
六〇	張登義	自動	上海	上海市公用局
六一	趙曇中	化工	天津	天津特三區八經路利中製酸廠
六二	盧翼	工	天津	天津英租界五十九號路福林里五六號
六三	梁伯高	工	南京	鐵道部
六四	錢正華	化業	上海	上海江西路四四衖三號
六五	萬揆	工	濟南	膠濟路工務第六分段
六七	李英標	工	南京	南京中山北路甯靜里一號
六八	任國棠	工	南京	南京壽星橋二號
六九	瞿維灃	工	天津	天津南市治安大街四二號
七二	劉樹鈞	工	河南	河南孝義河邊邨
七四	孟廣喆	工	天津	南開大學
七五	李秉成	工	江西	江西樟樹鎮浙贛鐵路贛江大橋工程處
七七	方子衡	工、電	上海	上海姚主教路二二〇號

27822

七九	周樂熙	工	上海	上海山海關路一五三弄二〇號
八一	黃伯樵	工	上海	上海北蘇州路三七〇號
八二	張洪沅	工、化工	天津	南開大學
八四	夏行時	工	南京	陵園管理委員會
八五	沈覲宜	工	南京	全國經濟委員會
八六	穆緯潤	工	上海	上海虹口大灣路六八〇號緯成鐵工廠
八七	繆恩釗	工	武昌	武漢大學
八八	潘翰輝	工	南寧	廣西省建設廳
九三	曹康折	工	上海	上海交通銀行總行苑楚臣收轉
九四	徐作和	化工業	上海	滬江大學
九六	呂謨承	工	南通	南通天生港電廠
九七	伍寰昭	自動	南京	中央工業試驗所
九八	李良士	工	上海	上海電話公司
九九	胡公亮	工、電	上海	上海東體育會路模範村二一號
一〇〇	陳祖光	工、電	上海	上海江西路二六八號中國建設工程公司

一〇四	鍾兆琳	電	上海	交通大學
一〇五	裘維裕	電	上海	交通大學
一〇六	任庭珊	工	上海	上海市中心區閘北水廠
一〇七	劉文貞	工	北平	北平西城新建胡同甲五號
一〇八	榮玉德	化工業	上海	上海楊樹浦蘭路日新六廠
一〇九	舒昭聖	化工業	上海	上海四川路德孚染料公司
一一〇	黃均慶		上海	上海南市青龍橋八一號
一一二	王孝華	工	上海	上海亞爾培路四九二號內三〇三號
一一三	湯祥賢	工	上海	上海浦東中國酒精廠
一一四	陳聘聲	工	上海	上海浦東中國酒精廠
一一七	曾瑞英	化工業	上海	上海龍華大中染料廠
一一八	李崇樸	自動	上海	上海市社會局
一一九	高嵩	化工	上海	上海周家橋陳家渡二〇七號天利淡氣廠
一二〇	郁約瑟	電	上海	上海北京路一二二號祥泰洋行
一二一	張寶華	工	湖北	湖北石灰窰華記水泥廠

一三二	傅爾培	化工業	南昌	南昌千家塘一八號
一三三	吳文華	工	南京	全國經濟委員會
一三四	沈祖衡	工、電	上海	上海呂班路一六三衖四號
一三一	劉夢錫	工	南京	導淮委員會
一三五	胡礽豫	工	上海	上海圓明園路愼昌洋行
一三六	丁紫芳	工	南京	交通部技術官室
一三七	鄭汝翼	工	上海	上海四川路卜內門洋行
一四〇	王華業	工	天津	華北水利委員會
一四一	諸葛恂	工、電	上海	上海霞飛路五九三弄聯益坊四號
一四二	丁嗣賢	工、化業	上海	交通大學
一四三	黃叔培	自動	上海	交通大學
一四四	余伯傑	工	衡陽	衡陽江東岸株韶段工程局
一四六	楊偉	化業	河南	河南孝義河邊邨
一四七	李賦都	工	天津	天津河北黃緯路中國第一水工試驗所
一四九	秦元澄	工	上海	上海福州路一號滙豐銀行一三七A費博顧問工程司

一五〇	黃振廷	工	崇明	崇明橋鎮太平街
一五一	裘燮鈞	工	上海	上海市工務局
一五三	吳欽烈	化工	河南	河南孝義河邊邨
一五四	陳有恆	自動	河南	河南孝義河邊邨
一五八	喬進安	化業	上海	浙江路五三六號
一五九	俞調梅	工	蘇州	蘇州嚴衙前打線衖五號
一六三	陳德元	化工	南京	南京鮮魚巷四〇號永利化學工業公司
一六五	潘鼎新	自動	南京	南京梅園新村四〇號
一六六	金通尹	工	上海	復旦大學
一六七	王恩明	工	天津	天津法租界三十九號路慧文里一號
一六八	朱家炘	工	漢口	漢口天津街聯怡里二〇號
一七〇	陳懋解	工	南京	南京陶谷村十二號
一七一	錢子寧	化業	蘇州	蘇州滸墅關中元造紙試驗所
一七二	黃漢彥	工	上海	上海蘭路永安紗廠
一七三	李錫釗	工	上海	上海麥根路永安三廠

一七四	聶湯谷	化業	天津	天津法租界二十一號路渤海大樓三樓
一七八	胡嵩岳	自動	上海	交通大學
一七九	朱一成	工、電	南京	南京鼓樓平倉巷六號
一八一	張孝基	工	上海	中國工程師學會
一八四	張連科	工	上海	上海高昌廟鍊鋼廠
一八五	彭開煦	工	上海	上海龍華水泥廠
一八六	邵家麟	化業	上海	上海康腦脫路五八〇弄五〇號
一八七	徐名材	化業	上海	交通大學
一八八	韓組康	化業	上海	上海四川路卜內門洋行
一九〇	曾惠羣	化業	上海	大同大學
一九一	潘履潔	化業	上海	上海蒲柏路三八七號中華工業化學研究所
一九二	何尙平	化業	上海	上海亞爾培路四一〇號中國蠶桑改良會
一九三	張會育	化業	上海	上海四川路六六八號怡默克藥行
一九四	葉景華	化業	上海	上海白利南路兆豐別墅五一號
一九五	關實之	化業	上海	大同大學

一九六	陶慰孫	化業	上海	大同大學
一九七	方君璞	化業	上海	大同大學
一九八	余雪揚	工、化業	上海	上海菜市路一七六號天原電化廠
一九九	陳世璋	化業	上海	上海愚園路一三五五弄二一號
二〇〇	張有彬	工	南京	全國經濟委員會
二〇一	張自立	工	杭州	浙贛鐵路局理事會
二〇二	孫家謙	自動	杭州	浙江省建設廳交通管理處
二〇五	羅英	工	杭州	錢塘江橋工程處
二〇六	夏彥儒	工	杭州	錢塘江橋工程處
二〇七	梅暘春	工	杭州	錢塘江橋工程處
二〇八	李學海	工	杭州	錢塘江橋工程處
二〇九	張善揚	工	杭州	錢塘江橋工程處
二一〇	孫鹿宜	工	杭州	錢塘江橋工程處
二一一	朱延平	工	杭州	浙江省建設廳
二一三	陳琮	工	杭州	浙江省建設廳交通管理處

二一四	陸桂祥	工	杭州	浙江省建設廳
二一五	金維楷	工	杭州	浙江省建設廳
二一六	尤佳章	工、電	杭州	中央航空學校
二一七	許寶艮	電	杭州	中央航空學校
二一八	陳嘉祺	電	杭州	中央航空學校
二一九	馮天爵	工	杭州	中央航空學校
二二一	浦峻德	工	杭州	閘口滬杭路機廠
二二二	林德昭	工、電	杭州	閘口滬杭路機廠
二二三	程本厚	工	杭州	閘口滬杭路機廠
二二四	錢旭豐	工	杭州	閘口滬杭路機廠
二二五	葉我淮	工	杭州	城站滬杭路工務處
二二六	朱光華	工	杭州	城站滬杭路工務處
二二七	王助	工	杭州	中央飛機製造廠
二二八	曾桐	工、自動	杭州	中央飛機製造廠
二二二一	陳仿陶	工	杭州	杭州電廠

27829

二三三	裘建講	工、電	杭州	杭州電廠
二三五	王宗素	工	杭州	杭州電廠
二三八	戴紹曾	電	杭州	杭州電廠
二四〇	趙曾珏	工、電	杭州	浙江省電話局
二四一	張咸鎮	電	杭州	浙江省電話局
二四二	方賢齊	電	杭州	浙江省電話局
二四三	汪德成	電	杭州	浙江省電話局
二四五	許廣臣	電	杭州	浙江省電話局
二四六	陸尊周	電	杭州	浙江省電話局
二四八	汪世襄	電	杭州	浙江省電話局
二四九	嚴之環	電	杭州	浙江省電話局
二五〇	茅家玉	電	杭州	浙江省電話局
二五一	杜鎮遠	工	杭州	浙贛鐵路局
二五六	吳競清	工	杭州	浙贛鐵路局
二五七	蕭理棻	工	杭州	浙贛鐵路局理事會

二五九	程元澤	工	杭州	浙贛鐵路局
二六一	曹　珙	工	杭州	浙贛鐵路局
二六五	李壽恆	化工	杭州	浙江大學工學院
二六六	王國松	工、電	杭州	浙江大學工學院
二六七	張藕舫	工、電	杭州	浙江大學工學院
二六八	張慕聃	自動	杭州	浙江大學工學院
二六九	黃　中	工	杭州	浙江大學工學院
二七〇	潘承圻	工	杭州	浙江大學工學院
二七一	張德慶	工	杭州	浙江大學工學院
二七二	毛啓爽	工、電	杭州	浙江大學工學院
二七三	楊耀德	工、電	杭州	浙江大學工學院
二七四	吳錦慶	工、電	杭州	浙江大學工學院
二七五	沈秉魯	電	杭州	浙江省電話局
二七六	周鎮倫	工	杭州	浙江省建設廳水利工程處
二七七	程耀辰	工	杭州	浙江省建設廳水利工程處

二七八	周象賢	工	杭州	杭州市政府
二七九	沈景初	工	杭州	杭州市政府
二八〇	王進	工	杭州	杭州市政府
二八一	陳曾植	工	杭州	杭州市政府
二八三	王箴	化業	杭州	之江大學文理學院
二八四	徐鎣	工	杭州	之江大學文理學院
二八六	倪尙達	工、電	杭州	浙江大學
二八七	柴志明	工	杭州	浙江大學
二八八	茅以昇	工	杭州	錢塘江橋工程處
二八九	王度	工	杭州	杭州蝕杭坊一號
二九一	朱詠沂	工	杭州	浙贛鐵路局
二九一	吳寅	工	杭州	浙贛鐵路局
二九二	陸增祺	工	杭州	浙贛鐵路局
二九三	李紹德	工	杭州	杭州孝女路未央村四號
二九四	李文驥	工	杭州	錢塘江橋工程處

二九五	沈三多	工	杭州	浙江大學
二九六	唐鳳圖	工	杭州	浙江大學
二九七	林廷通	電	杭州	杭州電廠
二九八	方巽山	電	杭州	杭州電廠
二九九	周厚復	化工	杭州	浙江大學
三〇〇	吳錦銓	化工	杭州	浙江大學
三〇一	沈濟川	化	上海	上海姚主教路二三〇號A
三〇四	曾養甫	工	南京	鐵道部
三〇五	梁砥中	自動	上海	上海江西路三六八號四樓四〇七號
三〇六	俞同奎	工、化業	南京	南京莫干路九號
三〇七	孫孟剛	工	上海	上海愛多亞路一一七號元豐公司
三〇九	郭克悌	工	上海	上海廣東路五一號大昌實業公司
三一〇	李熙謀	工、電	上海	暨南大學
三一一	胡瑞祥	工、電	南京	交通部供應委員會
三一二	朱寶鈞	工	上海	上海怡和機器公司

三一三	張問渠	工、電	蘇州	蘇州大石頭巷十號
三一四	徐文洞	工	上海	上海九畝地與泰里五號
三一五	張瓊	工	濟南	濟南小清河工程局
三一六	胡光麃	電	上海	上海寧波路四〇號四〇三號
三一七	吳浩然	工、化業	上海	大夏大學
三一八	曹鳳山	工、電	上海	暨南大學
三二一	黃錫霖	工	上海	上海留問同學會轉交
三二二	李慎之	工	上海	
三二三	鄭葆成	工、電	上海	上海閘北新民路京滬路上海電廠
三二五	李法端	工、電	南京	鐵道部
三二六	張琮佩	工	上海	上海新閘路甄慶里四四號
三二七	關富權	工	鎮江	江蘇省建設廳
三二八	顧毓琇	電	北平	清華大學
三二九	張貢九	電	上海	交通大學
三三〇	徐誠三	工	上海	交通大學

三三二	蘇祖修	電	上海	上海江西路三三號亞美公司
三三三	莊前鼎	工	北平	清華大學
三三四	趙國華	工	開封	河南省建設廳
三三五	胡博淵	工	南京	實業部
三三六	盧祖詒	電	天津	南開大學
三三七	張克忠	化工	天津	南開大學
三三八	滑建山	工	濟南	山東省建設廳
三三九	陳壽彝	工、電	南寗	南寗電氣公司
三四〇	李慶祥			
三四一	徐恩第	工、電	上海	上海華商電氣公司
三四二	濮登青	工	上海	京滬滬杭甬鐵路局工務處
三四三	洪紳	工	南京	建設委員會
三四四	張紹鎬	工	南京	京滬鐵路局
三四五	胡佐熙	工	青島	膠濟鐵路工務處
三四六	錢昌祚	工	南昌	航空委員會

編號	姓名	專業	所在地	服務機關
三四七	孫嘉祿	自動	上海	
三四八	倪俊	工、電	北平	清華大學工學院
三四九	楊簡初	工	南京	金陵大學
三五〇	林海明	電	杭州	浙江省電話局
三五一	楊孝述	工、電	上海	科學圖書公司
三五二	胡仁源	工	南京	交通部
三五三	李爲駿	工	濟南	膠濟鐵路局
三五四	羅英俊	工	石家莊	正太鐵路局
三五五	關念成	工		
三五六	夏光宇	工	南京	鐵道部
三五七	任鴻儁	工	成都	四川大學
三五八	劉晉鈺	電、工	上海	閘北水電公司
三五九	李瑞芸	工		
三六〇	葉允競	電	廬山	中央陸軍軍官學校特訓班
三六一	吳潮			

三六二	梁培根	工	上海	滬杭甬鐵路局
三六三	施塋	工	上海	滬杭甬路機務處
三六四	王賓園			
三六五	李錫之	工	上海	京滬鐵路機務處
三六六	陳明壽	工	上海	京滬滬甬路機務處
三六七	汪德侃	工	杭州	閘口機廠
三六八	鄺達觀			
三六九	董榮清	工	上海	中孚染料公司
三七〇	楊先乾	工	天津	中央大學工學院
三七一	林繼庸	工、化業	南京	中央大學工院學
三七二	程耀椿	工	廣州	中山大學化學系
三七三	宋建坊			
三七四	周錦水	電(贊助)	上海	華生電機製造廠
三七五	林鳳岐	工	天津	北寧鐵路機務處
三七六	程孝剛	工	南京	鐵道部

三七七	陳有豐	工	南京	南京考試院
三七八	鄭雲鶴	化業		
三七九	華敦德	機(贊助)	北平	清華大學工學院
三八〇	葉枚	化業		
三八一	李開第	工、電	上海	安利洋行
三八二	程本臧	工	重慶	華西興業公司機械部
三八三	施恩職	工	青島	膠濟鐵路工務處
三八四	史安棟	工	濟南	山東省建設廳
五八五	宋文田	工	濟南	小清河工程局
三八六	周禮	工	濟南	山東省建設廳
三八七	過養默	工	上海	江西路東南建築公司
三八八	石瑛	工、化業	南京	銓敘部
三八九	徐佩璜	工、化業	上海	上海市公用局
三九〇	王礪	化業	上海	京滬路機務處
三九一	顧翼東	化業		

編號	姓名	專業	地點	服務機關
三九二	胡汝鼎	工、電	上海	建設委員會電機製造廠
三九三	支秉淵	工	上海	新中公司
三九四	張惠康	工、電	上海	東方年紅公司
三九五	阮寶傳	電		
三九六	周玆緒	工、電	上海	上海電力公司
三九七	周珂	工	上海	益中機器製造廠
三九八	胡嗣鴻	工	上海	中央研究院工程研究所
三九九	陳瑄	工	漢口	平漢路工務處
四〇〇	朱霞村	工	上海	福州路古士德洋行
四〇一	陸聿貴	工	上海	靜安寺路中國石公司
四〇二	王大芸	化業		
四〇三	陳受昌	工	上海	
四〇四	顧毓琭	工	南京	實業部工業試驗所
四〇五	高伯浚	化工業	上海	
四〇六	陳宗漢	工	上海	上海市公用局

四〇七	尹國墉	工	上海	建設銀公司
四〇八	吳琢之	工	南京	江南汽車公司
四〇九	趙燧章	工	杭州	杭州閘口東亞工程公司
四三一	張行恆	工、電	紹興	紹興電氣公司
四五一	朱重光	工	杭州	浙江電政管理局
四五二	張楫	化業	杭州	之江大學
四五三	陳端柄			
四五四	周師洛	化業	杭州	民生製造廠
四五五	侯家源	工	杭州	杭州羊市街如意里十號

補白

本屆大會時有一副流行的對，起源于會員惲蔭棠君：

曾養甫虔修六和塔

茅唐臣怒沉八寶箱

按六和塔位于錢塘江邊年久失修由曾養甫先生等發起捐款修理，茅君主持錢江大橋橋基係採用沉箱法，故有此聯——曾珏。

到會會員眷屬註册名錄

張延祥夫人　湯祥賢夫人　陳騶聲夫人
黃漢彥夫人　鄒忠曜夫人　李慎之夫人
徐緘三夫人　徐文洞夫人　張登義夫人
聶湯谷夫人　吳欽烈夫人　方子衛夫人
華南圭夫人　張紹鎬夫人　馬　傑夫人
任國常夫人　程耀椿眷屬　彭開煦夫人
黃均慶眷屬　司徒錫夫人　司徒錫眷屬
朱寶鈞夫人　王孝華夫人　吳承洛夫人
張承祜夫人

工程師信條

民國二十二年中國工程師學會在武漢年會時通過

一、不得放棄責任，或不忠于職務。

二、不得接受非分之報酬。

三、不得有傾軋排擠同行之行爲。

四、不得直接或間接損害同行之名譽及其業務。

五、不得以卑劣之手段競爭業務或位置。

六、不得作虛僞宣傳，或其他有損職業尊嚴之舉動。

如有違反上列情事之一者，得由執行部調查確實後，報告董事會，予以警告，或取消會籍。

27842

本屆年會各地分會會員到會成績比較

本屆年會各地分會到會會員，異常踴躍，打破以往歷屆年會紀錄。總計到會會員共三一八人，內有中國工程師學會會員二三三人，中國電機工程師學會會員六五人，中華化學工業會會員四三人，中國自動機工程學會會員一二人，中國化學工程學會會員一七人。（一人而兼入兩會者，均分別計算在內。）會員中到會行程最遠者為廣西，會員到會人數最多者為上海。除杭州分會外，依照到會人數，行程里數，到會日期三項平均計算各地分會會員之到會成績，則以天津分會成績為特佳。年會為表示獎勵起見，特贈該分會宜興陶器一具，以留紀念。茲將各地分會會員到會成績列表如左：

地點	人數	公里	到會總日數	積分
天津	一八	一五一〇、〇〇	七二	一〇八七二〇、〇〇
南京	四二	五〇〇、七八	一六八	八四一三一、〇四
上海	一〇六	一八九、〇〇	四二四	八〇一三六、〇〇
濟南	一〇	一一五八、〇〇	四〇	四六三二〇、〇〇
河南孝義	四	一二五二、七八	一六	二〇〇四四、四八
北平	五	一六五〇、〇〇	二〇	三三〇〇〇、〇〇
南甯	二	二〇一八、〇〇	八	一六一四四、〇〇
廣州	二	一八八〇、〇〇	八	一五〇四〇、〇〇
湖北石灰窰	三	八四〇、〇〇	一二	一〇〇八〇、〇〇
漢口	二	一〇五八、〇〇	八	八四六四、〇〇
青島	三	六七〇、〇〇	一二	八〇四〇、〇〇

重慶	一	一八〇〇、〇〇	四	七二〇〇、〇〇
成·都	一	一六七〇、〇〇	四	六六八〇、〇〇
南昌	二	七〇〇、〇〇	八	五六〇〇、〇〇
衡陽	一	一二一〇、〇〇	四	四八四〇、〇〇
連雲港	一	一〇六五、〇〇	四	四二六〇、〇〇
武昌	一	一〇四〇、〇〇	四	四一六〇、〇〇
湖北黃石港	一	八五五、〇〇	四	三四二〇、〇〇
江西樟樹鎮	一	八五〇、〇〇	四	三四〇〇、〇〇
開封	一	一一一八、〇〇	三	三三五四、〇〇
吳縣	三	二七六、〇〇	一二	三三一二、〇〇
廬山	一	六九〇、〇〇	四	二七六〇、〇〇
鎮江	一	四三一、七六	四	一七二七、〇四
南通	一	三八九、〇〇	四	一五五六、〇〇
崑明	一	二八九、〇〇	四	一一五六、〇〇
無錫	一	三一八、二八	四	一二七三、一二
吳興	二	一一六、〇〇	八	九二八、〇〇
紹興	二	八二、〇〇	八	六五六、〇〇
長興	一	一四六、〇〇	四	五八四、〇〇

附註：積分爲公里與到會總日數相乘所得之積數。

年會宴抽獎小記

年會開幕，曾由滬杭各公司商號贈送各項日常用品到會。當於五月廿三日晚年會宴時，用抽獎方法，分贈到會會員及來賓，以助餘興。抽獎結果，會員胡博淵君來賓蔡炳賢君獲一二獎，各得華生電扇一座。其餘會員來賓等，分別抽得枱燈、茶瓶、綢傘、綢扇、漆盒、漆盤、膠木開關、燈泡、香烟、香皂、信箋、良丹、亞摩尼亞水等件。茲將得獎之前十名姓名揭載如左：

姓名	號碼	品名	件數	附註
胡博淵	一	電風扇 香烟	一座 一聽	
蔡炳賢	二	電風扇 香烟	一座 一聽	
陳騶聲	三	電玉枱燈 香烟	一盞 一聽	
吳承洛夫人	四	綢傘 香烟	一柄 一聽	

姓名	獎次	獎品	
P. K. Chu	五	綢傘一柄	香煙一聽
顧毓瑔夫人	六	綢傘一柄	香煙一聽
王菊生	七	綢傘一柄	香煙一聽
彭開煦	八	綢傘一柄	香煙一聽
龔勉吾	九	綢傘一柄	香煙一聽
張自立	十	綢傘一柄	香煙一聽

會員吳承洛君**到會最早**，（註册第一號）特贈以綢傘一柄。會員陳壽彝君潘翰輝君係自廣西南甯趕來與會，爲會員中到會**行程最遠**者。特各贈以漆盤一具，以留紀念。

又天津分會會員到會**成績特佳**，（依照到會人數、行程距離、到會日數、平均計算）爲各分會冠。特贈以宜興陶器獎品一具，以誌獎勸。由該會會員華南圭先生之夫人代領。

大會收到滬杭各公司商廠贈品一覽表

品名	件數	收到日期	贈送者	附註
江西瓷茶瓶	四只	五月十五日	杭州汪裕泰茶莊	
紫沙茶壺	四只	同前	同前	
宜興橄欖式茶瓶	四只	同前	同前	
西湖龍井茶葉	四札	同前	同前	
紅綠合景茶	四札	同前	同前	
祁門紅茶	四札	同前	同前	
福建漆盤	四只	同前	同前	
竹刻茶盒	四只	同前	同前	
菊花	四盒	五月十六日	同前	
綢傘	八柄	五月十八日	杭州都錦生絲織廠	
綢扇	二十把	同前	同前	
枱燈	一只	五月十九日	上海亞光公司	
手電筒	一只	同前	同前	
開關	六只	同前	同前	

卜司	六只	同前	同前	
摺扇	十把	同前	杭州王星記扇莊	
信箋	一二、五〇〇張	同前	亞美公司	
信封	五、〇〇〇個	同前	同前	
長絲燈泡	三六只	同前	亞浦爾電器廠	
袖珍電壓測驗器	二只	五月廿二日	華通電業機器廠	
電氣風扇	二只	五月廿三日	華生電氣製造廠	
亞摩尼亞水	三〇〇瓶	同前	天利電化廠	
白金龍香煙	四九五聽	同前	南洋兄弟烟草公司	
百花牙粉	二四盒	同前	五洲藥房	
蚊香	二四盒	同前	同前	
良丹	一〇〇包	同前	同前	
香皂	五〇塊	同前	同前	
甘油	一二瓶	同前	同前	

請注意

本屆聯合年會議決下屆年會在山西太原舉行。會後即由曾會長養甫電山西省府當局致意。翌日接軍事委員會副委員長兼太原綏靖主任閻錫山氏來電表示竭誠歡迎。我人對於山西當局注重學術研究之精神，當預致其欽感之忱。並盼各學會會員屆時踴躍參加！

本屆年會的永久紀念——工程獎學金

此次聯合年會收支相抵，尚餘國幣四千餘元。籌委會同人以年會業經結束，此項餘款並無其他用途。爰商得各學會同意，將此項餘款提出四千元存入杭州中央銀行分贈國立浙江大學工學院（計三千元）及之江文理學院土木工程學系（計一千元），作為「工程獎學金」之基金，以每年所得利息充獎學金，藉以紀念本屆年會，並獎勸學生潛心向學。茲將聯合年會曁浙江大學之江文理學院所訂施行辦法刊載於后。

國立浙江大學「工程獎學金」施行辦法草案

第一條　本獎學金係紀念民國二十五年中國工程師學會中國電機工程師學會中華化學工業會中國化學工程學會及中國自動機工程學會五工程學術團體在杭州舉行之聯合年會及紀念在年會時成立之中國機械工程師學會及中國土木工程師學會而設定名爲「工程獎學金」

第二條　聯合年會提撥國幣叁千元爲基金以每年所得之利息充作獎學金

第三條　工程獎學金由聯合年會指定捐贈國立浙江大學工學院土木機械電機化工四學系

第四條　工程獎學金規定每年由上述四學系中之兩學系承領翌年即由其餘兩學系承領按年輪流其順序如次

第一年　土木系　機械系

第二年　電機系　化工系

第五條　每屆學年終了時承領工程獎學金之兩學系各就該二年級學生中擇其成績最優者一名領受本獎學金之半數

第六條　工程獎學金特設立保管委員會由浙大校長工學院院長及聯合年會主席中國工程師學會會長分任委員組織之並指定浙大校長爲主任委員

第七條　工程獎學金保管委員會負責保管本獎學金基金本息審查得獎學生成績並辦理一切有關事項

第八條　工程獎學金保管委員會每年開會一次由主任委員負責召集之遇有特殊事故得召開臨時會議

第九條　工程獎學金得獎學生之揭曉期間規定爲每年七月除在浙大校刊公佈外並應由保管委員會將得獎學生

姓名成績通知七工程學術團體備查

第十條　領受工程學獎金之學生由浙大准予免收學宿等費一年（大學四年級）以示獎勵

第十一條　領受工程學獎金之學生加入任何有關之七工程學術團體時免收入會費

第十二條　本辦法經浙大及七工程學術團體之同意得修改之

之江文理學院「工程獎學金」施行辦法

第一條　本獎學金係紀念中華民國二十五年中國工程師學會中國電機工程師學會中華化學工業會中國化學工程學會及中國自動機工程學會五工程學術團體在杭州舉行聯合年會及紀念在年會時成立之中國機械工程師學會及中國土木工程師學會而設定名爲「工程獎學金」

第二條　聯合年會提撥國幣壹千元爲基金以每年所得之利息充作獎學金

第三條　工程獎學金由聯合年會指定捐贈私立之江文理學院土木工程系

第四條　每屆學年終了時就該系三年級學生中擇其成績最優者一名領受本獎學金

第五條　工程獎學金特設立保管委員會由之江文理學院院長土木工程系主任及聯合年會主席中國工程師學會會長分任委員組織之並指定之江文理學院院長爲主任委員

第六條　工程獎學金保管委員會負責保管本獎學金基金本息及審查得獎學生成績並辦理一切有關事項

第七條　工程獎學金保管委員會每年開會一次由主任委員負責召集之遇有特殊事故召開臨時會議

第八條　工程獎學金得獎學生之揭曉期間規定爲每年七月除在之江文理學院校刊公佈外並應由保管委員會將

得獎學生姓名成績通知七工程學術團體備查

第九條　領受工程獎學金之學生另由之江文理學院加贈本獎學金之半數此項獎金分二期付給在每學期入學之時由受獎人親自到會計處具領如受獎人因故退學或中途輟學此項獎學金即行停付由保管委員會另行處置以示鼓勵(附註：此條已照之江文理學院建議之修正案修正。)

第十條　領受工程獎學金之學生加入任何有關之七工程學術團體時免收入會費

第十一條　本辦法經之江文理學院及七工程學術團體之同意得修改之

附錄

國立浙江大學公函

敬啟者：接准

大函，以

貴會為提倡工程教育獎勵後起人才起見，決定將節餘經費項下提出國幣叁千元捐贈本校工學院土木機械電機化學四系，作為工程獎學金存放中央銀行從優給息，以每年所得之利息充作獎學金，擬就辦法草案一份，囑查照核復等由：准此，查原訂辦法，甚為妥善，謹表贊同。除第一次得獎學生人選，容於下年七月間宣佈外，特此奉復，並申謝忱！此致

五學術團體聯合年會籌備正副委員長茅趙

校長竺可楨

中華民國二十五年八月四日

之江文理學院公函

逕復者：日前接奉

貴聯合年會七月廿六日大札，並附寄工程獎學金施行辦法草案，具見

貴會提倡教育獎掖後進之至意。曷勝感佩！所有草案除第九條擬略加修正外，其餘各條，均所贊同，倘修正條文，得貴委員會通過，即可成立此項獎學金辦法矣。謹此奉復，祇頌

公安！

杭州市私立之江文理學院啓 八月四日

附第九條建議修正案

第九條　領受工程獎學金之學生另由之江文理學院加贈本獎學金之半數以示鼓勵此項獎金分二期付給在每學期入學之時由受獎人親自到會計處具領如受獎人因故退學或中途輟學此項獎金即行停付並由保管委員會另行處置以示鼓勵

中央銀行杭州分行公函

前准

台函，以年會節餘款項叁千元，捐贈浙大工學院，作爲獎學基金，擬存敝行生息各節，當經函陳敝總行，因格於定章，實有未能破格給付優待之處，目前敝經理赴申面商中央信托局，以事關提倡學術，特許按年息壹分計算，每年給付利息一次，永久存儲。

貴聯合會捐贈之江大學獎學基金壹千元，亦同等待遇。相應奉達，即請將敝行前出暫時存根收據，向中央信托局杭州分局換開存證，希

台洽查照爲荷！

此致

五學術團體聯合年會

中央銀行杭州分行啓　八月一日

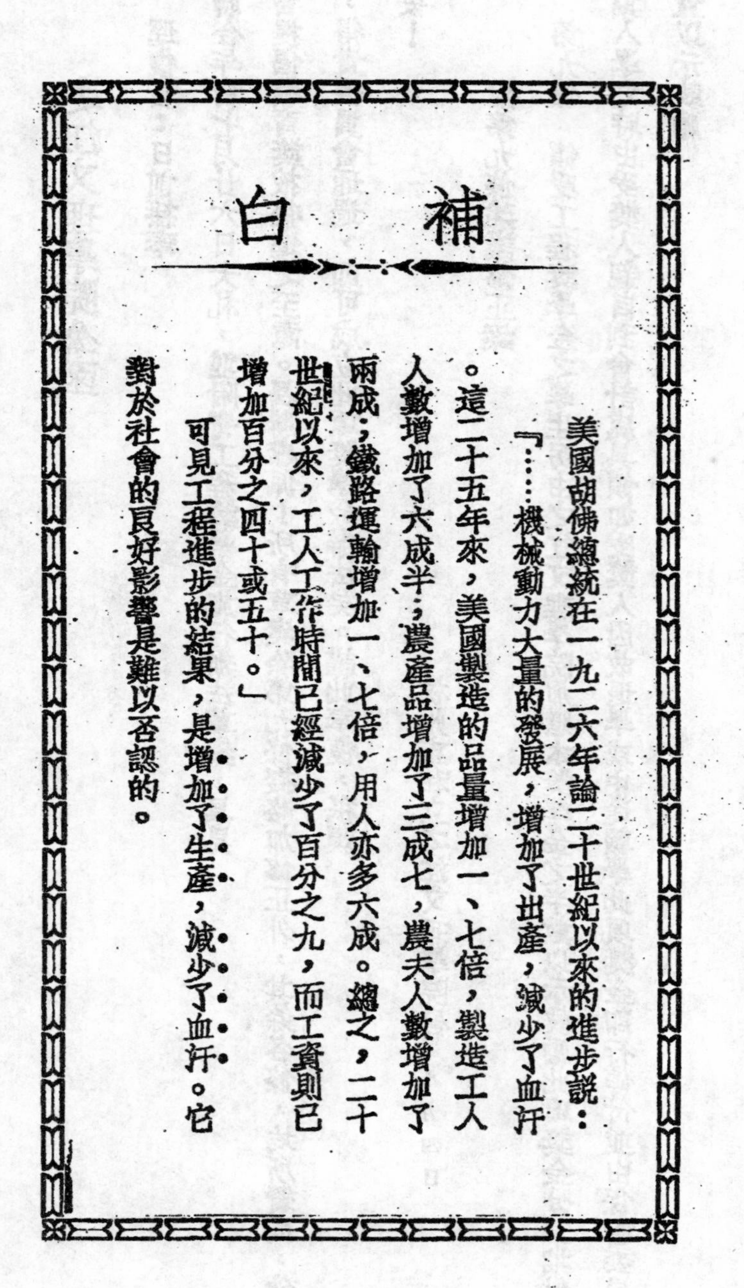

補白

美國胡佛總統在一九二六年論二十世紀以來的進步說：

「……機械動力大量的發展，增加了出產，減少了血汗。這二十五年來，美國製造的品量增加一、七倍，製造工人人數增加了六成半，農產品增加了三成七，農夫人數增加了兩成，鐵路運輸增加一、七倍，用人亦多六成。總之，二十世紀以來，工人工作時間已經減少了百分之九，而工資則已增加百分之四十或五十。」

可見工程進步的結果，是增加了生產，減少了血汗。它對於社會的良好影響是難以否認的。

大會函稿及表式

本屆五工程學術團體在杭舉行聯合年會，各地會員報名赴會者，殊形踴躍。本會籌備時曾擬訂各項函稿及表式，分致各會員，俾明瞭會中註册乘車乘船報到寄宿參觀遊覽各情形。應用結果，尚稱便利。茲將此次大會所用各項函稿及表式擇刊於後，留供下屆年會之參攷焉。

通告

中國工程師學會、中國電機工程師學會、中華化學工業會、中國自動機工程學會、中國化學工程學會遵上屆年會之決議本年仍開聯合年會並擇於五月二十日至二十三日在杭州舉行聚八方之學者作一時之盛會山容含笑泉舌騰歡東南建設頗稱進步山川勝境本經整理杭州實爲交通維繫之區此次會期雖祇四日但議場賓館多選風景清幽之地又會後縱游則天台雁蕩黄山太湖均可早發夕至所冀

台旌早蒞議論宏學術之光倘偕

眷屬同臨襟展紀湖山之盛是爲啓

邀請會員與會函

逕啓者五學術團體聯合年會定於五月二十日至二十三日在杭州舉行茲送上年會指南一册即請
詧覽屆時尙希
撥冗涖止爲年會光附呈空白覆信一紙無論能否到會務祈於五月一日以前塡注寄年會籌備委員會以便準備招待又
台端如决定與會並盼將年會註册費伍元先期惠下爲荷耑此順頌
台祺

附卡片一張

五學術團體聯合年會籌備委員會謹啓

貼郵票處

杭州　惠興路浙江省電話局

五學術團體聯合年會籌備委員會　寄

注意　無論到會與否務請即刻塡覆
參加年會並請預繳年會註册費伍元

五學術團體聯合年會報名片

姓　名

何會會員　工·電·化業·自動·化工·

到年會否

有無論文

論文題目

論文由　自己到會宣讀
委託會員宣讀

眷屬人數

鐵路經行路線及起訖地點

水路經行路綫及起訖地點

動身日期

擬住旅館及其價目

通信地址

年會會費伍元另由銀行/郵局匯上

赴會須知

(一)本屆年會定於五月二十日至二十三日在杭州舉行二十四日至二十六日分組赴京滬兩地參觀新建設或赴浙皖兩省各名勝遊覽

(二)會員赴會請攜帶下列各件

(1)毛毯(2)手杖(3)雨衣(4)膠鞋

(三)會員赴會舟車旅館費用概歸自備本會已得鐵道部交通部特許凡乘坐鐵路火車車票按五折計算乘坐國營輪船公司輪船按七五折計算以示優待惟請於開會前二十日向年會籌備委員會索取優待證

(四)會期內會員住宿地點暫定如左

西泠飯店　西湖飯店　蝶來飯店　大華飯店　清泰第二旅館

會員可於上開各住宿地點自行提定房間等級函知年會籌備委員會代為預定其通知函務須於五月一日以前寄到年會註册費五元亦請匯寄籌備委員會

年會籌備委員會設杭州浙江省電話局內

(五)會員提案請於四月二十日以前寄至年會籌備委員會轉交提案委員會以便列入議程討論

(六)會員論文請於四月二十日以前寄交籌備委員會轉交論文委員會以便列入議程宣讀

參觀及游覽摘要

游覽地點

閘口新電廠　有七五〇〇基羅華特透平發電機二座高電壓一四〇〇〇伏爾脫用粉煤自動添燃設備最新工作效率極高堪資觀摩

中央航空學校　校址位於筧橋為國防重鎮亦為空軍人才養成地各式飛機環列飛行其精神之發皇與技術之優越能令參觀者由羨而愛由愛而敬佩不獨一切設備之足資觀摩而已

錢江大橋　漸之梁棣通兩浙綰轂東南為近時一大工程水底工作以氣壓沉箱法進行正橋十六孔孔長二百二十尺非但交通建設之大業亦為國防軍事之要著

杭徽公路　工程艱巨於車過昱嶺關時見之盤旋迴環以匀坡度設計精密風景優美

浙贛鐵路　橋樑建築及業務管理均有獨到之處首先採用輕磅軌道成績優異為華譽虎先生所稱譽以為可為此後我國橋樑建設之借鏡

省電話局　長途電話遍佈全省設計精良効率優越市內自動電話程式最為新穎業務管理方法尤適合經濟原理足資參考

參觀地點

黄　山　山當徽寧交界高一萬三千公尺雄偉秀麗與太華並稱奇骨盤礴數百里皆一石削成峯頭不著寸土而蒼潤鮮華肌理細膩古松托根其間擢濺翹雲撚華月露無意為奇而千柯千態昔人謂「天下無山可兄弟」信非過譽

雁蕩山　在樂清縣東北鄉高一萬一千餘公尺岡巒奇秀海內著稱大小龍湫靈巖靈峯稱為絕景

天台山　在天台縣北十里勝景相接尤以石梁飛瀑之雄偉瓊臺雙闕之奇險雙澗回瀾五峯競秀山花照路尤為鳴春極游觀之樂

北　山　金華北山以雙龍洞為最勝飛泉百尺坐小艇仰臥入洞鍾乳森垂氣象萬千與宜興之庚桑善卷並為天仙洞府

杭州西湖名勝遊覽圖

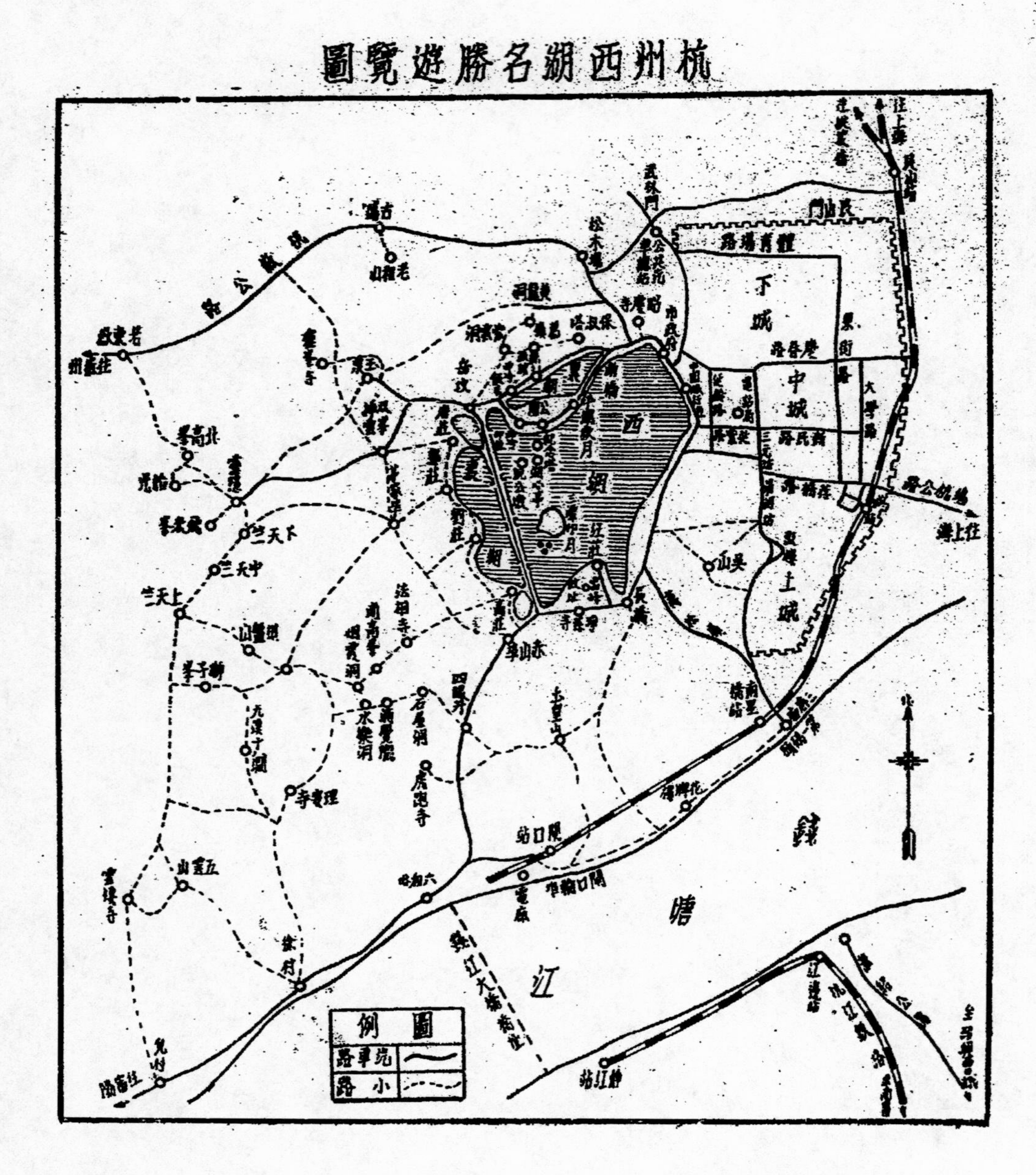

27860

民國二十五年五學術團體聯合年會日程表

月日	上午	地點	下午	地點
五月十九日			正午至午後十一時註册	滬杭車中及杭州城站招待所
五月二十日	八時至九時註册 九時開幕典禮 名人演講 十二時杭州分會公宴	大禮堂 大禮堂 鏡湖廳	二時中國工程師學會會務討論 其他工程師學會會員參觀 七時省政府公宴	大禮堂 公路局修車廠 電話局 自來水廠 都錦生絲織廠 鏡湖廳
五月廿一日	八時中國工程師學會宣讀論文 九時中國機械工程師學會成立大會 十二時錢塘江橋工程處 兩路管理局 浙贛鐵路局 公宴	藝專禮堂 浙江大學 之江文理學院	二時後全體分組參觀 七時杭州市政府公宴	甲組兩隊 錢塘江大橋 閘口新電廠 閘口抽水站 滬杭鐵路修機廠 乙組兩隊 飛機製造廠 航空學校 浙大農學院 鏡湖廳

日期	上午	地點	下午	地點
五月廿二日	八時中國化學工程學會 中華化學工業會 中國電機工程師學會 中國自動機工程學會 中國機械工程師學會 會務討論	浙江大學新教室	二時中華化學工業會 中國化學工程學會 中國電機工程師學會 中國自動機工程學會 中國機械工程師學會 宣讀論文	浙江大學新教室
	中國工程師學會會員觀參	公路局修車廠 電話局 自來水廠 都錦生絲織廠	中國工程師學會會員參觀	錢江義渡碼頭 浙贛鐵路江邊站 及修機廠
	十二時浙江大學 之江文理學院公宴	浙江大學	七時浙江省綢業公會公宴 杭州銀行公會 杭州市商會 杭州電氣公司 杭州錢業公會	鏡湖廳
五月廿三日	八時中國土木工程師學會成立大會	大禮堂	二時後全體分組參觀	甲組兩隊 飛機製造廠 航空學校 農學院 乙組兩隊 錢江大橋 閘口電廠 滬杭修機廠 閘口吸水站
	其他工程師學會會員參觀	三友紗廠 華豐紙廠 民生製藥廠		
	十二時浙江省電話局 浙江省公路局公宴 浙江省水利局	聚豐園	七時年會宴	鏡湖廳

五月二十四日起分組赴京滬兩地參觀新建設及浙皖兩省名勝遊覽凡參加會員請分別向年會招待委員會接洽

致各會員服務機關凡會員請假赴會請准作特假論函

敬啓者中國工程師學會中華化學工業會中國化學工程學會中國電機工程師學會中國自動機工程學會等五學術團體於本年五月二十日至二十三日在浙江杭州舉行聯合年會討論工程及會務等重要問題因念各界工程人員散處四方除經營事業者外服務於各機關者實居多數此次離職赴杭參加年會似與尋常因私請假者不同爲鼓勵會員安心出席起見所有各會員本屆參加年會及往返期內擬請

貴處准以特假論以示國家獎進學術之至意敬希

查照惠允無任公感此致

五學術團體聯合年會籌備委員會啓

通知各會員參加游覽須攜鋪蓋及春衣函

逕啓者查近來天氣涼爽異常本屆年會期內恐不致轉熱

台端如擬攜帶眷屬往遊天台雁蕩或黃山等處因均須在山上寺廟內歇夜宜帶鋪蓋以及春衣至於遊覽日程與應需費用容開會時奉告先此函達即希

查照爲荷此致

先生

五學術團體聯合年會籌備委員會啓

聘請大會職員函

逕啓者茲聘請

執事爲本會　組委員會送上會章一枚即請
查收於開會時佩帶爲荷此致
先生
附會章一枚
五學術團體聯合年會籌備委員會啓

致各刊登廣告團體函

逕啓者前承
貴　惠登年會指南內廣告　種　元業經照登茲送上年會指南一本即請
查收再廣告費　元並希
迅即付下以清手續爲荷此致
附指南一本
五學術團體聯合年會籌備委員會啓

致各參觀機關請派員領導函

逕啓者五學術團體聯合年會本月在杭舉行茲擬定五月　日　午　時至　時由　先生領隊率領男女會員約
人佩帶年會徽章來
貴　參觀祈派指導員　名分組指導一切諸希
俯允並賜參觀證即日作復爲盼此致
五學術團體聯合年會籌備委員長
會程委員會主任委員

五學術團聯合年會參觀程序表

日期	出發時間地點	隊名及領隊	參觀程序及時間分配（「分」字為「分鐘」）
二十日	廿日下午二時由鏡湖廳出發	非中國工程師學會會員（約六十人）領隊孫家謙	（1）公路局修車廠40分（2）電話局40分（3）自來水廠30分（4）都錦生絲織廠20分沿途乘車往返約60分共費時約三小時半五時半返城解散原車分送各旅館
二十一日	全體會員下午二時由之江出發	甲一隊領隊　朱延平……	（1）錢江大橋80分（2）閘口電廠45分（3）閘口吸水站10分（4）滬杭路機廠30分沿途車舟往返約80分共費時約四小時六時返城解散原車分送各旅館
		甲二隊領隊　林廷通……	（1）滬杭路機廠（2）吸水站（3）電廠（4）大橋時間支配同上
	全體會員下午二時由之江出發	乙一隊領隊　曾　桐……	（1）飛機製造廠60分（2）航空學校50分（3）浙大農學院30分沿途乘車往返約100分共費時約四小時六時返旗下解散原車分送各旅館
		乙二隊領隊　尤佳章……	（1）浙大農學院30分（2）飛機製造廠40分（3）航空學校70分時間支配及其他同上
二十二日	中國工程師學會會員約二百人上午八時大禮堂出發	甲隊領隊　陸桂祥……	（1）公路局修車廠40分（2）電話局40分（3）自來水廠30分（4）都錦生絲織廠20分（5）農學院40分乘車往返50分共費三小時半十二時即在浙大應宴
		乙隊領隊　金維楷……	（1）都錦生絲織廠（2）自來水廠（3）電話局（4）公路局修車廠餘同上
	下午二時由浙大出發人同上	甲隊領隊　陸桂祥……	（1）錢江義渡碼頭30分（2）浙贛路江邊站及機廠40分舟車往返約70分共費二小時半四時半返城解散原車分送各旅館
		乙隊領隊　金維楷……	（1）浙贛路江邊站（2）錢江義渡碼頭餘同上

日期	時間	隊別	參觀地點
二十三日	上午八時大禮堂出發	非中國工程師學會會員約八十人 領隊戴紹曾	(1)三友紗廠40分(2)華豐紙廠40分(3)民生製藥廠20分乘車往返70分共費時約三小時十二時返聚豐園應宴
	下午二時全體會員由聚豐園出發	甲一隊領隊 曾桐	(1)飛機製造廠60分(2)航空學校50分(3)農學院40分乘車往返75分共三小時四十五分五時四十五分返城解散分送各旅館
		甲二隊領隊 尤佳章	(1)農學院(2)飛機廠(3)航空學校餘同上
	同上	乙一隊領隊 朱延平	(1)錢江大橋80分(2)閘口電廠45分(3)閘口吸水站10分(4)滬杭路機廠30分舟車往返60分共費四小時六時返城解散分送各旅館
		乙二隊領隊 林廷通	(1)滬杭路機廠(2)吸水站(3)電廠(4)大橋(5)六和塔餘同上
	念四日上午八時大禮堂出發	特殊研究參觀隊	(1)大橋領隊茅以昇(2)電廠領隊陳仿陶(3)電話局領隊趙曾珏

(一)念一念三兩日下午全體會員按註冊號數甲乙兩組每組分為兩隊甲一隊為1-70號甲二隊為71-140號乙一隊為141-240號乙二隊為241-360號分隊參觀必須到各地點

(二)念二日中國工程師學會會員單獨分隊參觀甲乙兩隊係根據甲一與甲二及乙一與乙二除去其他工程師學會會員之合併人數

(三)念日下午及念三日上午非中國工程師學會會員單獨參觀

(四)念四日上午特殊研究參觀1.大橋2.電廠3.電話局等處每處以三十人為限須事前向會程委員會報名

會程委員會編訂

五學術團體聯合年會上海參觀日程

五月二十五日　星期一

上午九時　第一次

隊別	參觀處所	地點
第一隊	上海電力公司	楊樹浦
	閘北水電公司	殷翔路
第二隊	上海煤氣公司	軍工路
	中國肥皂公司	軍工路
第三隊	中華煤氣車公司	華德路
第四隊	上海濬浦局	楊樹浦
	上海漁市場	楊樹浦

中午十二時午餐　市政府

下午二時　第二次

隊別	參觀處所	地點
第一隊	中國亞浦耳電氣廠	遼陽路
	華通電業機器廠	周家嘴路
第二隊	天原電化廠	白利南路
	天利淡氣廠	菜市路
第三隊	大中華橡皮廠	徐家匯
	公用局市公共汽車管理處	斜橋

下午七時公宴　上海各分會新亞

五月二十六日　星期二

上午九時　第三次

隊別	參觀處所	地點
第一隊	上海電話公司	江西路
	交通部上海電話局	大南門
第二隊	五洲固本廠	徐家匯
	上海水泥廠	龍華
第三隊	中國公共汽車公司	康腦脫路
第四隊	海軍江南造船所	高昌廟

中午十二時各廠聯合公宴地點臨時公布

下午二時　第四次

隊別	參觀處所	地點
第一隊	交通部國際電台	真茹
	華成電氣廠	南翔
第二隊	開成造酸公司	軍工路
	上海自來水公司	楊樹浦
	中國工業煉公司	遼陽路

說明

（一）每次參觀請認定一隊

（二）每日上午在南京路大陸商場五樓中國工程師學會集合准八時半出發

（三）參觀來回汽車由上海各分會備用如能帶來自備汽車更爲歡迎

（四）參觀及宴會時請佩帶上海參觀組證章

（五）報告截止限五月二十一日午時

（六）願加入參觀者請將通知單塡就交年會辦事處憑年會佩證領取參觀證章

加入參觀通知單

會員姓名……………………

年會登記號數……………………

平時通信處……………………

參觀期內擬寓何處……………………

何會會員：

中國工程師學會□
中華化學工業會□
中國電機工程師學會□
中國化學工程學會□
中國自動機工程學會□
（以✓爲記）

擬參加下列各隊

第一次（二十五日上午）第一隊□　第二隊□　第三隊□　第四隊□

第二次（二十五日下午）第一隊□　第二隊□　第三隊□

第三次（二十六日上午）第一隊□　第二隊□　第三隊□　第四隊□

第四次（二十六日下午）第一隊□　第二隊□

（以✓爲記）

參觀證章號數……………………

五學術團體聯合年會南京參觀日程

五月二十五日　星期一

參觀地點

中央廣播電台

自來水廠

首都新電廠

兵工廠

鐵路輪渡處

陵園各項建築

首都電話局

說　明

(一)南京參觀會請於廿三日前簽具下列通知單送聯合年會招待委員會祕書

(二)參加會員請住南京安樂飯店并佩帶大會徽章以便招待

(三)參觀來回汽車由南京分會供給備用如能帶來自備汽車更爲歡迎

(四)每日上午八時半在南京安樂飯店集合出發

加入參觀通知單

會員姓名…………………………

年會登記號數…………………………

平時通信處…………………………

參觀期內擬京寓何處…………………………

何會會員：

中國工程師學會 □

中華化學工業會 □

中國電機工程師學會 □

中國化學工程學會 □

中國自動機工程學會 □

中國機械工程師學會 □

(以✓爲記)

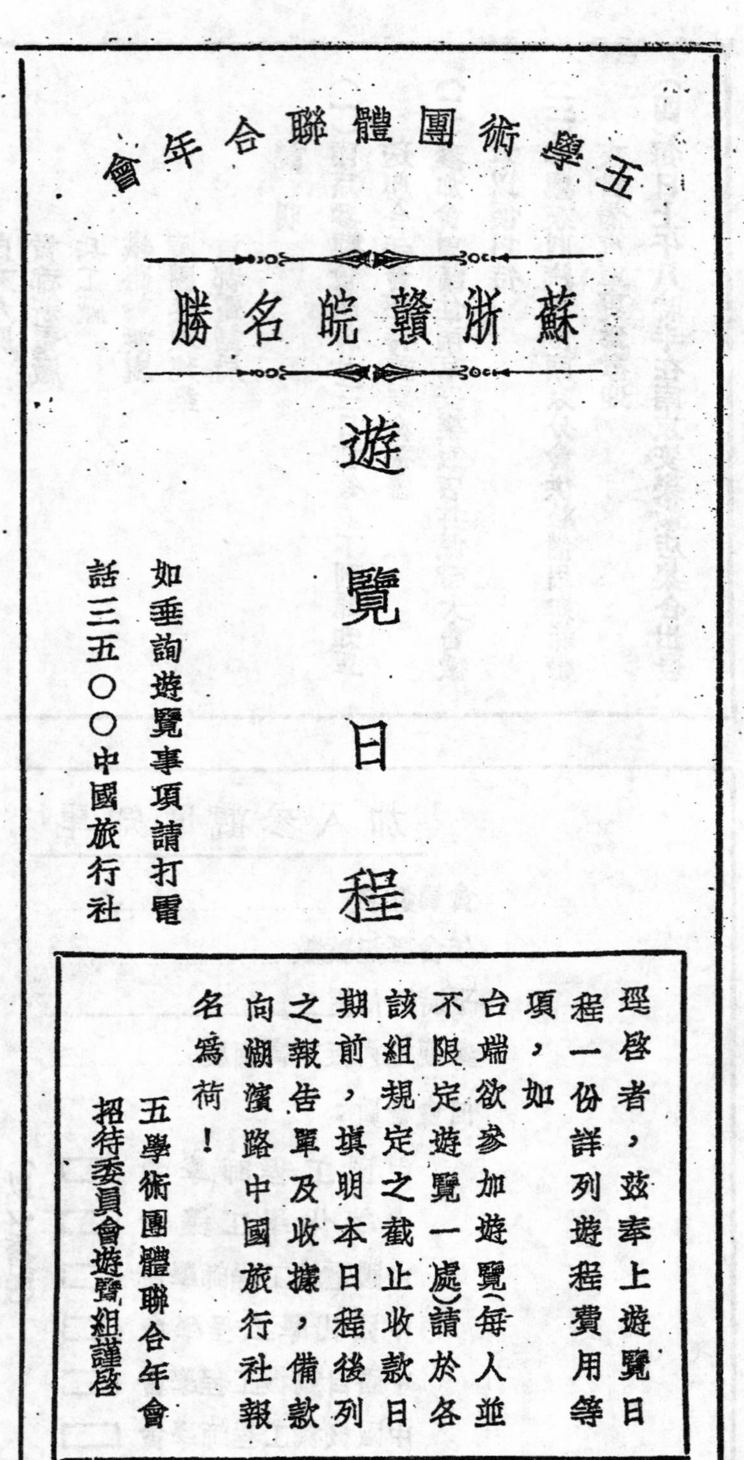
五學術團體聯合年會

蘇浙贛皖名勝

遊覽日程

逕啓者，茲奉上遊覽日程一份，詳列遊程費用等項，如台端欲參加遊覽（每人並不限定遊覽一處）請於各該組規定之截止收款日期前，塡明本日程後列之報告單及收據，備款向湖濱路中國旅行社報名爲荷！

五學術團體聯合年會招待委員會遊覽組謹啓

如垂詢遊覽事項請打電話三五〇〇中國旅行社

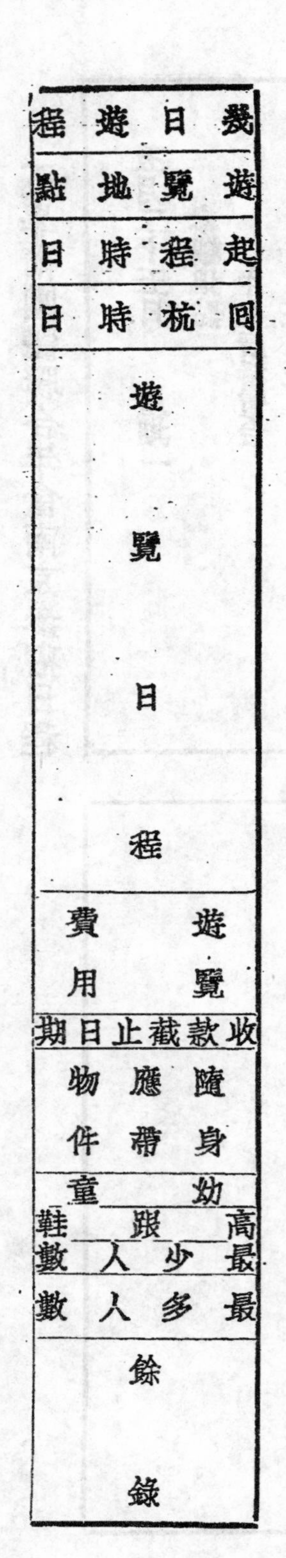
幾日遊程

遊覽地點

起程時日

回杭時日

遊覽日程

遊覽費用

收款截止日期

隨身應帶物件

幼童

高跟鞋

最少人數

最多人數

餘錄

一

莫干山	念四日上午七時	當日下午五時半	七時乘汽車出發八時半到庾村站換乘山轎登山十時到劍池瀑布遊覽遊畢至鐵路旅館午餐十二時半乘轎遊覽所經路線如下(1)上橫路(2)岡頭路(3)塔山(4)教室(5)網球場(6)遊泳池(7)蔭山(8)蘆花蕩(9)天池寺下午四時回至庾村乘車回杭	每人十四元包括汽車山轎午餐	念二日下午二時	照相機 望遠鏡 手杖	可帶去	請勿穿	單位為五人	四十人	小包車往返每輛收費洋十五元不乘轎可減省七元六角
七里瀧	念四日上午七時	當日下午十時	上午七時由南星橋搭專輪出發在船上進午餐下午一時半到七里瀧遊覽嚴子陵釣台下午二時半至蘆茨埠靠岸覽遊蘆茨灘下午三時半離蘆茨五時到桐廬遊覽桐君山下午六時離桐廬十時到杭船上進晚餐	I等十二元 II等八元 房間二人十八元 供午晚二餐	念二日下午二時	同上	同上	可穿	共三十五人	I等十四人 II等十六人 房間八人（共四十八人）	
西天目山	念四日上午七時	當日下午七時	上午七時乘汽車出發九時半到天目站換乘山轎越朱陀嶺經雨花亭至禪源寺再循寺後小徑上山遊覽下列各處(1)踏翠橋(2)倚翠亭(3)清涼橋(4)鐘樓石(5)觀音岩(6)眠牛石(7)千尺崖(8)獅子口(9)洗盃池(10)大樹王(11)玉柱峯(12)圍屏石(13)翔鳳峯(14)開山老殿(午膳)(15)倒掛蓮花峯(16)四面亭(17)洗眼池遊畢下山至汽車站乘汽車回杭抵杭約下午七時	每人十二元包括汽車午膳及山轎	念二日下午二時	同上 水菓	同上	請勿穿	十五人	四十人	如步行可省轎費洋五元一角午膳係素餐如不慣可自帶罐頭食品
宜興庚桑洞善卷洞	念四日上午六時	當日下午九時半	上午六時乘汽車出發十一時抵善卷洞午膳後遊洞內各處再乘車至庚桑洞遊覽下午四時半離洞乘車返杭抵杭約下午九時半	每人九元包括汽車午膳遊船	念二日下午二時	同上	同上	同上	十五人	四十人	

二

紹興禹陵及東湖	念四日上午六時三刻	當日下午七時	上午七時由南星橋渡江乘八時汽車於九時抵紹興改乘小船十時半到禹陵十一時半離禹陵約十二時一刻到東湖午膳後遊覽東湖下午三時往遊紹興街市五時乘車回杭約七時即抵南星橋	每人洋四元八角包括南岸汽車人力車遊船午膳	念二日下午二時	同上	同上	可穿	十五人	六十人	
東西天目山	念五日上午七時	念六日下午六時半	念五日上午七時自杭乘汽車出發九時半抵門口站換乘山轎至東天目山經昭明菴至瀑布亭十二時半到昭明寺午餐後遊鐘樓洗眼池下午三時離東山約於六時半抵西天目宿天目旅館 念六日上午七時早膳後乘轎遊覽(1)踏翠橋(2)倚翠亭(3)清涼橋(4)鐘樓石(5)觀音岩(6)眠牛石(7)千尺岩(8)獅子口(9)洗盃池(10)大樹王(11)玉柱峯(12)園屛石(13)翔鳳峯(14)老殿(15)洗眼池(16)倒掛蓮花峯(17)四面亭膳後回杭	每人念二元五角包括汽車山轎及東天目午膳西天目晚晨午三餐	念二日下午二時	同上 水菓	同上	請勿穿	十五人	二十人	
五洩	念四日下午三時半	念六日上午六時	念四日下午三時半南星橋過江搭乘一次車之特備車赴諸暨即宿車中 念五日上午早膳後乘人力車往五洩七時出發沿途遊覽十二時許到五洩寺在寺中午餐下午一時半離寺遊覽五瀑龍劉坪折遊西龍潭鏵架山遊龍乘車返諸暨車站約下午七時在城內進晚餐後回至車站原車附掛3.25十二次車載返抵杭爲上午六時許	每人十三元七角包括臥車兩夜人力車膳食等	念二日下午二時	照相機 手杖	同上	可穿	十六人	三十人	遊覽五洩時如欲乘轎每乘需費洋二元歸客自付但不乘轎亦無妨因山不甚高路亦平坦
北山	念四日上午八時半	念六日上午十時半	念四日上午八時四十分由南星橋過江乘9.20車赴金華宿旅行社 念五日上午七時乘轎往北山十時抵雙龍洞遊雙龍內外洞及冰壺洞遊畢至金華觀午膳下午二時再遊朝眞洞五時離山抵招待所約八時許晚餐後在招待所略事休息并沐浴搭2.25二次車回杭次晨十時十分到杭	每人十六元五角包括臥車招待所宿費山轎及膳食	念二日下午二時	照相機 望遠鏡 手杖 橡皮套鞋 電筒	勿帶去	請勿穿	十六人	三十人	

三

	龜峯	北山及七里瀧	方岩及北山	雪竇寺
	念四日下午三時半	念四日上午八時半	念四日上午八時半	廿五日上午六時半
	念六日上午十時半	念六日下午六時	念七日下午四時半	廿七日下半七時
	廿四日下午三時半由南星橋過江乘16:10一次車越赴陽宿臥車中 廿五日上午9.21到達乘定備汽車遊龜峯遊畢搭16.36二一次車回杭宿臥車中 廿六日上午十時半到杭	廿四日上午八時四十分由南星橋過江乘9.20三次車赴金華宿中國旅行社招待所 廿五日上午七時出發遊北山折往竹馬站乘17.20遊赴蘭谿晚膳後當日下午七時由蘭谿乘船下駛 廿六日晨五時抵嚴東關小船附掛火輪拖至釣台稍停再下午至桐廬午膳後附輪經富春江抵杭爲下午六時左右	廿四日上午八時四十分由南星橋過江搭9.20車赴義烏15.25到達乘定備汽車赴方岩宿程振興飯店 廿五日乘轎遊方岩五峯靈岩下午赴金華宿旅行社 二十六日遊北山當晚2.25返江邊	廿五日上午六時半乘汽車由南星橋過江在嵊縣午膳下午四時半到溪口乘山轎至雪竇山中國旅行社招待所住宿 廿六日上午六時出遊千丈岩，隱潭，資聖寺，妙高台，文昌閣，武嶺學校等處同宿招待所 廿七日上午七時離招待所乘車返杭在嵊縣午膳到杭約下午七時
	每人二十五元包括臥車二夜汽車及膳食	每人二十元包括宿費山轎船資及膳食	每人三十元包括火車汽車旅館山轎及膳食	每人廿三元五角包括汽車山轎旅舍膳食
	念二日下午二時	念二日下午二時	廿二日下午二時	廿二日下午二時
	照相機 望遠鏡 手杖	同上 電筒	同上	同上
	同上	同上	同上	同上
	同上	同上	同上	同上
	十人	三十人	二十人	十五人
	二十人	五十人	五十人	二十人

27873

	天台山	龍虎山及仙巖	雁蕩
		四	
	廿五日下午六時半	念四日下午三時半	念四日上午七時
	廿七日下午七時	念八日上午十時半	念八日下午七時
	廿五日上午六時半乘汽車由南星橋過江在嵊縣午膳約下午二時抵天台山國清寺乘轎遊覽赤城山，柏桐嶺，龍王堂宿方廣寺 廿六日上午六時出遊石梁飛瀑銅壺滴漏拜經台在華頂寺午膳下山經高明寺，螺溪釣艇同至國慶寺住宿 廿七日上午七時遊覽附近名勝後乘車返杭抵杭為下午七時	念四日下午三時半由南星橋過江乘16.10一次車宿車中 念五日上午十一時到鷹潭該日留鷹潭並宿車中 念六日上午六時乘汽車往遊龍虎山及仙岩歸後仍宿臥車中 念七日下午14.39二次車回杭 念八日上午10.10到江邊十時半抵杭	念四日上午五時半乘汽車出發在嵊縣午膳下午二時抵臨海七時抵雁山旅社 念五日上午七時乘轎遊覽靈峯區名勝靈峯橋，謝公嶺，犀牛望月，將軍洞，北斗洞，天冠峯，碧霄峯，碧霄洞，觀音洞，長春洞，五老峯，苦竹洞，下午遊覽靈岩區淨名寺，水簾洞，雞龍峽，聽詩叟，展旗峯，靈岩寺，天窗洞，天柱峯，僧拜石，小龍湫，龍鼻水，回宿旅社 念六日上午六時乘轎遊下靈岩，剪刀峯，上靈岩，觀音峯，五指峯，馬鞍嶺，西石梁，合珠峯，梅雨潭，童子峯，天柱門，羅漢寺，在寺午膳，午後遊瑞鹿寺，一帆峯，千佛岩，大龍湫，湫背潭，七寶洞，能仁寺，盡尾瀑，仰天滴等，回旅社住宿並進晚膳 念七日上午六時半乘轎遊真濟寺，馬家嶺
	每人廿五元包括汽車山轎旅舍膳食	每人三十四元包括往返臥車汽車及遊船膳食	每人五十一元包括汽車山轎宿費及膳費
	念二日下午二時	念二日下午二	念二日下午二時
	同上	照相機，望遠境，爬山鞋，手杖，水菓，罐頭食品	照相機，望遠境，手杖，雨具，水菓，爬山鞋，罐頭食品
	同上	不可去	不可去
	同上	不可穿	不可穿
	十五人	十六人	十五人
	四十人	三十人	六十人
		念六日返鷹潭如為時甚早可搭乘當日14.36二次回杭則早一日返	

五	
山	黃山
半	念四日上午七時
	念八日下午五時
，南關村，章大經，讀書岩，仙遊洞，龍溜，湖南潭，獅子洞，散水岩在散平岩雲響，觀午膳，下午遊仙岩洞，會仙洞，仙杖峯，蓮蕊峯，紫雲峯，石佛洞，顯聖門，飛龍瀑，三谷坑同旅社晚膳並住宿 念八日上午六時乘車離山在嵊進午膳下午七時抵杭	念四上午七時乘車下午一時抵歙午餐五時抵湯口逍遙亭至旅行社招待所住宿 念五日上午七時出遊紫云菴，慈光寺，半山寺，一線天，下午一時抵文殊院午膳後遊天都峯及附近名勝晚宿文殊院 念六日上午七時出遊閣王壁，轉身巖，蓮花嶺，蓮花峯，百步云梯，鰲魚洞，鰲魚峯，天鵝石，望仙台，雲外峯，獅子峯，清涼台，中午在獅子林午膳下午遊附近名勝晚宿獅子林 念七日上午七時出遊西海門，夢筆生花，度仙橋，接引松，始信峯，白鵝峯，千秋泉，佛掌峯，雲谷寺，在寺午膳之後遊仙人榜，九龍瀑布，黃山勝境坊，苦竹溪，五時至招待所晚膳並住宿所中 念八日上午七時離所至逍遙亭乘車在子才站午膳下午五時抵杭
	每人四十五元五角包括膳費及挑夫
	念二日下午二時
	照相機　望遠境　手杖　雨具　絨襯衫　薄棉被　水菓　爬山鞋
	不　可　去
	不　可　穿
	二　十　人
	六　十　人

收款及起程時集中地點均在

湖濱路中國旅行社

遊覽報名單　第(　　　　號)

姓名……………………………男女住……………………………旅館

加入……日遊程遊覽……………地方應納費

用$……………………茲特如數繳奉請照收登記爲荷

……………………………(此空白處留爲簽字之用)

(1)如本人在起程前退出則願將已繳費用八折收回

(2)如該團因人數不足不能成行時請改入下列遊覽團所需費用如有缺少(有餘時當憑收條取回)一俟接到通知即行繳奉决不有誤

計開……日遊程遊覽……地方或……日遊程遊覽……地方請順次改排決不爭執又各起訖日期及一切情形鄙人均已洽悉矣又及

此收據之空白處亦請報名人先爲填就以省繳費人等待之時間

遊覽費收據

……………………………先生

今承加入　日遊程遊覽　地方並承預付遊覽費

用$……………除照收外特出收據至祈　存查所　示

如該團不能成行順次排入……日遊程遊覽……地方

或……日　程　覽……地方一節當遵示辦理此據

年會招待委員會遊覽組收條

(杭州中國旅行社代收)

（正面）

聯合年會會員乘車證明書

會員姓名

經行鐵路起訖站點由　　路　　站至　　站乘車等級　　票價折扣 單程七五折 來回五折

有效期間自五月十日至六月二日

憑此向　　鐵路換領車票

中華民國二十五年　　月　　日

五學術團體聯合年會

（背面）

注意

一、此項證明書限用一次每次祗限一人如隨帶僕從應照章購票並不得轉借他人每路須各備一張

二、此項證明書交由經行鐵路起站站長驗明換購減價票

三、此項證明書祗適用於各路普通客車所有臥舖票價及其他附捐等均照章收費

四、此項證明書准帶行李重量與普通客車同逾量照章核收運費

五、應遵守各經行鐵路普通規章辦理

乘船證明書

逕啓者茲有敝會會員　　君赴杭州出席聯合年會茲將乘船起訖地點及艙位等級開明於后請予優待照單程捌折來回柒折核收票價爲荷此致

招商輪船局

五學術團體聯合年會籌備會

起訖地點　自　　至

艙位

有效日期　自廿五年五月十日起至六月十日止

中華民國二十五年　　月　　日

行李證

五學術團體聯合年會

行李證

註册號數

№

君

共　　件

會員出席證（一）

五學術團體聯合年會

地點：大禮堂

日期：五月二十日上午九時

會員

出席證

節目：開幕禮

No______

會員簽名：

（全體會員及女來賓請於八點半前齊集各旅館門首乘車赴會）

（二）

五學術團體聯合年會

地點：甲組 錢江大橋 閘口吸水站 閘口電廠 滬杭路修機廠

乙組 飛機製造廠 浙大農學院 航空學校 都錦生絲織廠

日期：五月二十一日下午二時

會員

出席證

節目：分組參觀

No______

會員簽名：

（下午二時乘車由之江出發）

（三）

五學術團體聯合年會

地點：國立藝術學院禮堂

日期：五月二十一日上午八時

會員 中國工程師學會

出席證

節目：宣讀論文

No______

會員簽名：

歡迎五學術團體全體會員參加請於七時三刻齊集各旅館門首以便乘車赴會

（四）

五學術團體聯合年會

地點：鏡湖廳

日期：五月二十日下午七時

會員

出席證

節目：省政府公宴

No______

會員簽名：

（全體會員及女賓於下午六時半齊集各旅館前乘車赴宴）

會員出席證小册封面

五學術團體聯合年會

會員出席證

註册第　　號會員

No

民國二十五年五月二十日至二十三日

背面

（請各會員注意註册號數因宴會時及參觀時均須應用）

會員注意

凡出席會議宴會參觀或遊覽者每次請將聯票依序撕下交與會場或汽車中司事人藉以證明與會並作留底之用

如會員對於宴會不能參加時須于前一日將該關係之出席證扯下簽名並註名「不能到」字樣交至本會

五學術團體聯合年會籌備委員會啓

辦事處大禮堂

會員出席證小册底面

本證會員住處

旅館

房間　　號

接洽會務電話

五學術團體聯合年會電話號數及地址

會程委員會
籌備委員長
年會總幹事
（自動電話三五七〇）辦公室大禮堂

招待委員會
編輯委員會
年會交通組
（自動電話二四四二）辦公室大禮堂

背面

（此外各旅館均裝有專機可以直接接通上列話機大禮堂辦公處裝有電報及長途電話零售處以供會員及女賓應用）

附啓

外埠會員及女賓符號係用白色

本埠會員及女賓符號係用淡藍色

本會職員符號均用淡黃色高級職員用深紅色並標明職務

諸君如有諮詢或接洽事項者請認明符號顏色逕行接洽爲荷

五學術團體聯合年會籌備委員會啓

女賓參加證小冊封面

五學術團體聯合年會

註册第　　號女賓

女賓參加證

民國二十五年五月二十日至二十三日

背面

（請各女賓注意註册號數因宴會時及參觀時均須應用）

女賓注意

凡出席會議宴會參觀或遊覽時每次請將聯票依序撕下交與司事人藉以證明與會並作留底之用

如女賓遇不能參加宴會時請于先一日將該關係之參加證扯下簽名並註明「不能到」字樣後交到本會

五學術團體聯合年會籌備委員會啓

辦公處大禮堂

女賓參加證小冊底面

本證女賓住處

旅館

房間　　號

接洽會務電話

五學術團體聯合年會電話號數及地址

會程委員會
籌備委員長
年會總幹事
招待委員會
}（自動電話三五七〇）辦公室大禮堂

編輯委員會
年會交通組
}（自動電話二四四二）辦公室大禮堂

背面

（此外各旅館均裝有專機，可以直接接通上列話機大禮堂辦公處裝有電報及長途電話零售處以供會員及女賓應用）

附啓

外埠會員及女賓符號係用白色

本埠會員及女賓符號係用淡藍色

本埠職員符號均用淡黄色高級職員用深紅色並標明職務

諸君如有諮詢或接洽事項者請認明符號顏色逕行接洽爲荷

五學術團體聯合年會籌備委員會啓

在火車上辦理註册等事宜之通告

五學術團體年會會員諸君請注意：

本委員會爲求參加年會諸君便利起見特指派職員在車上辦理下列各項

(甲)已註册已繳費會員請分别依次接洽如下

(一)向車中註册組領取(1)年會出席證(2)年會徽章

(二)向旅館組接洽指定旅館房間號數

(三)向車站招待組接洽掛牌手提行李處理方法

(乙)已註册未繳費或未註册未繳費會員請分别依次接洽如下

(一)向車中註册組註册繳費領取(1)年會出席證(2)年會徽章

(二)向旅館組接洽指定旅館號數

(三)向車站招待組接洽掛牌及手提行李處理方法

(丙)各會員夫人請參閱『招待女賓辦法』向註册組註册繳費領取(1)女賓參加證(2)女賓徽章

(丁)以上各項因須在列車抵城站前辦竣務求迅速簡捷請予充分協助

(戊)列車抵站請注意『會員由此出站』之標識及旅館集合地點由本會旅館組所派職員領上汽車分赴各旅館

年會招待委員會謹啓

五學術團體聯合年會招待女賓辦法

(一)凡到會會員所偕眷屬或女賓均請向本會註册並繳駐册費每人十五元俾由本會負責招待遊覽

(二)遊覽節目如下

五月二十日

上午八時　參與年會開幕典禮

正午十二時　孤山樓外樓午膳

下午二時　步遊西泠印社博物院中山公園平湖秋月放鶴亭等遊畢於裏西湖博覽會橋分乘汽車回旅舍

下午七時　參與省政府公宴

五月二十一日

上午九時　車送九溪茶場遊覽理安寺及九溪十八澗

正午十二時　由九溪茶場車送之江文理學院午膳

下午二時　遊覽六和塔錢塘江風景參觀錢江大橋工程分回旅舍

下午七時　參與杭州市政府公宴

五月二十二日

上午九時　乘遊艇至湖心亭三潭印月劉莊遊覽

正午十二時　劉莊午膳

下午二時　乘遊艇至淨慈寺汪莊遊覽

下午四時　汪莊茶點

下午七時　參與銀行公會公宴
　　　　　　　　市　商　會

五月二十三日

上午九時　分乘汽車遊覽岳墳玉泉靈隱

正午十二時　西泠飯店午膳

下午二時　遊覽城市及採購土產（各女賓自由分組前往）

下午七時　參與年會宴

年會宴請柬

本月二十三日（星期六）舉行年會宴恭請

光臨

時間：下午七時

地點：鏡湖廳

中國工程師學會
中國電機工程師學會
中華化學工業會
中國自動機工程學會
中國化學工程學會

謹訂

節目

一、年會宴
二、雅樂
三、西樂
四、平劇
五、歌唱
六、餘興

感謝書

本會自籌備以迄閉幕，會務紛繁，工作異常緊張。除由本會籌備委員會同人主持辦理一切外，復向會外聘請多人，來會幫同工作，諸承熱心協助，備著賢勞。又本會蒙杭市及京滬各機關學校團體商場等同情贊助，使本會得以順利舉行，均深感紉。爰於大會閉幕後分別致送感謝書，藉申謝忱。茲將本會致送感謝書之各機關學校團體名稱及個人姓名刊列於後，用誌不忘：

浙江省政府　杭州市政府　浙江省黨部

國立浙江大學　國立藝術專科學校　中央航空學校

之江文理學院　京滬滬杭甬鐵路管理局　浙贛鐵路局

錢塘江橋工程處　浙江省電話局　浙江省公路局

浙江省水利局　杭州電氣公司　浙江省會公安局

軍警稽查處　杭州市商會　杭州市銀行公會

杭州市錢業公會　浙江省綢業公會　中國旅行社

東南日報社　中央飛機製造廠　杭州市自來水廠

錢江義渡辦事處　國貨陳列館　都錦生絲織廠

南洋兄弟煙草公司　華生電機廠　華豐製造廠

汪裕泰茶莊　民生製藥廠　王星記扇莊

天利電化廠　五洲大藥房　萬源綢莊

亞美公司　亞光公司　亞浦耳燈泡廠

華通電業機器廠　中華書局　東方公司

金潤泉先生　黃袚彤先生　徐曙岑先生

程仰坡先生　竺可楨先生　張孝炎先生

邱　璽先生　李培恩先生　民豐造紙廠

朱重光夫人　王伯修夫人　張信培夫人

俞安英女士　曹壽昌夫人　李紹德夫人

吳競清夫人　張自立夫人　陳仿陶夫人

勞兆浚夫人　程麗娜女士　吳錦慶夫人

王禹朋夫人
勞兆浚先生
呂偉彥先生
李葵孫先生
王邦燾先生
鄭志勤先生
胡治鈞先生
俞鈞碩先生
王政聲先生
王丙基先生
李德培先生
汪英甫先生
蔣貫一先生
傅琰如先生

勞儆安先生
王鏡清先生
阮國瑞先生
曾世榮先生
吳仲達先生
王道達先生
金思源先生
曹壽昌先生
胡存謙先生
吳貽仙先生
黃莘西先生
王菊生先生
劉選英先生
余蓮品先生

瞿濂甫先生
武書常先生
吳祿增先生
陳亦卿先生
汪建才先生
陳克家先生
陳培德先生
江眉仲先生
黃　瑩女士
王贊基先生
潘　毅先生
丁慰堂先生
蔡斌賢先生
朱亦仁先生

感謝書式樣

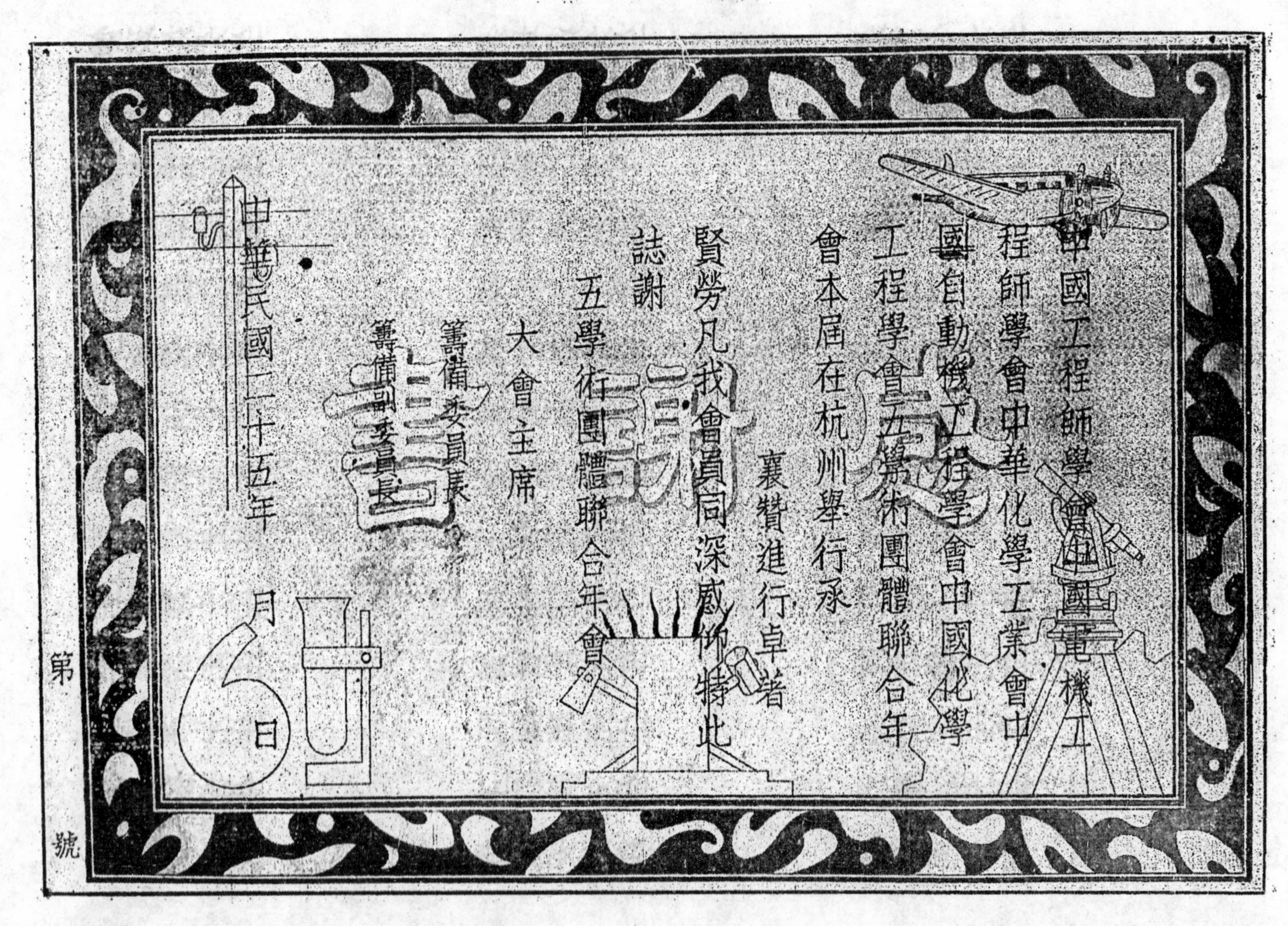

中國工程師學會中國電機工
程師學會中華化學工業會中
國自動機工程學會中國化學
工程學會五學術團體聯合年
會本屆在杭州舉行承
裏贊進行卓著
賢勞凡我會員同深感佩特此
誌謝

五學術團體聯合年會
大會主席
籌備委員長
籌備副委員長

中華民國二十五年　月　日

第　號

謝啓

敬啓者：本屆五工程學術團體在杭舉行聯合年會，承地方政府各機關各學校各團體熱忱襄贊：或款以盛讌；或貺以殊珍；或助經費以資需；或備供應以利便。飲和食德，銘感同深；渭樹江雲，欽遲倍切！合申鄙悃，藉表謝忱。諸維

公鑒！

中國工程師學會
中國電機工程師學會
中華化學工業會
中國自動機工程學會
中國化學工程學會
同啓

27889

補白

「工程上的國本主義，乃是硏究或實施工程，而求其適合於國家國防和民生的需要。」

凡一切工程的計劃或實施，自然要合於事實的需要，這是很明顯的。教育的目的，可以說是訓練思想；科學的目的，可以說是硏究眞理；而工程的目的，却只有爲人類解決實際問題的一條路。工程的事業，既然要合於事實的需要，那麽各地的工程計劃和施工情形，便不能完全一樣。在中國辦水利工程，要曉得中國的水利情形；在中國造機器，亦要曉得中國的原料，工人，市場等等。

所以，單就工程事業的性質而言，我們要講工程的經濟，我們便不能離開國內的實情，因此我們的工程教育確有國本化的必要。再從中國目前危急的情勢看來，我們要抵禦外侮，我們要鎗砲，要彈藥，要飛機，要運輸的便利，要糧食的供給——這些都是有賴於工程師的。我們中國的工程師，倘若不盡我們的責任，那麽科學救國始終成爲空話，而中國的大刀抗敵，仍然將要是我們唯一的利器。

重要啓事

與杭州市政府合建聯合年會紀念亭

本刊所載年會收支報告，係截至二十五年七月二十九日止。此後收入除撥付本刊印費及寄費外，預計尚有少數餘款，自當再經查賬員審核。茲經籌委會同人徵得杭州市長周企虞（象賢）先生同意，擬將此項餘款于西湖名勝處建立年會紀念亭，以留永念。籌委會刻已倩請專家設計，並向各廠接洽捐贈建築材料。工程用費如有不敷，杭州市政府並慨允捐助。詳細情形，將于「工程週刊」上發表。

27891

編輯後記

本刊第二插圖年會全體會員攝影。因中國機械工程師學會當日宣告成立，故用六學術團體名義。

本刊補白，除標明節錄者外，大部摘自會員顧毓琇先生所著之「中國科學化運動論文集」。編者不敢掠美，謹此說明，并向顧君致謝。

本刊編輯付梓事宜，諸承年會編輯委員張毓鵬先生多方襄助，得以如期出版，併此誌感！

本刊共印三千餘册以期全體會員，不論到會與否，均得人手一册。惟因出版時間匆促，不及廣徵材料。各項稿件，亦未惟能詳細核校。漏誤之處，在所難免。倘希讀者鑒諒！

五工程學術團體聯合年會籌備委員會謹識　廿五年八月十五日

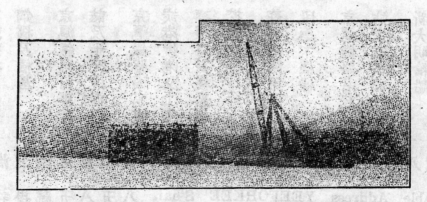

服務鐵路　三十餘年

奚福記

營造暨鋼鐵廠

專門承包一切土木建築及鋼鐵工程

兼製各種鐵道材料

鋼鐵橋樑……行車號誌……岔道材料

轉轍扳閘……魚尾夾鈑……水櫃水鶴

以及其他一切機器配件等均可照圖定製

本廠承辦工程一班

京滬滬杭甬鐵路

鋼橋及橋基

京滬鐵路行車號誌及平交道柵門

京滬鐵路南京煤炭港浚港及上海

麥根路貨棧船塢

挖泥

蘇嘉鐵路第一分段藥木橋樑

京滬鐵路沿綫車站生鐵水管

新大明輪船

上海北西藏路二四六弄二六號　電話四五八五八號

電報掛號八五八五　Cable Address YEEFOHKEE S'hai.

中央儲蓄會

杭州分會

請君儲蓄　即導君致富

無間寒暑　不勞往返

穩妥利便　身心俱泰

（一）全會　每月儲國幣十二元

（二）半會　每月儲國幣六元

（三）四分之一會　每月儲國幣三元

預繳一年儲款者每全會得減付四元預繳半年者得減付一元其餘詳章承索即奉凡蒙加入本會者請撥一七六〇電話通知戶名住址隨時專送收據逐月應繳之期亦由本會派員憑收據收款以免儲戶往返

本分會　地址　杭州迎紫街四七號西華大樓

電話　一七六〇　電報掛號　六二六二

新中工程股份有限公司

爲國內機械製造專家

有鋼鐵建築之驚人成績

建築工程

橋樑 屋頂 水塔電塔

設計打樣 工程顧問

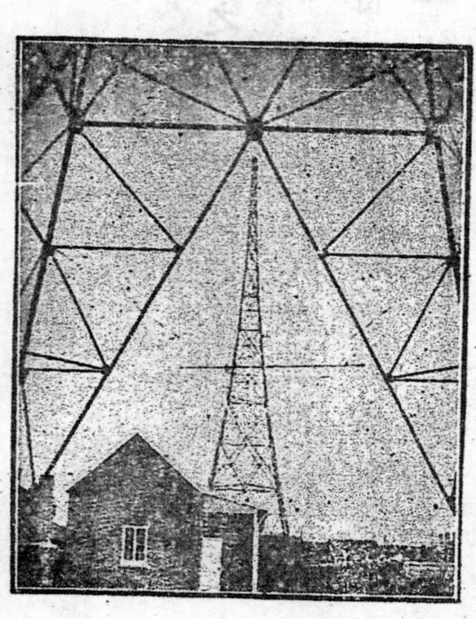

機械製造

柴油引擎 抽水機等

精配另件 裝拆工程

事務所：上海江西路三七八號

製造廠：閘北寶昌路六三二號

電報掛號：九八二四

浙江地方銀行
經營一切銀行業務兼辦
儲蓄　信託　發行　倉庫
總行　杭州太平坊
分支行　七十餘處

27901

啓新洋灰公司唐山工廠出品

馬牌洋灰

牌號老　製法新　產量大　交貨速

營業管理處

南京　上海　天津　漢口

全國各大商埠及重要市鎮均設有代理及分銷處

合中企業公司

上海圓明園路九十七號

電話一三一四三

本公司經理歐美名廠機械出品如下：

鐵路材料　電氣機械

紡織機器　印染機器

鍋爐引擎　工作機器

保險鋼庫　建築鋼料

庫門銀箱　銀行用鎖

麵粉機器　榨油機器

代客機設計及承包機械電氣各項工程加蒙賜洽無任歡迎

United China Syndicate, Ltd.

Importers, Exporters, & Engineers,

97 Yuen Ming Yuen Road,

Shanghai

Tel. No. 13143

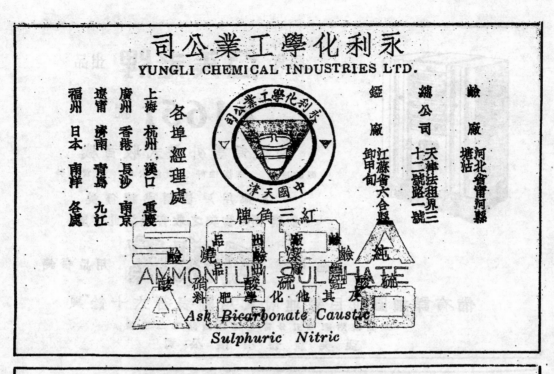

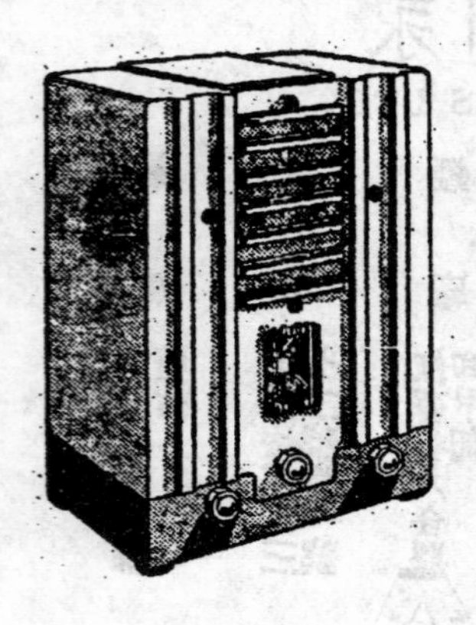

國貨 **亞美老牌** 出品

第 1651 號

交流超等外差式收音機

靈敏度高　選擇性好　音量宏大　音質優美

各地用戶皆稱成績優美

欲購價廉物美之收音機捨此莫屬

他各種  用品書籍

備有詳細圖說目錄並附實用圖表等六十餘頁

索閱請附郵票五分寄上海江西路三二三號

亞美股份有限公司

DEMAG

AKTIENGESELLSCHAFT × DUISBURG

德國台麥格廠

專造

各種電力吊車

各種力量之起重機

裝貨及卸貨設備

挖掘機

空氣壓縮機及空氣工具

開礦用機器

鍊鋼廠機器

電器鍊鋼爐

及其他各種機器

獨家經理

上海江西路一三八號

謙信機器有限公司

電話一三五九〇號

浙江省電話局

辦理全省長途電話杭州市自動電話及其他城鎮電話

浙江省電信網

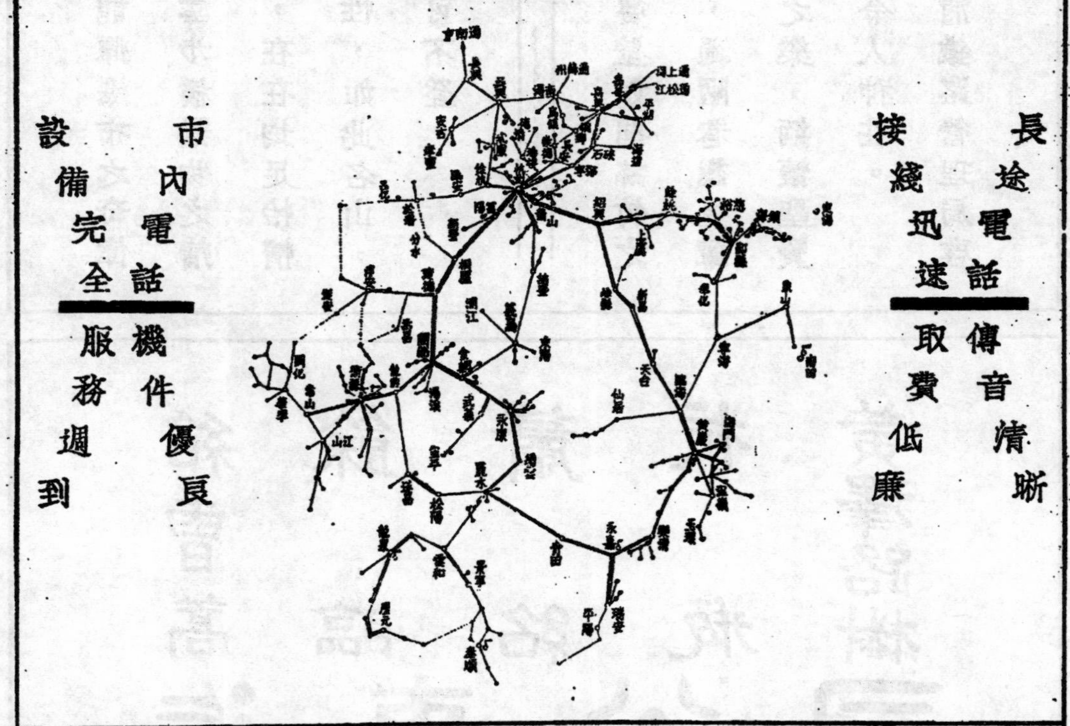

長途電話　接綫迅速

傳音清晰　取費低廉

市內電話　設備完全

機件優良　服務週到

總局：杭州惠興路電話三〇〇〇

分支局：全省各縣城

代辦所：全省各縣城鄉鎮

請游覽津浦路綫

泰山

黑龍潭瀑布之奇偉，雲步橋景物之清幽，在在均足怡情悅性，如此名山，不可不登。

曲阜

瞻魯壁如聞絲竹之音，過陋巷想見簞瓢之樂，緬懷聖賢，令人神往。

津浦鐵路管理局啓

紹曹嵩　餘臨　蕭紹　杭瓶　黃澤路樹

汽車公司

座位舒適　儀運迅速

行駛安全　取費低廉

27910

江西路181號建設大廈

上海

電話 10640

UNITED

AIRCRAFT & TRANSPORT

CORPORATION

11th floor Development Bldg.,

Shanghai

Tel. 10640.

五學術團體聯合年
廿五年
杭州

新工程（昆明）

新工程

創刊號

招登廣告

本誌爲工程界實業界及學術團體之讀物，凡從事公私建設事業者，無不人手一編。中外工廠商行，如欲借本誌登載廣告者，當可收不脛而走深入人心之效。茲酌定廣告費如下：

（甲）普通地位 彙訂在封面之後及封底之前者

全面每期 國幣四十元

半面每期 國幣一十五元

（乙）特別地位 封底外面封面裏面內首篇文字之前及插訂在各篇文字前後者

全面每期 國幣五十元

半面每期 國幣三十元

法加波公司商

全球均有分公司

專辦

化學原料

建築材料

五金材料

工業用具

築路工具

梳打 燒碱 鹽酸

硫酸 硝酸 炸藥

紅黃白燐 氯酸鉀

鋼筋 鋼條 鋼板

玻璃 水泥 洋釘

水管 風鋼 門鎖

鉛綫 鐵紗等

輕氣焊接器 機器及

機廠應用各種工具

洋鎬 洋鏟 洋撬

大小錘 八角鋼及滾路機等

27917

IMPORT — EXPORT

SOCIÉTÉ GÉROLIMATOS

若利嗎洋行

MAISON FONDÉE EN 1908

YUNNANFU

Quincaillerie-Outillages divers-Produits metallurigiques-
Matériaux de construction-Ciment-Verres à vitre.

Articles sanitaires.

Verrerie-Vaisselle-Ustensiles de cuisine.

Pneux-Chambres à air pour Autos-Vélos et pousse-pousse.

Bicyclettes-Coffreforts-Appareils téléphoniques-Corde.

Droguerie et Alimentation générale.

本行開設滇垣歷有卅餘年專辦大小五金各種工具鋼鐵玻璃及水泥等建築材料兼售各式汽車卡車人力車內外輪胎衞生用具玻璃器皿西餐廚房用具單車保險鐵櫃繩索電話材料歐美罐頭食品一應俱全價格克己、如蒙賜顧毋任歡迎

行址：昆明金碧路四〇七八號

電話七三八號

電報掛號 GÉROLIMATOS

27918

合中企業股份有限公司

UNITED CHINA SYNDICATE

LIMITED

Importers Exporters & Engineers.

經理廠商一覽

GRAF & CO.	鋼絲針布
J. J. RIETER & CO.	紡織機器
JACKSON & BROTHERS, LTD.	印染機器
J. & H. SCHOFIELD LIMITED	織布機器
SOCIETE ALSACIENNE DE CONSTRUCTION	毛紡機器
HYMAN MICHAELS CO.	鐵路鋼軌
RAMAPO AJAX CORPORATION	鐵路道岔
BOSIG LOKOMOTIV-WERKE	新式機車
FEDERATED METALS CORPORATION	銅錫合金
YORK SAFE & LOCK CO.	銀箱銀庫
SARGENT & GREENLEAF, INC.	保險鎖鑰
ALLGEMEINE ELEKTRICITAETS GESELLSCHAFT	電氣機械
FULLERTON HODGART, & BARCLAY	各種機械
SYNTRON CO.	電氣工具
JOHN ALLAN & SONS, LTD.	愛倫柏根
FLEMING BIRKBY & GOODALL	優等皮帶
RUDOLF KNOTE	猗治審定機

總公司：上海圓明園路九十七號　電話一三一四一號

分公司：香港雪廠街經紀行五十四號　電話三二五八一號

昆明青年會三百零二號

電報掛號各地皆係 "UCHIS"

27919

美商中國電氣股份有限公司

China Electric Company

LIMITED

INCORPORATED IN U. S. A.

本公司為國際電話電報組織之聯號製造廠遍及全球國內滬港等地亦設有分廠並聘有專門工程師代客設計舉凡一切電氣通訊設備莫不應有盡有如荷賜顧竭誠歡迎

總公司 上海 麥特赫司脫路二三〇號 電話三四三二五號

分公司 香港 告羅士打行二一六號 電話二五四三一號

昆明 巡津街盤龍路一六號

電報掛號 各地均為六一一四號卽「話」字

27921

發刊辭

沈立孫

本刊旨趣，編輯公約，具其大體；本期之末，載有全文。請再詳其涵義，以當發刊之辭：

抗戰兩年有半之苦痛經驗，使我人深切覺悟者，非有國防中心之建設與工業，不足以立國於大地；一也。一切建設與工業，內地尤重於沿江沿海；非使內地現代化工業化，則建國無基礎；二也。是故內地之交通，動力之開發，實爲今後最要之工作。

我國災害頻仍，民生疾苦，已非朝夕。近年同人流轉各地，觀感益爲親切。深覺人民生活，困頓至此，最低限度之衣食，亦多不給。由極貧以至極愚，乃必然之趨勢。貧愚之民，何能愛國；既不愛國，何能期其共肩抗戰之重任。故改善民生所賴之工程，增加生產，改善一切衣食住行所資之工業，尤必須同時以加速度努力推進。

凡茲數端，千頭萬緒，要皆不離工程之範圍；故良好之工程，實當今之急務。

而我人之所深痛惜者：當今之世，苟且成風；苟得苟免，恬不爲怪。工程者：應用科學方法於實際事物者也。不幸亦爲此風所籠罩；長此不改，善果難期。然則挽頹風於既倒，以共趨篤實忠貞者，我人皆有責也。

古今中外，凡認眞作事之人，其必任勞任怨，如出一轍。蓋功之所在，即罪之所歸。處我國今日之環境，其所受之挫折，尤必倍蓰於異國之人；此無他，社會之智識不足故也。夫社會之智識不足，則其批評事物也：易涉於苛刻。事例斑斑，所在皆是。假有電力廠於此；機件腐敗，線路紊亂，令一工程師整理之；此工程師者，縱極認眞，縱極努力，決非三數月之功所能奏效。設於此時，偶有一次或數次之停電焉；則全城之責難至矣。一鐵路初成，路基未固，設備未全，其出事之機會，本較舊路爲多；然偶有一次或數次之脫軌，則舉國交詬矣。何則？知其已然，而不知有所以然也。如電力，如鐵路，其工程既甚普遍，社會之常識亦已較爲成熟，倘如此，則於其他工程之更爲專門，而紀錄不全，報告罕見者；其批評又何如耶？此有志者所以往往裹足也。

夫特立獨行之士，行其所信，本不計一時之毀譽；常人之指摘；然非所以請於一班之人士也！人以泄泄而獲名，我何必戢戢而招毀；人以闇闇而獲利，我何必察察而受損。於是整個社會，日趨於苟得苟免之途而難以自拔，不亦悲乎。

抑且社會之同情，事業成功之得也。卽使一二特立獨行之士，不顧毀譽，勇往直前；然處處荊棘，亦足使其理想扞格，事業摧殘；社會損失，難以計數。

我人有鑒於此，故有本刊之發行；期以誠摯之態度，忠實之筆墨，記錄實在之事實。務使工程建設，社會能多識其眞相；於以培植平實之輿論，此本刊目的之一也。

工程學識，日新月異，歐美專門雜誌，汗牛充棟；卽國人之成就，可供參考者，亦復不少。近來工程界同人，求知之慾，與日俱增；然而有志不逮者，厥有四因：時間之限制，一也。經濟之限制，二也。郵遞之限制，三也。文字之限制，四也。是以我人欲在交通較便之地，集合同志，選擇歐美工程雜誌有益之文字，國內有價值之工程記錄，量爲介紹；或則全譯，或則節錄。俾讀者得以較省之時間經濟，取得必要之知識；凡所介紹，務切實用，新固可喜，舊亦不遺；蓋我國環境，逈異他邦；新者有時未必合用，舊者或適符所需，此編輯同人所願再三注意者也。國人佳作，尤所樂載。但求其精，甯缺勿濫；此又本刊之另一目的也。

同人之抱負如此，深知本身之能力薄弱，綆短汲深；然又鑒於國外有力量之運動，有價值之刊物，其創始也；往往由於少數人之同心努力，鍥而不舍，積久終得多數人之同情，蔚爲社會上重要之事業。是以我人不辭蚊負之譏，而毅然以創始發行爲己責。國中賢俊，鑒而教之。

社論

闡公論

翁爲

坊民之道三：曰禮，曰法，曰公論。以今語出之，社會所賴以維持秩序之方法有三：曰道德制裁，曰法律制裁，曰輿論制裁。

民何用坊？人人欲伸展其自由，攫取其所愛；伸展攫取而無度，則不至侵人之自由，奪人之所愛不止；侵人奪人則社會亂，亂則侵與被侵俱不能安居而遂其生。坊民也者，爲之立限度，使不得踰越而爲害。猶之洪水橫流，汎濫奔放，立堤防以障之，庶幾田宅人畜，不至漂沒，而兩岸居民，得以耕耨食息於其間也。水不汎濫，無事於堤；人不縱欲，無事於坊。坊民也者，非好事也，不得已也。

禮禁於未然之先，法禁於已然之後，公論兼未然已然而兩禁之。動靜語默，若者合度；措手投足，若者中規；父子、兄弟、夫婦、朋友，如何相處；社會國家，如何相待；綱目條理，畢具於禮。嫺而習之，侵機自戢。故曰：禮禁於未然之先也。冥頑不靈，不受約束；放僻邪侈，自甘墮落；心有所蔽，明知故犯；於是禮之力窮，而法起以濟之，殺人者死，傷人及盜抵罪。此所謂法禁於已然之後也。邪端始萌，骨肉規勸之，朋友忠告之，長上同列誥誡之，使憬然而知返，此公論之禁於未然之先也。邪行既見，輿情抨擊之，報章披露之，社會不齒之，使惕然知衆怒之不可犯，瀆法喪良之不可再，此公論之禁於已然之後也。是故：禮之用，使人不知爲非；法之用，使人不敢爲非；公論之用，使人不肯爲非。

公論者，其是非之最高法庭，善惡之永久定讞乎？夫禮尚薰陶，有不受教者則禮窮；法重脅受，有逃於刑網者則法窮；公論則無有窮時焉，國人皆曰賢，初不問其受與不受也，國人皆曰可殺，非所論其逃與不逃也；所以然者，公論無主觀性，善善惡惡，一以作善作惡者之所表襮爲對象；公論無時間性，小善善之於一時，大善善之於百世，小惡惡之於一時，大惡惡之於千祀，雖其骨已枯，其事已邈，聞其名而善惡之念，躍然於前，初不待於勸誘激發，而自然出於人人之心坎者也。是故：貪夫豪暴，睥睨禮義，弁髦法令，獨於鄉里月旦，則惴然不敢輕犯；而載籍相傳，曹孟德一世奸雄，而終身未敢移漢祚者，實東漢崇尚清議之功；歐美則自民主勃興，治道日進，論者歸功於言論之自由，輿情之暢遂，非無故也。

抑論而曰公，則非偏言曲說之所得冒竊，而必其言之真於事理，合乎時勢，而翕然有當於人心。苟紬其蘊而範其界，得三事滿，不宜觸犯：一曰忌有挾，二曰忌有私，三曰忌有牽。挾也者：挾勢而立言，其言也厲；挾嫌而立言，其言也激；挾怨而立言，其言也忿。私也者：私其親而立言，其言也阿；私其利而立言，其言也諛；私其勢而立言，其言也卑。牽也者：牽及旁事而立言，其言也混；牽及私事而立言，其言也褻；牽及他人而立言，其言也乖。厲也、激也、忿也、阿也、諛也、卑也、混也、褻也、乖也，皆非立言之正；有一於此，則不得謂之公。

是故：立言貴就事論事，如其分而止。夫善惡出於是非，是非出於利害；衆所利者卽爲是，衆所是者卽爲善；衆所害者卽爲非，衆所非者卽爲惡。凡人所爲，投衆利焉，其事爲是，其人爲善。凡人所爲，投衆害焉，其事爲非，其人爲惡。人離事焉，既無善惡之可言，捨事論人，無有是處。是故：謳歌禹稷，以其有治水播穀之功；貶撻桀紂，以其有肉林炮烙之暴；苟無治水播穀之功，則禹稷亦常人也，無善之足言也；苟無肉林炮烙之暴，則桀紂亦常人也，無惡之足言也。是故：不舉治水播穀之事，而爲謳歌禹稷之言，則其言爲空言；不舉肉林炮烙之事，而爲貶撻桀紂之說，則其說爲習說。無的而放矢，甯得厠於公論之倫。且範論於事者，凡人所爲，終其一身，非止一事；故善惡之論，不得摘一事而概其全；今日所爲者是，則今日爲善，明日所爲者非，則明日爲惡；是非不必相消，善惡不必相掩。立言者就事論事，如其分而止焉，庶幾不失其正也。

善善之言易，惡惡之言難；評已往之事易，評當前之事難。人情喜譽而惡毀。已往之事，業成史蹟，演者云殂，無關好惡；文人操管作史論，往往信口雌黃，顚倒黑白，以逞其筆鋒之縱橫，而博一時之快意，而其人已死，其墓已夷，無有起而與之質訟者；當前之事，當事之人，卽在左右，何是何非，甯可枉歟？蓋立言之先，宜設身於事之內；而立言之頃，宜超身於事之外。必設身於事之內，始足以察主事者之用心，用事時之環境。必超身於事之外，始足以察影響之所被，因果之所繫。必也以衆人之好惡爲心，而己若無所於與，以冲夷和易出辭，而氣度要歸於誠篤，明通公溥，庶足以當公論而無愧。

所貴乎公論者，以其勸善戒惡，爲社會謀公益也；非以爲諛揚攻訐，以濟一己之私也。夫諛揚攻訐之論興，則公論衰；兩者之消長，有如水火之不相容；倖假而諛揚攻訐之論充塞社會焉，則公論熄，而社會之是非不立；於是黠者肆而愿者伏，亂之階也。是故：一國家之盛衰隆替，視其公論之有無以爲斷；一民族之開僿文野，視其公論之價值以爲斷。國運蒸蒸，公論如綸；民知進者，其言眞誠。反於是者，殘暴之國；道路以目；鄙陋之民，言不中程。蓋地無間東西，時無間今古；自有文字書契以來，徵之史冊。而若合符節者也。

明通公溥之言，眞是眞非之所寄，社會一日不可無。扶之植之，匡之翼之，播爲民俗，蔚爲國風，誰之責歟？知識階級之責也。

英商文儀洋行有限公司昆明分行

同仁街三十九號

THE OFFICE APPLIANCE CO. LTD.

Kunming Branch

39 Tung Yen Street

KUNMING

Sole Agents For

Royal Typewriters

Monroe Calculators

Victor Adding Machines

Kardex card Cabinets

Fire Proof Steel Safes

Ribbons and Carbon Paper

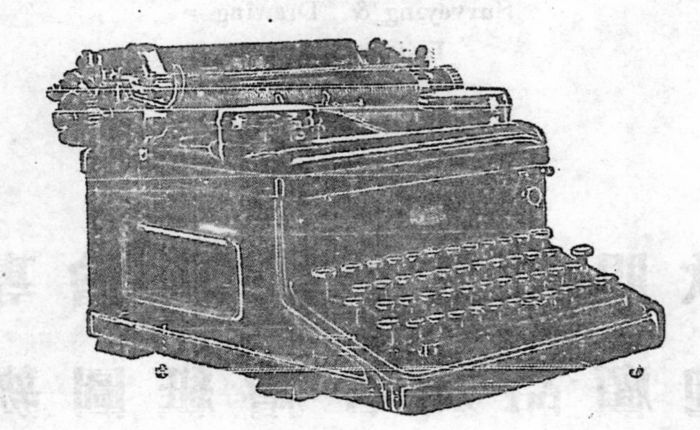

Repair Department

Expert Mechanic Given

Satisfactory Service

At Reasonable Charge

房屋建築及城市設計對於防空之趨勢

鄒恩泳

緒言

美國建築雜誌 Architectural Record 在1939年一月份及三月份兩期中發表一篇文章，敍述關於歐洲方面在建築設計上對於防空之趨勢。文雖一篇，但分兩段敍寫：第一段登在一月份，說明房屋建築之各項防空辦法；第二段登在三月份，說明城市設計之各項防空辦法。此文之價值，尤在其能搜集各家之獻議及各地之事實，以作比較、而資檢討；其用意蓋在以後和平時代之建築設計，必因近代空襲之影響，而產生一新的原則。我國自從抗戰以來，對於空襲情形，頗多領略，而關於防空方法，亦莫不深加注意；爰將是篇譯出，登於本刊，供作工程界對於防空問題之參考資料焉。

本年之中，歐洲全部，及亞洲非洲之大部分，對於每所新建或現存房屋均將詳細加以研究，以解決一新穎的特性。特性爲何，即能防禦空襲是也。以歷史上言之，凡戰爭對於建築之進步，莫不有肯定的影響，有時增速建造之標準，有時反遲緩之；但因軍事之關係，而致房屋之設計，具有嚴重性質，從未有如今日之空襲時代者也。如果依照現今事實之趨勢而推想諸將來，其嚴重性當更日見深刻。蓋不但個別房屋之設計，已有如是之現象，即城市國家之計劃，亦具有同樣之嚮應也。

防禦空襲之設計，須從三種因素而分析之：第一，關於不至招引空襲之效力如何；第二，關於空襲如果發生，則其抵禦之效能如何；第三，關於和平時建築上之永常的影響如何。歐洲建築師對於第一第二兩點，尤以第二點，最爲重要；空襲之危險甚大，第三點，因難兼顧而不許可多所討論也。何爾登教授 Prof. J. B.S.Haldane 在建築師雜誌 Architect's Journal 中嘗云：防空問題在英國直是每個人生死關係之問題；凡歐洲建築界輿論，亦皆同此意見。惟美洲之建築家，視此問題較乏關切耳。

在建築方面，經上述分析之後，則覺凡此防空之新需要，對於建築學之前途究有何種意義？是否因此須實施以新的建築標準？同時關於現行之建築標準，將受如何之影響？再推論之，所有已經成立之房屋及城市設計標準，是否因此將受所有防空辦法之影響，而被推翻？凡此問題，皆有研究之價值。試將各式之城市設計加以分析，則德國建築刊物公認已離國之葛羅比亞斯 Walter Gropius 所提議，露空式城市爲最難受襲，而最易以防衛。法國勒高佈徙厄 Le Corbusier 之重建巴黎計劃所主張用高架摩天式房屋，近忽令人加以注意，因其不易遭投炸彈與受放毒氣。英國所提倡消除狹街與花園式城市運動，亦因可減輕空襲危險，而大受鼓勵。上述各項主張，適合防空作用，可謂巧遇。無論如何，疏散 Decentralization 僅是近代工業社會之一種情形，同時集中亦常認爲必要，如何始得最良辦法，是不得不研究也。

由是觀之，對於歐洲現時建築物之趨勢，關於材料方面，構造方面，應用方面，式樣方面，以及城市設計方面，均應加以詳細之分析，以便發現。凡此防空之需要，對於建築標準，究竟有否改進之希望。

問題範圍

欲研究本問題，須先知近代軍用飛機，對於空襲危險範圍之關係，以及近代空軍炸彈對於空襲危險程度之關係。近代軍用飛機之飛程半徑，大見增加，在歐洲任何一國均可被同洲之任何其他一國襲擊。機之載量亦大見增進，全部城市可被一次空襲而炸毀。飛時高度及速度亦大見進步，探照燈不易照見，祇有最速之驅逐機始可追趕及之。

擱載高度烈性炸彈之飛機，其效力仍在迅速的進步之中。在前次歐戰結束時，一轟炸機祇能擱載500公斤，(1100磅) 飛程半徑150公里(95哩)；在1935年，一轟炸機能擱載3000公斤(6600磅)飛程距離225哩。不久可望每一轟炸機擱載5噸重量，飛程距離2000哩。至於轟炸機之其他方面，亦較他種飛機有進步。例如在前次歐戰時轟炸機之速度，比驅逐機速度相差50%；現在此項相差已平均減至15%。

至於炸彈，似不至有何新的進步，而製出更烈性的種類。一噸以上重量的炸彈，雖不難於製造，但頗覺改用數隻輕量炸彈，較之應用一隻重量炸彈，更為經濟。例如1000公斤(2200磅)之炸彈，其在三合土上理想的破壞範圍為135 平方呎。但將同樣重量分為20隻50公斤(110 磅)之炸彈，其理想的破壞範圍可增至 320 平方呎。

空襲炸彈

炸彈分為三大種類，即高度烈性炸彈，毒氣彈，燃燒彈是也。細菌彈尚在試驗之中，未達確定實用時期。

先言燃燒彈，燃燒彈通常為輕量的彈(約22至60磅)一經與物接觸，立即炸烈，並且無法將彈滅熄，(其實，如試行滅熄或反致爆炸。)此項炸彈，對於磚石工及鋼樑之建築物，以此次西班牙戰事經驗言之，其效力較為微弱。故據說法西斯空軍，用燃燒彈轟炸馬德里兩星期以後，即多放棄而不用。但對於木料建築或建築物用木料骨架者，則燃燒彈之肆虐程度甚高。

毒氣彈大半依賴天氣。城市常有天然之流動空氣，使不便於利用。此次西班牙戰事，毒氣彈未見應用者，則因在同等情形之下，用高度烈性炸彈，其破壞效力，比較的更大。

依照最近歐洲估計，毒氣彈及燃燒彈比之高度烈性炸彈，實祇能成為次等危險物。本篇所擬詳論者，大半限於高度烈性炸彈。

高度烈性炸彈

此彈普通分為兩種：急炸炸彈 Percu sion Bomb，與緩炸炸彈 Delayed action Fire bomb。急炸炸彈一經接觸，立即爆炸。緩炸炸彈，普通於接觸二十分之一秒後爆炸，同時其彈殼具有穿通鋼甲之能力，在此二十分之一秒時間，早已穿過數層樓面，而在中層或底層間爆炸矣。

欲了解抵禦轟炸之方法，須先知高度烈性炸彈爆炸時，房屋所受之影響若何。

1. 衝力　一噸重炸彈由20.000呎高處投下，其衝力卽等於40.000.000呎磅。衝力雖大。但急炸炸彈投在城市路上，祗能炸成極淺之炸口。其最大破壞力量，乃多在側旁方面，尤其對於人口聚集處，爲害最大。急炸炸彈之殼雖輕，殼內所含炸藥重量，等於炸彈總重量之55%，緩炸炸彈之炸藥，則僅等總重量30%。急炸炸彈用在西班牙戰事者，爲20公斤至50公斤之重量（卽66至110磅）。據英國某工程師遊歷巴西郎那 Barcelona後之報告，緩炸炸彈常是由上向下穿至第三層樓時爆炸。凡是五層至七層之樓屋（巴西郎那多數房屋屬於此種），其結果輒全屋炸毀。蓋樓屋上部因其下支承部分炸散而傾覆，其下部則因上部之倒壓而坍陷。有兩隻炸彈，每隻300至500公斤，投在巴西郎那之住宅區中，三所六層樓房屋列在一排，長達80呎，全部均被炸毀，並炸死八十至九十人，此中有多人係被屋壓死。炸時適在清晨三點鐘，居戶全在睡鄉之中，亦云慘矣。

應注意者，衝力常爲斜向。設一飛機在12.000呎之高度，飛動速度在每小時100哩以上時，所投炸彈，卽無若何風力吹動，亦能在空氣中，漂行一哩之遙，始觸及物。此種現象不但使投彈極其不易準確，並且設計房屋之防空效力，專使屋頂樓板抵禦垂直衝力者，亦每至鑄成大錯，況人行道能協同吸收（或每不能吸收亦難說）衝力，亦應注意也。

2. 炸裂　炸藥一經燃着，無論急炸或緩炸，卽生炸裂。炸裂者，乃炸藥氣體猛烈膨漲後，發生空氣壓力所致，同時空氣向半真空處衝回又發生一同等破壞性之吸力。炸裂爲破壞之主要分子，惟炸裂之經過時間，自始至終，僅約達1/10.000之一秒。

關於防禦炸裂，凡負建築設計之責者，如爲保全人命起見，固當設法阻止，不使發生；如爲減輕炸裂起見，亦固當設法使犧牲一部分建築物，俾可逆來順受，以便減輕炸力，而保全其餘部分；但由下向上之炸裂方向，以及一壓一吸之作用，常致發生反覆的引力，reversal of stresses 故在構造物上引力之計算，必須全部重行調整也明矣。

3. 震動　震動之於固體，一如炸裂之於氣體。震動之傳達成浪紋形，有如地震，地窖如深藏地下，炸口固在地面，但震動影響所及，能使窖頂被裂。至今馬德里最深之炸口爲30呎，在巴西郎那爲23呎；故最低限度須在地下50呎深始爲穩妥。

4. 彈片　彈片係炸彈殼之碎片，飛動速度至高，常能飛落於400碼之遠，而仍害及人命。如在50呎遠處而遇中量炸彈之片飛來，9吋厚之磚牆，亦難抵禦。彈片能穿鑿，能剪割，故房屋之外牆，應具特種能力，始能抵擋。例如鋼筋三合土中之鋼條，不宜僅在横面隔層排置，應環關上下綁紮。

5. 碎屑　因炸裂而自房屋扯散之碎屑有一部分與彈片同飛於空中，但主要問題是大量碎屑落壓在屋下防空室之頂面。故防空室之屋頂，必須能負担上面建築物傾陷下來之活動載重，連同固定載重始可。且也，依照經驗言之，非費三小時以上之時間，未有能將碎屑掃淸者，故防空室之地點，實受碎屑問題之支配，應愼爲選擇也。

防衛標準

高度烈性炸彈之破壞因素，旣如是之多，則防衛之標準，應當爲何？何人應受防護？而防護應達至何種程度始爲滿意？此類問題，係屬生死關係，在歐洲靡不議論紛紛，莫衷一是。最理想之防空室辦法，如能保護全部人口使不至：

1 被轟炸粉碎。
2 被震動粉碎。
3 被流彈射穿。
4 被空中機關槍掃射。
5 被飛落碎屑陷壓粉碎。
6 被毒氣所窒息，所焦炙，所盲蔽。
7 被焚燒致死。
8 被過量之水氣所窒息，或被養氣缺乏之所傷害。
9 被炸震而致聾。
10 被碎屑壓罩而渴死。
11 被絕糧而飢餓。
12 因乏醫藥救濟或污水處置不妥而沾染病菌。
13 與室外人隔絕。

欲保衛全部人口，使不受上述全部危險自然是一非常巨大之任務。所需費額之巨，尤爲驚人，（何爾登估計以倫敦一處而論即需 2.000.000.000 金元），然亦須各式空襲俱備，空襲分佈平均而固定，始能致如是之巨災，但此種空襲，原甚罕見，以西班牙及中國爲例，即可證明。不過人常以炸彈每易錯落他處，而藉口不必充分防護，斯不可耳。

實際上已採用之防空標準，亦至不一律。欲得確切知識，殊不可能。在西班牙共和國所採取之標準，自然甚高，因該國民衆儆於空襲危險，自動的贊助防空辦法，最爲熱烈而易周到。其防空效力之大，於下列一則新聞可以見之：

「最近有叛軍飛機五十架來襲格斯特隆（Castellon），共投 450 彈。城市居民七萬祇有一人炸死。一星期以後，19架轟炸機在19架驅逐機掩護之下，又來襲擊。此次投下180 彈，炸毀60所房屋及一所平民醫院。結果醫院有二婦人及三小孩炸死，但在城市本部則無一死者。」

其原因是該城之土地易掘，可在地面下40呎深，掘成地窖，居民又漸將各地窖間，掘成隧道聯絡之，故防空效力特大。

關於新建築已發表之標準，最易搜集。例如法國章程，規定防空屋須能抵禦至少220 磅炸彈之直接衝炸。1935年及以後之法規，規定每一新建工業廠屋須備有防空室在內。意國斯德林窩夫 Stellingwerf 規定，在稠密人口區域新建房屋，以能抵禦 220 磅炸彈爲最低限度。但在另一地方該氏之規定，似又略有矛盾；蓋彼規定此項設備所需費用限度，應等全部費用之 2%，而知此款僅足供防禦碎屑而已。德國自從現政府當權，即從事準備標準，德國學者，每誇張其標準之優越。著樂斯伯格 Schloszberger 稱，平民方面新建廠屋，以能抵禦200公斤以下炸彈之直接衝炸為最經濟而易實施，在多數情形之下，能抵禦220磅之直接衝炸即已足够云。一九三四年以後法律即規定每一工業廠屋或多幢連接之住宅，須備防空室。自一九三三年起，德國新屋設計，均須先呈官廳核准，其關於防空設備，所有材料用具，均須交一大學正式試驗合格，始准應用。

各國政府，均承認所規定辦法，包括關於現有建築物在內（現有建築物自然居大多數），並不預備使能達到完全防空目的。許多防空室至多祇使其能防禦彈片及遠處炸裂之影響。換言之，依照官廳辦法，對擲落炸彈之至良防禦辦法，不過使其傷害人命之範圍，不出約等50呎半徑之圓周以外而已。

德國空襲法律在一九三四年通過。法國經過澈底研究後，在一九三五年歲首亦已通過。在英國尚未有強迫防患之辦法。第一次之英國內務手册在一九三七年出版可資參證；至於建築刊物至一九三八年夏季，始見有充份研究防空之文章發表。

有何收獲

現今防空辦法中，未見產生有驚人的新建築材料或新構造辦法。質言之，第一現象仍是還原至最古老之材料：即泥土是也。掘壕於地即可防禦；不過直線式壕溝早經放棄，曲折式較為安穩。避在壕溝之內，即覺安穩，除技術原因外尚有心理作用。有一英國建築師謂『余住在英國一地洞內，已閱數月矣，蓋予住在易卜勒斯 Ypres 地方之防禦物內也。既知居住地面之下，心中即有一種安穩之感覺。普通家主最好之防禦物，實無過於此者。』簡言之，所依賴者，取之不盡，用之不竭之泥土而已。

現時正在進一步提倡之材料為鋼及鋼筋三合土，兩者分別應用或混合應用均可。在許多地方（尤以英國為甚）磚亦同為人所樂用。上述材料之方式，用在房屋，似頗新奇；但細察之下，此項方式，在其他專門工程，已是司空見慣，此處不過取法利用之而已。各項方式如下：

1. 洋灰三合土用特別排置之鋼筋。排置方法，不是將鋼條分別佈置在頂層及底層兩處，乃是將鋼條上下繞紮成帶子 zonal，有如床彈，以抵禦彈片之衝擊及剪割；蓋取法於銀行保險庫之造法也。

2. 洋灰三合土中安置縐紋式 Corrugated 或陰陽合口銜接 Dovetail 之薄鋼板，其支持處係用銅製 Copper-bearing。如板與板銜接得緊密，雖三合土微受破裂而鋼板不至有漏縫可免氣體之流入，且亦易於消毒。

3. 洋灰三合土用真空乾硬法。有一美國人畢爾納 K. P. Billner 在去年八月，曾表演一種防禦箱 Till-box 以12吋厚洋灰三合土製成，在木殼上用真空機器以促成其乾硬。據稱此三合土，經四小時即可乾硬，足以抵禦轟炸；厚度增加，乾硬速度亦可設法照比例增速云云。其實12吋厚度祇能抵禦遠距離之爆炸，在他國對於防禦箱之形式咸認為不合，以祇適於與人隔離之守衛者站崗時之應用云。

4. 將工字鐵靠近排列鑽洞，橫穿以圓條，各工字鐵間灌以洋灰三合土。此係建築材料混合物之最强有力者，鐵路橋樑或類似之建築物，支持極重活動載量者用之，此處蓋取法自是項工程也。

5. 鋼製（用鋼製支持點）隧道支架。鋼條形式爲肋骨式或水槽的。德國與英國則製造有薄片式 Lamella，有如葉片，湊接時適能連合，不必應用栓釘。此項建造，係取法自採鑛工程及山洞工程。

6. 採鑛工程尚有一支撑手續，亦可取法。德國工業界亦在研究一種可改動之鋼柱，不但可供迅速支撑地窖之用，且對於已炸壞之建築物亦可迅速的修好。

各項設備

防空室中各項日常生活必需之便利設備，意付闕如，殊覺特別。例如水料無自來水管，而僅用水桶，因水管爆裂易致水患。食糧並未顧及，因預料避在防空室中時間，必甚短也。排洩物之消除方法，頗爲舊式；便桶祗加化學品，如用衛生設備，則汚水管上之防臭節，或被炸裂，則毒氣將因此漏入。燈係用電；如遇損壞，則用手電筒。取暖之火，則以不消耗室中養氣爲限。其他特別設備，祗有文雅稱呼所稱爲空氣調整法 Air conditioning，及消除傳染病菌兩事。室內空氣，使常調換，俾變清潔，或用氣機，使由外入內之空氣，經過濾淸手續，惟抽氣機須用手搖或脚踏者爲宜。濾氣設備，爲價頗昂，有時棄而不用，代以60呎高之通氣管亦可，但爆炸發生地點太近時，或致將通氣管炸斷，亦甚可能。消毒方法，係用一坑，備以有灰氯化物及砂粒，入室者須經過此坑，俾淨其足。此外須有密室，以藏染有毒氣之衣服，另有密室以儲潔淨衣服。雨浴及換衣間亦須具備。

室內傢具，須未油漆而無隙孔者，俾易應用清水洗滌，以資消毒。門窗須用鋼製，附以塡閤，普通用橡皮管，吹滿以氣，以防毒氣漏入室內。

在德國，所有器具，均須預先經過大學試驗所試驗核准，始可應用。

防空室中地位，依照標準，均規定至最小限度。完備的防空室之主要部分，應爲：(1)進口須有防護設備，(2)避氣門須有充分長度可供作救護床之用，(3)消毒房間，(4)急救所，(5)休息室，(6)換氣抽氣機。

新式房屋

除採用銀行保險庫，鐵路橋樑，及開鑛工程所需材料以外，所有房屋式樣之設計，亦受防空之影響，其影響結果，比利用材料，更有興趣。其實根本上此項式樣，並非創作。例如鋼筋三合土尖錐頂塔式房屋，自古卽有之，不過在昔係用石建成而已。又有人對於防空室，頗主張在空襲前後，可利用爲氣車間，娛樂室，陰溝，地下隧道等，俾防空室雖需巨大建築費，因有兩用辦法，似亦値得。但是許多有地位人均稱，所謂好的防空室，除其防空效力甚好以外，實無其他好處。歐洲刊物對於防空室之分類，大概係按照其作用性質（卽稠密住宅區所應用者，工廠所應用者，人口稀少區域所應用者，等等），或按照其地位情形（在露空的，在房屋下面的，或在地下隧道的）。但最明白的分類手續，似以按照其抵禦襲擊之方法爲準；其詳情如下：

1. 以笨重制勝方法。此法包括應用泥土之建築。如（一）壕溝，包含露天及遮蓋兩種，但僅足以抵禦彈片及遠處炸裂之影響，至直接衝炸亦可使變成局部的影響而不至於擴大。（二）隧道，可由現成隧道改成（常是極度危險辦法）或完全新建。（三）鋼料或鋼筋三合土造成厚牆的防空所，內含許多小室，在地面上或地面下均可。此法最爲普通。

2. 以柔制剛方法。炸裂效果與距離之立方成反比例。如無敲擊物體Tamping情形，其炸裂效力，卽大見減輕。所以一只炸彈在三合土牆近處敲擊地面，而在地下爆炸，則牆可以完全炸碎；但是設以此炸彈在同樣三合土牆近處，不敲擊及地面，祇在空中爆炸，則牆祇被炸去一塊，致脫離鋼筋而已。此項事實之原理，被人利用已久。其法卽應用所謂炸裂軟層，bursting layers供作軟墊，以減輕炸彈衝擊力，或衝擊後之炸裂力。（一）普通之炸裂軟層，爲零碎之堅硬材料，在地面上鋪成多層；當炸彈穿過各層時，因物體碎微，所有敲擊動作，可減殺至最微限度，碎屑物體，亦同時不翼而飛。（二）雙層牆壁。雙層牆壁與炸裂軟層方法幷用，在西班牙已經用之見效。佈置次序是上層爲炸裂軟層，次層爲泥土，下層爲防空室之三合土屋頂。雙層牆壁中間，夾存空氣，在西班牙亦曾用過。此法是意國學者斯德林爵夫氏之主張。該氏謂單層20公分厚之三合土樓板，雖然比雙層10公分厚之三合土樓板爲強，但第一層如離開第二層稍遠，供作軟墊作用，則可首先減削衝擊力量炸彈落至第二層時，直能截止之，使難發生效力。（三）將軟熱之原理引伸之，可建骨架結構成爲一連貫之炸裂軟墊，作用亦同，且爲各國所主張者。以高房屋爲例，各層樓板，成爲現成制動器Brakes，庶炸彈未達底層卽被中途阻止；未被穿毀樓板，於炸彈爆炸時，仍可充爲軟熱作用。

有兩點嚴重的錯誤須留心焉：第一，防空室不可靠近外牆，因其笨重碎屑或至震毀此室。第二，勿忘所有空中投下炸彈墜落時，幾皆成一角度，並非垂直；所以炸彈之觸及房屋時，類皆由較弱之牆壁炸入，而不從較強之屋頂穿入。所以狹窄房屋在和平時最適於四圍空氣之流通，在空襲時，乃一不良之軟墊；此種造法之防空室，最好置在曠野處地面之下。其有最好軟熱性質之房屋，厥爲寬闊樓面之房屋，如紐約城之近代的高屋然。

3. 使衝擊偏斜方法。此式房屋卽尖錐頂之高塔式者，意在於炸彈衝擊時，使其方面偏斜，在法國意國德國均有報道及之。因其形式之高而且尖，故在空中向下望之，目標微小，不易命中，卽使擊及，因其錐形斜牆，亦可使炸彈變其方向，轉觸笨重之屋基而炸。但是不幸炸彈墜落時，乃取傾斜方向而降，已如上述，所以斜牆似反易使炸彈藥線在任何一點觸着而爆發。

4. 逆來順受方法。對於天然力量，應順受而勿反抗，此觀念成爲技術上發展的一新階段，不過在建築方面，實行得並不澈底。但是此種原則，有數處已見零星的應用。（一）骨架構成房屋，應用輕量牆壁，俾受衝擊炸毀，祇成局部損壞，而保全骨架本身（假設居戶已避入防空室）。（二）卵式鋼架房屋下面用彈簧支持於地面；此法為工程師裴來銳區 A. Friedrich 所發明。因形式如卵，故有流行線之作用；炸彈觸地爆烈時，其方向即順流行線方向而展開，俾受衝擊面積減至最小限度。此式房屋抵禦直接衝擊之效力，尚未經過試驗，仍一未能确定之問題也。

5. 避免衝擊辦法或消耗衝擊方法。炸彈係屬高價物品，如使衝擊目標分散多處則敵人耗費多量炸彈徒自虧損而已。是以最妙防禦辦法，即使居民疏散，新建房屋，亦使散離分佈；此一問題與城市設計較有關係。

現有建築之更改

現有建築之更改新式房屋當然為全數中之一小部分。應注意者大部分之現有房屋也。有兩點正為各方所預為防備之中：一為現有建築之加強，一為現有房屋式樣之改進。

1. 鋼架建築之加強，在歐洲建築刊物中，最風行之圖式為，第一用金屬避火屋頂（如用瀝青材料一經與芥質毒氣混結之後即成毒漿無法加以消毒），次於樓板加添擱棚，最後屋底層之地下室中，天花板用洋灰三合土內置網紋鋼製薄板。

2. 德國小屋，雖以鄉間房屋言之，均具防空色彩，外表現出無軍用性質，而類似農村景色之形式。此種房屋並非預備抵禦直接衝炸，其目的不過為防禦中量炸彈墜在遠處所生之危險。為求經濟起見，房屋之磚石工牆壁予以保留，但屋頂加蓋金屬材料；屋頂與樓板之骨架，均用鋼料並牢插牆內；牆壁上不但應用優等洋灰砂漿且常加用鋼骨，以維持牆壁之伸縮性。

防空室辦法

平民應用之防空室尚未見有整個的辦法。（防空室已經建成，或在建築中以供軍政官員之用者在英國有外交部之地下辦公室在柏林有空軍部之地下辦公室）。但是關於防空室惟一完備的辦法，即何爾登教授為倫敦所獻議者是也。

最為近似上述之整個辦法，當推西班牙之臨時防空室辦法。巴西郎那之羣衆防空室，每座可容二千五百人，竟成一新式的公共建築物；設計時頗擬於戰事結束後，在和平時代，可供一種用途，但此終成為夢想。除此羣衆防空室以外，西班牙人民尚有私建之臨時防空室，係由屋主及他人自行掘築，且各室之間彼此連通。如街上行人亦可臨時入避。目前祇有在歐洲露川防空室大概辦法之曙光，恐僅有將來歷史可告訴吾人此項辦法之實際產生是否尚須有待乎也。

結論

防空室設計至今所發生情形為：（一）並無發現何等新的平民建築材料，或建築方法，（二）並無發現新的平民應用器具，例如氣象管束方法，雖有進步之零星的表現，但平常辦法，已遠在現有平民工事標準之下，未能實用。即最進步之種類中亦無一是已經成功者；（三）並無發現新的平民房屋式樣。（由防空室改為和平時代氣車間，亦祇是變為劣等的氣車間而已。）

由他方面言之，因防空需要，亦並未使現有房屋式樣在和平時代失其應用之效力。

宜注意者，因防空關係，而將現有房屋加強，或將新屋改良之趨勢，顯明的已使房屋建造之平均標準提高。關於避火方法等之改新，其趨勢之結果，與房屋情形相同。在歐洲因防空作用，於設計方面所發現許多改進之點，亦可利用以抵禦數種天災，例如地震，洪水，暴風，等等。

但是因爲過量的安穩系數（例如使房屋足以防空之安穩系數）又使利用輕質的柔軟的機械的材料之趨勢，發生阻礙。譬如關於玻璃以及其他輕量材料因此亦失去普遍利用的機會。

至於防空辦法，對於城市設計之整個影響如何，殊不明顯，即在歐洲亦不易以辨明。但所可言者，在城市設計範圍之內，軍事與民事之兩方標準，彼此抵觸之處最少。關於城市之設計防空問題，當於下段文章討論及之。

空襲避難室

徐承燨譯

本文係節譯英國建築工程師學會所列之 Report on Air Raid Precautions 之第三章。該報告於去年十月出版，復於本年二月修正，故頗有參考之價值。——譯者

緒言 本文所述者，僅限於建築方面，至於其他各種問題如通換空氣，發光，防毒等之設備以及每人所佔之容積等，可參閱各該項制定之規範。

避難室可分爲二種：(甲)可抵抗遜炸者，(乙)可抵抗炸彈之風靡力及其碎片者。本文係指導上述兩種避難室應如何建築。至以採取何種爲宜，則應由設計者斟酌各項需要情形而選定之。

(甲)抵抗轟炸之避難室

頂層 (1)厚度 欲求在炸彈擊中之下，而室內仍安全者，其頂層至少應有下列之厚度（震動力須另行防禦，詳下條）：

第一表 避難室頂層之最小厚度（瑞士規範）

炸彈重量	特種鋼筋混凝土(甲)	鋼筋混凝土(乙)	混凝土(丙)	隧道		
				軟石	砂礫	乾土或沙
112 磅	2'—4"	4'—3"	4'—7"	11'—6"	18'—1"	21'—4"
224 ,,	3'—8"	5'—7"	6'—11"	16'—5"	24'—7"	29'—6"
672 ,,	4'—7"	6'—11"	9'—2"	24'—7"	36'—2"	42'—0"

各種混凝土在製成二十八日後應有下列之抗壓力：

甲種每平方英寸不少於 5690 磅

乙種每平方英寸不少於 3140 磅

丙種每平方英寸不少於 2130 磅

第二表　避難室頂層之最小厚度（法蘭西規範）

炸彈重量	特種鋼筋混凝土	混凝土	磚牆	泥土
28 磅	0'—10"	1'—4"	2'—6"	9'—11"
112 ,,	2'—4"	3'—3"	4'—11"	16'—5"
224 ,,	3'—8"	5'—7"	8'—3"	26'—2"
672 ,,	4'—7"	6'—11"	13'—1"	39'—4"
1 噸	6'—7"	5'—10"	19'—6"	65'—8"

特種鋼筋混凝土係指縱橫二向均有鋼筋，其直徑自½吋至¾吋，排列相距6吋，每層相隔自6吋至8吋，中間並有鋼箍相連者。

上列二表，以用瑞士之規範為宜。由此二表，可下一結論，即用特種鋼筋混凝土，如其頂層有下列厚度，可保室內之安存：

112 磅重炸彈　2'-4"

224 磅重炸彈　3'-8"

672 磅重炸彈　4'-7"

1 噸重炸彈　6'-7"

如混凝土之抗壓力不及前述之規定，或鋼筋之排列少於特種者，則厚度應增加一半。若不用鋼筋，則混凝土厚度應加增一倍。

如鋼筋混凝土上覆有泥土，其高度超過第一表所規定者之一半，則混凝土之厚度可酌減，否則不宜更改。

(2)跨度　頂版之跨度，不應超過其厚度之三倍。對於因衝擊力而發生之撓曲力及剪力，設計時並應顧及之。第三表指示各項重量炸彈所發生之衝擊力：

第三表　炸彈擊中鋼骨混凝土版所發生衝擊力之約數

炸彈重量	特種混凝土之厚度	估算之衝擊力
112 磅	28 英寸	250 噸
224 ,,	44 ,,	315 ,,
672 ,,	55 ,,	770 ,,
2240 ,,	79 ,,	1750 ,,

(3)衝擊力　第三表所列之衝擊力，係用下法計算而求得：

當一炸彈擊中混凝土版時，其「動能」等於$\frac{Mv^2}{2g}$。此項能力因彈透入版內，遂被吸收；設透入之深度為d，又衝擊力為p，則$pd=\frac{Mv^2}{2g}$，故$p=\frac{Mv^2}{2gd}$

表內所列數，係用此公式而算得，並假定透入深度為混凝土版厚度三分之一，炸彈下墜速度為每秒鐘五百英尺，倘用他種材料，頂版厚度須增加時，則此項衝力減少；反之如用鋼版，則厚度可減薄，而衝力即增加。要之此項衝擊力之增減，與炸彈之重量及其速度之自乘方成正比例，而與版之厚度則成反比例也。

邊牆　除上端或週圍有保護外，邊牆之厚度應與屋頂相同，其基礎並須築造深入地中，使不受炸彈之損害。

地版　如邊牆基礎不深，仍受炸彈之影響者，則地版之厚度亦應與屋頂相同，以策安全。

形狀　避難室之形狀為圓錐形或球形者，較長方形為堅固，且遭炸彈擊中時，有使彈在未爆發以前斜飛他向之可能，但此僅指室之小者而言。

混合式避難室　如避難室用第一及第二表所示之厚度。則炸彈雖擊中亦不能透入，但在室內之人並不絕對安全，蓋或有被震死之慮也。故最穩妥之法莫如採用混合式，全建築物分作三部份，即：

1. 頂上有一抗彈層。
2. 中間用一有伸縮性之襯層。
3. 避難室之本體。

抗彈層之厚度，應如第一及第二表所列者，務須使炸彈不能穿透入內，否則在室內炸爆其力更猛。又此層應突出室之四週，其突出之寬度，至少須為炸彈爆裂坑之半徑，庶炸彈即在旁爆發，亦不能損害。炸彈在土石上爆發所成之坑穴約如下：

第四表　炸彈轟擊所成坑穴之深度及直徑

炸彈重量	軟石		沙礫		沙泥		鬆沙或黏土	
	高	直徑	高	直徑	高	直徑	高	直徑
112 磅	4'—7"	14'—9"	5'—7"	16'—5"	8'—6"	18'—1"	11'—6"	19'—8"
224 ,,	4'—11"	19'—8"	6'—3"	21'—4"	9'—2"	23'—0"	12'—6"	26'—3"
672 ,,	7'—7"	27'-11"	9'—6"	31'—2"	14'—1"	34'—5"	19'—8"	39'—4"

襯層之厚度，宜與抗彈層相同，所用物料，中間應有空隙，在受壓力時可以壓縮者，如鬆沙之類。

避難室本體應能支受自身之重量，以及襯層之重量與其所受衝擊力。最佳之辦法是抗彈層及避難室分築基礎，二者除襯層外無相連之處，則震動之力可以完全避免也。

建於地面上之避難室　前條所述之混合式避難室可以建於地面之上如(1)抗彈層突出於室之四週，且突出之寬度不小於炸彈之破壞半徑。或(2)抗彈層包圍室之四週而成為掩護牆；倘此牆之基礎距地面不及炸彈之侵徹深度，則須加築地版，其厚度亦須與頂邊相同。

建於地面下之避難室　視其距地面之深淺可分為三類：

1. 離地面不及炸彈破壞坑高度（第四表）之一倍半者，築法與在地面上者相同。
2. 離地面在炸彈破壞坑高度一倍半以上，但不及第一表之厚度者，則頂層之設計，除支受土質壓力外，並須能負荷炸彈衝擊力之一部份，其計算法係假定全部衝擊力由45°之角度而消散於土中。
3. 如用隧道，則隧道頂至地面之距離，應用第一表所列者。

避難室之出入口亦極為重要，若不適合需用，則過空襲時躲避者必因入口過於擁擠，不能及時避入而發生恐慌。每一避難室至少須有兩個出入口，門口之寬度，如備單行用者應為二呎六吋，每加一行應加寬二呎。又每行之人數不宜過一百二十五人。

（乙）抵抗炸彈碎片之避難室

建於地面以上者　各種材料至少須有下列厚度，方能抗禦炸彈碎片：

軟鋼板	1½"
磚牆（水泥漿砌）	13½"
混凝土	15"
鋼筋混凝土	12"
特種鋼筋混凝土	10"
沙土障壁	2'—6"
兩邊用木板貯沙或碎石	2'—0"

此項數字，係根據以五百磅炸彈在距離五十英尺爆炸之試驗而得之。頂層及牆之厚度，均須以此為準。如須裝窗，則以鋼質百葉窗為最佳，其厚度自¼吋至½吋，視鋼質而定。

建於地面以下者　此項防空壕或地下室須有合宜之擋土牆，以防四邊泥土崩坍，頂蓋並須能支持相當之重量。大抵頂蓋應照每平方英尺載重四百磅而設計，而壕邊之土壓力則自每平方英尺一百磅至二百五十磅，視土質及所含水量而定。如土質堅實，無須支拄者，則壓力甚低，有時或竟等於零。挖土時鄰近建築物之安全，應妥為顧及。

一部份在地面以下者　有時因地形或水位關係，防空壕或地下室之一部份，約二三英尺，挖入地內，其餘一部份約四英尺，高出地面，即以挖出之泥土堆圍於四週，其厚度至少須有二呎六吋。

應注意之點：室內或壕內避難之人數，應有限制，每處最好不過五十人。如人數過此，則宜添築，以應需要。防空壕應多曲折，每一直綫須不過五十英尺，能短則更佳；兩直綫相交宜小於90°，以減少爆炸之風扇力。壕邊護牆及頂蓋之材料以用輕質者為宜，蓋如有倒坍，則拯救避難者可比較容易也。

防毒氣　如避難室內有新鮮無毒之空氣用風扇送入，而同時室內之空氣壓力略高於室外者，則室內可保無毒氣侵入。尋常所用之風扇係用電力發動，最好再備有手搖或脚踏機關，以備電流斷絕時仍可繼續運用。

出入口處應有兩重門框，靠外面之防毒氣門應能抵抗炸彈碎片，並須妥爲裝置，不致被震動而損壞。

新嘉坡飛行場

(The Singapore-Airport by Nunn 節譯自 Journal of the Institution of Civil Engineers.)

新嘉坡飛機場，係建築在爛泥濕地上。其工程經過，頗有研究價值。茲僅將有關工程部份，節譯於後。至於其他設備管理室飛機庫燈光等，均略去。譯者識

1. 緣起

新嘉坡港位於新嘉坡島之極南端。（北緯 10°17' 東經 103.86°）港內居民約有50,0000。天氣潮熱。雨量甚多。平均每年約有雨量九十五吋。但無顯著之雨季。每月雨量頗爲平均。惟以十二月份雨量較多。普通雨量甚大。而歷時甚短。每年除一月至三月有較强之東北風外，餘無大風。風向亦無一定。每當大風之際。雷電大雨，均隨之而來。視綫亦爲其所限。但平時視綫甚好。絕少下霧。

一九三〇年以前。新嘉坡尚無正式航空路綫。祗有新嘉坡皇家飛行俱樂部，有水上飛機飛行而已。至一九三〇年。荷屬航綫成立。係由荷京 Amsterdam 至荷屬Batavia，路經新嘉坡。暫以

避難者應攜帶防毒面具，庶防毒門或風扇有損壞時，可出外另覓安全地點。通風設備最好經過濾毒器以吸收毒氣。濾毒器之購置或增加費用不少，故須斟酌情形而定取捨。

袁夢鴻譯

新嘉坡附近之 Seletar 軍用飛機場爲臨時降落場。該場距新嘉坡港尚有四十分鐘之汽車路程。對於民用航空甚感不便。故不得不另謀適宜地點以建民用機場。新嘉坡港附近，除市街外，其餘概係遍植膠樹之小山，及濱海之爛泥濕地。欲覓適宜之飛機場地點，頗不易。雖有新嘉坡島中部可得一適宜地點，約費美金1.800.000元（210.000鎊）。經營二三年後，可得一良好民用機場。但距港市及海岸，均有相當距離。當時新嘉坡當局欲覓一水陸兩用之航空昇降地點。故由當時新嘉坡總督 Sir Cecil Clementi 之建議，利用附城爛泥地名 Kallang Swamp 者。該處位在新嘉坡港之東。約有三百二十六英畝之廣。在高潮時，全部浸在水下。在低潮時，則爲露面之爛泥地。即就衞生方面言。該濕地蚊蟲最爲繁殖。亦有設法改良之必要。故決改良使成爲機場。而收一舉兩得之效。

2. 填築工程

新嘉坡機場工程之困難部份，不在機場上之設備，而在如何能將該爛濕泥地變成可用之機場。該機場包括1000碼直徑之飛機起落場，及附屬建築物，如飛機庫等之建築地段，及水上飛機停泊處及碼頭等（如附圖）。據測量所得，該場全部須填土8.770.000立方碼。此項測量工作進行，極感困難。因在低潮時，該濕地柔軟異常。不特測量人員不能在上面工作，即使插一花桿亦將自行沉沒地下。故須候高潮時，在船上探明水底深度而測定之。至於填土方法。其最理想者，係利用在水上飛機停泊航道內所挖出泥土作為機場內一部份填土。一舉兩得。原甚合算。惟所挖出之土，係屬柔軟爛泥，實不適宜作為機場填土之用。幾經考慮。決另取乾硬實土作為全部填土材材。

其適宜取土地點，離機場約三英里，係一土山。其面積約150英畝。據鑽探所得，其土質如下：

A. 地面土質含沙 29%

B. 地下至四十英尺深為軟黏土含沙約 24%

C. 四十英里尺以下為硬黏土含沙 43%

機場地面不論晴雨，皆以每平方英尺能荷重三噸以上為宜。故地面之堅固，及便於洩水，甚為重要。土質含沙成份較多者、對於洩水方面亦較佳。故上述C種土質成份，甚合機場填土之用。觀一九三七年十二月機場完成後六個月，雖經極大雨量，而對於重大民航機起降，毫不發生障礙，可資證耳。

由取土場至機場鋪有三尺寬雙軌鐵路。每十分鐘開車一列。共有機車廿一輛。三立方碼容量土斗車八百四十二輛。每小時運輸量為七百二十立方碼。另有機器挖土機九架。以作取土之用。每月可運土量約 180000 立方碼。其平均單價如下：

挖土	每立方碼	8.36$
運土	仝右	9.86$
填土	仝右	3.4[illegible]$
管理費	仝右	7.04$
		23.71$

當填土進行時，發覺所填之土壓入爛泥內，不特填築困難，且硬土與爛泥混合，將不能作為良好填土材料，故不得不另謀補救方法。其一，先將機場圍成若干小段，每段土地築成後，即將圍內海水抽出，經相當時日後，圍內濕泥受太陽蒸晒風吹而變成硬殼，然後再填實土，則不致再壓入濕土內。但此泥在爛泥之上填築，亦非易事；蓋鋼軌下之木架每受重而繼續下沉，或致傾覆。同時所填之土則與爛泥混合而向左右流動，致木架之安全受影響絕大。其後改善進行方法，先沿堤岸綫在木架之後挖成一槽，然後填土，則所填之土不致分散，而成為整塊實土深入爛泥之內。事後鑽探，探得整塊實土深入爛泥之內，竟達四十英尺。平均土堤每長一尺，需土168立方尺。土堤所經地段亦間有因兩旁泥質不一，壓力不同，以致堤身被壓向旁移動。每遇此種情形，即須將該段土堤停工數月，將堤旁爛泥挖去一部份，使壓力平均，以達安全。在堤土完成之後，即將堤內海水抽出，由日晒風吹，經數月之久，堤內爛泥即乾成塊土。如是塊土進行，不再有任何困難。塊土分每兩英尺一層填築，每層均用輾路機壓實。事後鑽探

THE SINGAPORE AIRPORT.

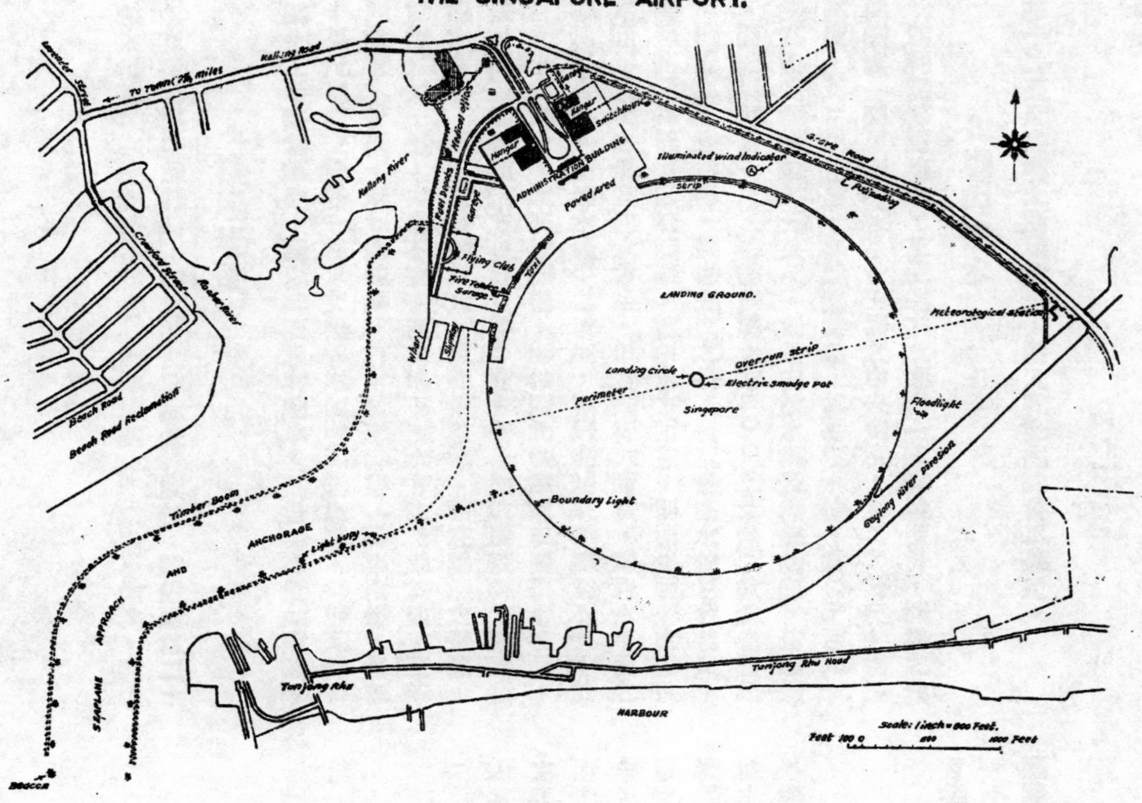

SUBSOIL DRAINAGE SCHEME

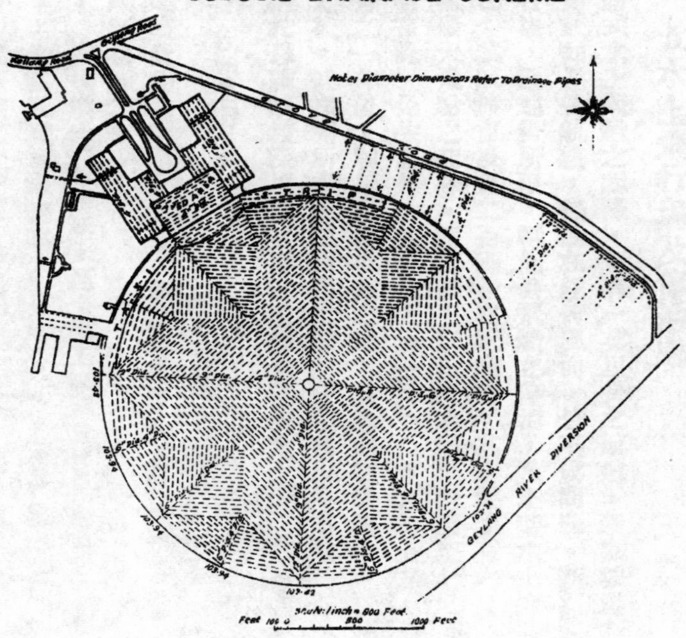

，在十二英尺高填土所填實土，壓入乾泥內約爲二英尺。

3. 場內洩水

爲利便場面流水，及使地下水滯得一適宜坡度計，機場之地面係築成一圓頂形（Dome）。場之中央高度，爲115,31尺。場邊之高度，爲107,50尺。在建築時期，其高潮水位，爲140,50尺。場邊高出高潮水位爲三英尺。對於安設水滯及停靠船艇，皆頗適宜。因機場每高一尺，約需多填土方500,000立方碼。故爲省費起見，機場亦不宜過高。機場完成之後，發現最高水位106,23尺，較場邊高度爲低，仍無妨礙。就洩水方面言，則機場面形成圓頂，爲圓形機場之最宜洩水方法。但就飛行方面言，則以水平面之機場爲最合宜。而流水最平之坡度，經研究結果，認爲不宜小於一百九十分之一。新嘉坡機場，即按照此坡度造成圓頂形場面，約較平面機場多填土方1,250,000立方碼。如坡度較斜，則雖對於洩水有利，然不特費用較大，且起飛較難，而在場邊之飛機，不能望見另一邊，尤爲不宜。至於地下洩水方法，則於地下三四尺間設有水管網，形如蜘蛛網。有射綫形幹渠。幹渠兩邊，每隔五十英尺埋設支渠各一條。支渠係用四吋瓦管造成。每節瓦管啣接處，上半略爲離開，圍以碎石以利進水。其全場布置如附圖。

4. 機場場面

在機場填築進行時，即覓優良草種先行繁植，約佔面積二十英畝。機場填築完成後，即將所植草皮割成十二吋小方塊，運至機場，然後用鐵桿約距八吋挖一小洞，先施肥料少許，上放草皮一小塊。大約每平方尺之草皮，即可鋪場面廿平方碼。如是經數月後，全場場面，逐漸長成綠草如茵矣。

5. 水上飛行場及停泊處

近世新式水上飛船之起降，須有一英里長之航道。新嘉坡港外海面，對於如是長航綫，無論在任何風向，皆不成問題。新嘉坡水上飛行場，因地勢所限，祇能供飛船之停泊，及小型水上飛機起降而已。其航渡寬度爲二百碼。在低潮時，其水深須有六尺以上方能無礙大飛船之起降。而實際上新嘉坡水機場挖深至七尺半，使略有富餘，免生意外，共須挖去2,150,000立方碼土方。所挖出土方之一部份，利用以填低窪之地。其餘則棄於海中。在完成九個月後，據探測所得，航渡內沈澱，汙積甚少。將來是否須常繼續濬挖以維航渡深度之必要，現尚未能決定之。

6. 費用

全場建築費用共7,320,517元（新嘉坡幣），約合英金854060鎊，其詳細數目如下表：

1 機場填土（包括取土運土填工等） 3,110,404元
2 鐵路及機車車輛等 630,000,,
3 工人薪工（約一千人） 144,376,,
4 場內道路 549,063,,
5 挖水上飛行場航道 622,541,,

6	改河	220,000,,
7	下水道	162,447,,
8	修坡及乾砌石等	72,417,,
9	藩籬	26,505,,
10	鋼板樁	14,000,,
11	飛機庫及附屬建築	710,701,,
12	場外道路	98,916,,
13	碼頭	35,000,,
14	碼頭起重機	25,336,,
15	水上機滑道	209,601,,
16	管理室(連設備)	380,149,,
17	路燈	50,628,,
18	水機棚	62,940,,
19	燈光設備	147,362,,
20	附屬建築物	38,333,,
21	道路水溝	3,675,,
22	意外費	450,,
23	開幕典禮費用	5,673,,
		7,320,517元

鉚釘製法

施學詩

抗戰以來，吾人輾轉湘，桂，黔，滇，深入內地，交通運輸，愈覺困難。而自南京撤退以後，鐵路材料之遷移，工廠機器之搬運，幸賴賢明當局之籌劃，得於軍運忙碌中，儲轉於內地。當湘桂鐵路桂林衡陽等機廠成立時，所有機器及工具各式雜陳，有來自津浦各廠者，有來自膠濟各廠者，有來自平漢粵漢者。各項機械因長途搬運間有損壞，而稍加修理，即能應用。故於修理機車車輛等工作之實施，差堪分配。然而內地離海岸線太遠，經常材料之補充，十分困難。日常所須，如螺銓鉚釘等項，往日取之商場而不虞缺乏，現則因運費倍增，物價高漲，不如自行製造為合算。就往日在衡桂二地自製鉚釘之成績，實較滬港二地市價為便宜。惟各項製造之法則，純用人工，自不能稱為工程之極則。顧值此時期，可賴以生產，可以致用，不失為補救之辦法。且設備簡單，雖在窮鄉僻壤，均可設廠製造，茲特介紹一二於后。

鉚釘之製造

西洋廠家，製造鉚釘，多用鍛機 Forging Machine電力發動，鉚頭後再經拉割，每小時出鉚釘一吋直徑者以百計。吾國鐵路工廠有該項機器者，如浦鎮機廠，吳淞機廠等家數而已。惜因機身笨重，洋灰底基十分堅實，均未搬走，殊為可惜。

手工製造，設備簡單，茲將所需工料器具開列於後。

註(一)
L=原料長度
D=直徑
K=定數
(二)原料—工具鋼

第一圖

(甲)工具

1. 鐵砧	二百磅重生鐵製	一座
2. 手拉風箱木製		一只
3. 爐，用空柴油桶製		一只
4. 八磅鎚		二付
5. 斷鏨		二付
6. 長柄鉗		二付
7. 水桶		一只
8. 煤桶		一只
9. 模子(甲)如圖一		
10 模子墊(乙)如圖一		
11 模子(丙)如圖一		
12 鉚釘長度校正架如圖二		一只

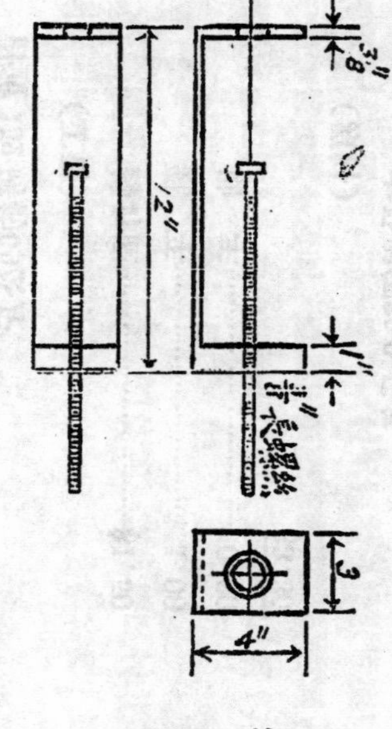

第二圖

上述工具，係每組工人所需。製釘工人則以三人爲一組，一拉風箱兼助手，一爲鎚手，其他一人爲鉚釘匠，主持割斷鋼條，校正長度，打鉚釘頭及製造上述各項工具等事宜。上述工具，除風箱可由木匠製造，鐵砧可由翻砂廠家代翻外。其他均可自造。惟模子甲乙丙三種均須用工具鋼製。

（乙）原料

（一）煤　質地，以灰分少，燃燒後不結滓塊者爲合用。

（二）圓鋼　橋樑，及機車鍋爐所用之鉚釘，另有鉚釘鋼規範並均定圖規之。其伸引力約四五〇〇〇至五五〇〇〇磅。韌性以鉚釘桿折過一百八十度，而彎折部分不現裂紋，鉚釘頭熱鉚鉚平至面積二．五直徑而不現裂紋者爲合宜。其他車輛上須用之鉚釘，類多熱鉚，則質地稍差，亦能應用。

（丙）製法

假如要打直徑六分，長二吋一分之鉚釘若干只。每只原料之長度，應爲三吋五分。（見附表）先將長度校正架之螺絲安準，使長度爲三吋五分，一人取元鋼置眼孔中，一人持斷鑿置元鋼上面，斷鑿緊靠架邊，然後用鎚擊斷之。以每分鐘擊斷一根計，每句鐘可斷六十根。

然後將該項原料，以二十枚爲一批，分批置爐邊，將一頭置火中，覆以煤屑，隔數分鐘後取出。看火焰之强弱，以定時間之久暫。務使一頭燒得通腫，可資打鉚爲原則。一方面將模子乙置於模子甲中，全副模子安置於鐵砧之上。鉚匠一手用長鉗鉗住一頭已經燒紅之原料，放置模子甲中，再用鉗鉗住模子丙，置於原料之上，同時助手使鎚，約三四鎚，即成形矣。惟舉動必須敏捷，鎚擊必須準確，否則歪頭鉚釘，即不合用。待鉚釘成形之後，投諸水中，數分鐘後取出之，即可供應用矣。往復製造，平均以每二分中做出一只計，每句鐘可出三十只，八小時工作可出二百四十只，較小鉚釘如二分三分者，則每日出品加倍。此爲每組工人應有之成績，如有工人十組，則每天之產量計六分者，可出二千四百只。二分三分者，可出四千八百只。每日成本及費用估計之如下。

（丁）估價

成本估計

每日出鉚釘 $3/4" \times 2\frac{1}{8}"$ ……………… 240隻

計重 152 磅約69公斤

（工資）

鉚釘匠……………………$1.50

鎚　手……………………1.00

助　手……………………0.80

$3.30

（原料）

六分圓鋼69公斤每、

公斤以一元計…………69.00

煤一角即250磅…………1.50

（房租及工具折舊）

每日以2元計…………2.00

$75.80

市價比較

鉚釘 $\frac{3}{4}$" × $2\frac{1}{8}$" 240 隻重 152 磅約 69 公斤

鉚釘市價在元鋼每公斤國幣 1 元時爲 1 元 8 角

共計…………$124.2

由上述估計，如自製六分鉚釘每二百四十只，較諸在市場購置可節省四十八元四角。以十組工人之成績計，每天可出二千四百只，可節省四百八十四元。假如工資原料與出品之價值，稍有上下，而以八折計算之，每日可節省三百八十七元三角。

（戊）原料長度表

鉚釘之直徑有大小握段(GRIP)有上下原料每只之長度視握段暨直徑而上下。茲將普通所用之尺寸，另行詳表於後，以資參考。

製造圓頭鉚釘原料長度表

握段（英吋）	圓頭直徑（英吋）				
	1/2	5/8	3/4	7/8	1
	長度（英吋）				
1/2	1 1/2	1 3/4	1 7/8	2	2 1/8
5/8	1 5/8	1 7/8	2	2 1/8	2 1/4
3/4	1 3/4	2	2 1/8	2 1/4	2 3/8
7/8	1 7/8	2 1/8	2 1/4	2 3/8	2 1/2
1	2	2 1/4	2 3/8	2 1/2	2 5/8
1 1/8	2 1/8	2 3/8	2 1/2	2 5/8	2 3/4
1 1/4	2 1/4	2 1/2	2 5/8	2 3/4	2 7/8
1 3/8	2 3/8	2 5/8	2 3/4	2 7/8	3
1 1/2	2 5/8	2 7/8	3	3 1/8	3 1/4
1 5/8	2 3/4	3	3 1/8	3 1/4	3 3/8
1 3/4	2 7/8	3 1/8	3 1/4	3 3/8	3 1/2
1 7/8	3	3 1/4	3 3/8	3 1/2	3 5/8
2	3 1/8	3 3/8	3 1/2	3 5/8	3 3/4
2 1/8	3 1/4	3 1/2	3 5/8	3 3/4	3 7/8
2 1/4	3 3/8	3 5/8	3 3/4	3 7/8	4
2 3/8	3 1/2	3 3/4	3 7/8	4	4 1/8
2 1/2	3 5/8	3 7/8	4	4 1/8	4 1/4
2 5/8	3 3/4	4	4 1/8	4 1/4	4 3/8
2 3/4	3 7/8	4 1/8	4 1/4	4 3/8	4 1/2
2 7/8	4	4 1/4	4 3/8	4 1/2	4 5/8

握段(英吋)	圓頭直徑(英吋) 1/2	5/8	3/4	7/8	1
	長度(英吋)				
3	4 1/4	4 1/2	4 5/8	4 3/4	4 7/8
3 1/8	4 3/8	4 5/8	4 3/4	4 7/8	5
3 1/4	4 1/2	4 3/4	4 7/8	5	5 1/8
3 3/8	4 5/8	4 7/8	5	5 1/8	5 1/4
3 1/2	4 3/4	5	5 1/8	5 1/4	5 3/8
3 5/8	4 7/8	5 1/8	5 1/4	5 3/8	5 1/2
3 3/4	5	5 1/4	5 3/8	5 1/2	5 5/8
3 7/8	5 1/8	5 3/8	5 1/2	5 5/8	5 3/4
4	5 1/4	5 1/2	5 5/8	5 3/4	5 7/8
4 1/8	5 3/8	5 5/8	5 3/4	5 7/8	6
4 1/4	5 1/2	5 3/4	5 7/8	6	6 1/8
4 3/8	5 5/8	5 7/8	6	6 1/8	6 1/4
4 1/2	5 3/4	6	6 1/4	6 3/8	6 1/2
4 5/8	6	6 1/4	6 3/8	6 1/2	6 5/8
4 3/4	6 1/8	6 3/8	6 1/2	6 5/8	6 3/4
4 7/8	6 1/4	6 1/2	6 5/8	6 3/4	6 7/8
5	6 3/8	6 5/8	6 3/4	6 7/8	7

(己)鉚釘之種類

鉚釘視釘頭之形狀而各異，約有十八種，各有效用。用處最廣者，有尖頭，圓頭，椎形頭，及平頭等四種。製造該項之鉚釘模子，稍加改革，即可應用。茲將該項釘頭之尺寸附錄於后（如圖三）

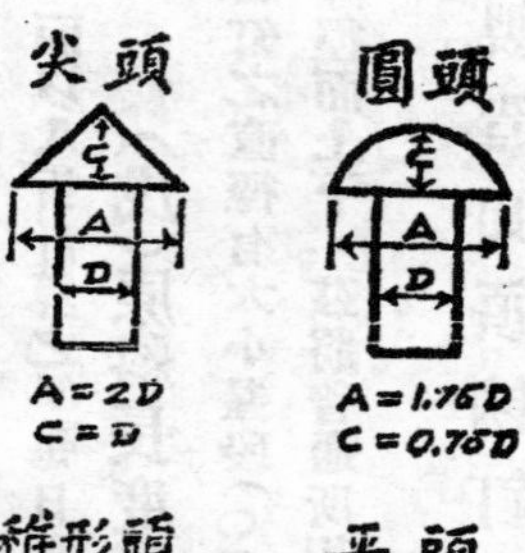

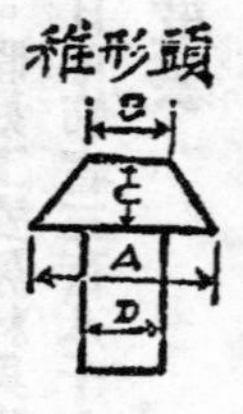

第三圖

昆明

瑞新順五金號

本號專辦各國名廠五金雜貨經售路鑛局所各項鋼鐵材料

昆明文廟東巷二號

電報掛號二六一二

新通貿易公司

中國資本　中國人才

本公司創辦二十餘年承辦歐美各國名廠機電設備製造生產工具歷蒙各國各大實業廠家加以採用現派有工程師及各種技工常川駐滇爲各界服務如蒙垂詢當竭誠効勞以答雅意

本公司獨家經理各項設備

瑞士卜郎比公司　蒸氣透平電機及一切電氣機件
英國克勞司萊公司　柴油及煤氣引擎
英國第一煤氣引擎公司　煤氣引擎
瑞士希密公司　水力透平機
瑞士蘇爾壽兄弟公司　各式抽水機
比國亞可斯公司　電焊絲及電焊用具
瑞士沙狄可公司　電表

滬總公司　上海江西路四〇六號
港分公司　港皇后大道中十一號
滇分公司　昆明正義路二七四號

粘土路塹邊坡垂直試驗之籲請

交通部公路總管理處 林文英

我在敍昆鐵路調查地質時，曾問過許多工程司，爲什麼我們把粘土路塹的邊坡定爲一比一呢？有的說是根據靜止角（Angle of Repose）。有的說是靜止角再加粘力。有的說是由於經驗。幾種答案，似乎都不能得到圓滿的解釋。

靜止角是對鬆土而言，不是對實土而言的。所以路堤要根據靜止角來塡築，而且塡築時牠自然會成這種角度，用不着人工去做作的。我在敍昆沿線實測靜止角均在三十五度至四十度。塡土邊坡定爲一比一點五，約爲三十四度四十分，恰好在靜止角最小角度之下，那是很安全的。

我們想把路堤塡成直的，那是辦不到的事，因爲牠是鬆土。但是，若把路塹挖成直的，或挖成倒轉的，或竟挖成土洞，都是可以的，因爲牠是實土。

路堤邊坡定爲一比一點五，因爲自然界鬆土有這種坡度。我們應當順應自然，不能有所違背。但誰曾看見過自然界的實土有一比一的坡度呢？在小溝裏嗎？在河堤上嗎？

西北黃土的直立，已是盡人皆知，不用在此提及了。西南的紅土溝，兩邊也是直立的。垂直的高度，可達十餘公尺。再看西南山地許多梯田。梯田與梯田一級一級之間，都是直的。並沒有人把牠做成一比一的坡度，然後再去墾殖上一級的梯田，這樣階梯，有時也有四五公尺的。再看公路及鐵路兩旁的路塹，當時都修成一比一的坡度，甚是齊整。但一二年後都變成直的或是很陡的，而且破敗得眞難看。當年工程司煞費匠心，曾幾何時，已令人不堪回首了。

爲什麼要變成直的呢？因爲這些土壤都有粘性，藏着許多水份。做成斜坡以後，曝露於空氣中，受太陽蒸晒的結果，失去水份，土壤收縮，發生龜裂。這些龜裂的剖面都是垂直的。因爲龜裂的結果，下雨時邊坡上所承受到的雨水，並不完全順着邊坡流到邊溝裏去。其中有一部份沿着龜裂，流入坡裏。邊坡的土壤因之膨脹鬆解。龜裂愈甚，鬆解愈烈。太陽和水，狼狽爲奸。一漲一縮，交互爲用。積弊已深，遂見傾倒。因爲龜裂的裂縫爲垂直的，所以傾倒以後，便成垂直。這是由斜坡變成直坡或陡坡的過程。在自然界中並無此過程，最初就是垂直的。

太陽與水，此唱彼和，造成禍端。已知禍首是誰，就要減少牠們的侵襲。在自然界裏的土壤，沒有見過一比一的坡度，不是直的，就是依舊靜止角而安息。我們造成一比一坡，不啻有意挑釁，自惹其災。我們何不令其重返自然，造成直坡呢？

爲要減少這兩個禍端和順應自然，所以我主張做垂直邊坡的試驗，垂直邊坡，可以減少太陽蒸晒的時間，尤其向北的邊坡，在中午前後，熱力最高的時候，可以完全躲去牠的威力。龜裂的作用，便大爲減少。因爲垂直的關係，坡上不致承受雨水。即有斜風斜雨，坡上的水亦必順直流下，絕不會侵入坡裏作祟。

直坡太高了怕危險。縱使不坍，看看也令人害怕。工作反而不便，誰肯作這種嘗試呢！因此我主張做階級式的垂直邊坡。大約二公尺為一級。遇土質變更時，可另為一級，高度可酌為增減。每個階層的寬度暫定為一公尺。階層應有坡度，暫定為十度。階層與直坡之間，定為圓角而非直角。階層上鋪一層草皮或砂石層。（附圖）草皮以較階層稍寬約半公寸至一公寸為佳，成屋簷之勢。

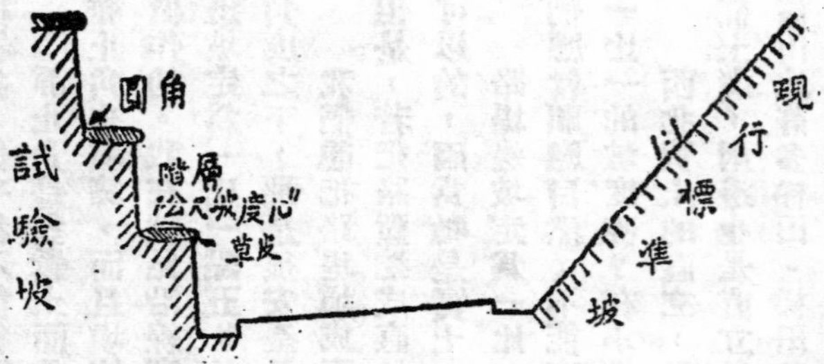

階層上的草皮是很要緊的。牠可以隔開太陽和土的直接接觸。土壤可以[illegible]持適當的水份，免去龜裂的作用。否則階層龜裂浸水之後，更是危險。草皮可以吸收相當的水量，短時間的小雨，絕不致侵入階層下的土壤。即有較長時間之大雨，可因十度的坡度，和草皮向外伸長及粘土不透水等關係，雨水可以向外浸流。因接觸處做成圓角，上層之水不致流入下層之後根侵入，仍順下層之坡度流出。

這個試驗坡應與現行標準坡在同時同地舉行。因地質氣候均有關係，須擇同一之情況。方位亦有關係。朝南的晒太陽多，朝北的受風的影響大。朝東的受太陽熱力小，朝西的受太陽熱力大。故在同一地點，方位上須作交替試驗及比較。紅土及白土都可試驗。預料紅土之結果必較佳。因白土缺乏內阻力及有可溶物質，在雨季時甚易坍塌，宜於乾季時進行之。

假如這個試驗如果成功，可以得到幾個結果。第一省土方，第二便工作。第三易修養，第四更改過去所定的標準。

現在敍昆鐵路有幾個分段進行試驗。希望一二年內能有相當結論。至盼各路工程人員，亦能加以試驗。

我提出這個意見時，許多工程師都表贊同。但也有發生疑問的。有人說直的仍然會坍。我可以說沒有一個永遠安定的挖坡。但是直的坍只是外面一層，成柱狀的倒下，比斜坡坍下來的量要小。而且終久會變成直的，又何必預為養路工人找麻煩呢！有人說恐怕直坡的土壓力較大。但誰也不曾說出土壓力對直坡有何不同的作用及影響。此土早已藉自身的壓力及雨水的影響，壓成堅實質的。除此我們也不加其他壓力。有人說直坡恐怕受火車行動時衝擊力影響甚大。但還沒有事實證明。隴海沿線的直立黃土，是否受衝擊的影響，我不得而知，看來好像是沒有的

我願意把這問題分開討論，尤盼實地工作的人員加以試驗。沈立孫先生囑余為新工程撰文。當時曾就此問題加以研討，覺其有趣，故特為提出。蓋欲拋磚引玉，以求明敎也。

郵政儲金匯業局發行

節約建國儲蓄券

目的：提倡社會節約，獎勵國民儲蓄，吸收遊資，興辦生產事業。

種類：甲種券爲記名式，不得轉讓，可以掛失補發。
乙種券爲不記名式，不得掛失，可以自由轉讓，並可作禮券餽贈。

券額

分國幣五元，十元，五十元，一百元，五百元，一千元六類
甲種券照面額購買，兌取時加給利息及紅利。
乙種券購買時預扣利息，到期照面額兌付。

期限

甲種券存滿六個月後，即可隨時兌取本息一部或全部，如不兌取，利率隨期遞增，存滿五年及十年，並於利息之外，加給紅利。
乙種券分一年至十年定期十種，可以自由選定。

利息

甲種券週息複利六厘至七厘半，外加紅利。
乙種券週息複利七厘至八厘半。

優點

本金穩固——由郵政負責，政府担保。
利息優厚——有定期之利，活期之便。
存取便利——可隨地購買，隨地兌取。

27957

金城銀行
辦理商業銀行一切業務
兼營各種儲蓄存款
總行 上海江西路
滇行 昆明金碧路
其他分支行
五十餘處
資本收足
國幣柒百萬元
公積金
國幣叁百陸拾柒萬元

關於燒紅土

譚議

邇來外匯飛漲，水泥價格，激增倍蓰，加以滇越鐵路，運輸受有統制之故，以致海防水泥，來源更見稀少，故從事工程者，目下對於水泥之使用，莫不力圖節省，并深切注意，謀以他種材料，如石灰燒紅土之類代替。然而石灰之品質，大有優劣，雖其應力，不難有文獻圖籍可查，可資代替一部份水泥之用，而施工時則不可不審定其優劣之程度以爲採用應力大小之標準。至於燒紅土一項，雖經工程界採用甚多，然其確實應力，儘少記錄可考。敍昆當局，現正着手從事試驗，其用意在闡明其眞正價值，以資參考。作者前在滇緬鐵路第十分段時代，因該段就地所得石灰及河砂等材料，品質非常下劣，同時亦注意用燒紅土作代替品問題，曾用簡單方法，作實地試驗一番。雖所得結果，未必如理想之滿意，而施工方面，確得有極大之幫助。爰將該項試驗報告，公諸於後，以供關心灰漿問題者之參考焉。

（一）引言

滇緬鐵路自廣通縣大鵲鋪起，至平地河止，路線長二十公里有半。與滇緬公路隔離最近處約距十五六公里，最遠處約距三十五六公里。本路水泥之輸入，因目前情形特殊，已感困難，而本段所感之困難爲尤甚。目下本段所有水泥，係由汽車載至大舊莊屯卸，然後用洋油桶改裝，再用馱馬隊運送。待將來紙包水泥運到後，則運輸應視此爲便。故水泥問題，除數量方面，應俟另行設法外，而輸入問題，大致可告解決。至於其他建築材料，如石灰及河砂等，均以質地過劣，及運輸困難，故於施工上未敢率爾從事。本段石灰，大部係產自十六公里附近鳳家嘴灰窰中，由鐘乳石燒成，質地尙屬純潔，而黏性似甚缺乏。河砂係楚雄河產，顆粒卻嫌太細，且含泥質甚多。後十公里因一部份路線附近河邊，一部份距河不遠，故採用此項河砂尙可遷就。至前十公里因運距過遠，故每方河砂，若由楚雄河運到，勢非二十元以外則不辦，斯則此項河砂之採用上頗有攷慮之價值。因思滇越鐵路及滇緬公路，曾經採用燒紅土製成之灰漿，頗著效驗，故特加以研究，并作實地之試驗，以覘各種灰漿之應力，及燒紅土之價值。祇以試驗工具簡陋，實驗結果，難期精確。然有此記錄，亦可得一相當概念，以爲施工之準繩焉。

（二）燒紅土之燒煉法

關於燒紅土之燒煉方法：本段嘗作一詳細之調查及探詢，乃於月前照法試燒，經數次始得優良之成績。所用土質，以山地之硬黃土爲佳。其雜有肥料之土，如田土之類，則不宜採用。取土時最好將上面草皮連同取下，先行晒乾，放入窰內，以便燒煉。土窰與普通石灰窰略同，如下圖所示。窰之位置選擇，以在山坡乾燥之地點爲宜。

（三）試驗之模型及材料

本段測驗應力時，作壓力及牽力二種試驗。試驗壓力之模型

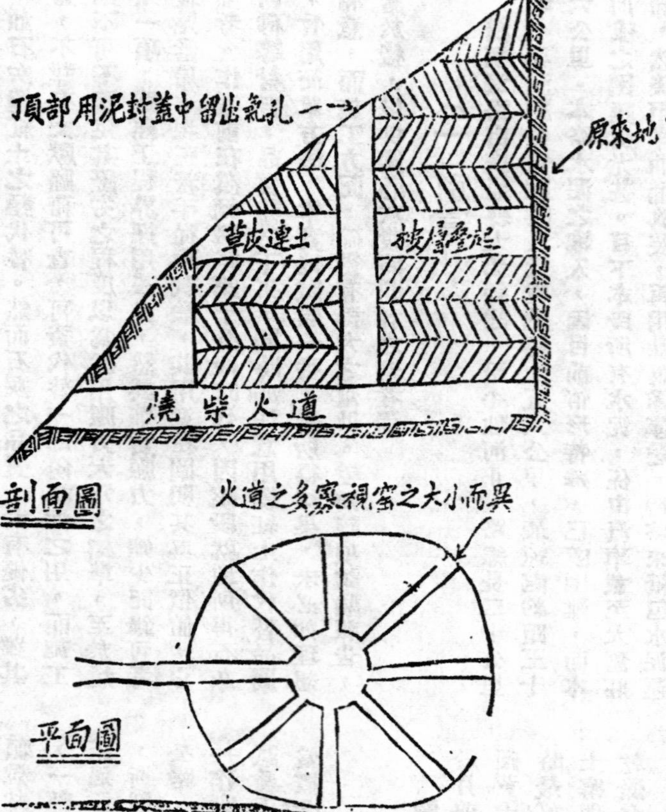

，採二吋之立方塊。試驗牽力之模型，採用美國土木工程師協會規定之標準式樣，其頸部斷面爲一平方吋。所用製造模型之材料如下：

(一)洋灰……………龍牌

(二)石灰……………鳳家嘴鐘乳石灰窰出品

(三)河沙…………採自楚雄河（沙質均勻，惟顆粒過於細微，大小一律含泥量約佔20%，須經淘洗四五次後，始可勉用。）

(四)燒紅土……………自行燒製

所製之各種成分配合之灰漿，除通常應用者外，並以燒紅土代替石灰與水泥，或以代替河砂之成分，其目的不僅在試驗各種灰漿之應力，幷覘燒紅土之實際價值焉。

(四)壓力試驗

所試樣品，係二英吋之立方體，用加重試驗法，(LoadingTest Method) 以測驗其粉碎力量。(Crushing Strength)結果如下表：

試壓機檯面放置八磅鉄鎚，每層可擺四十五個。

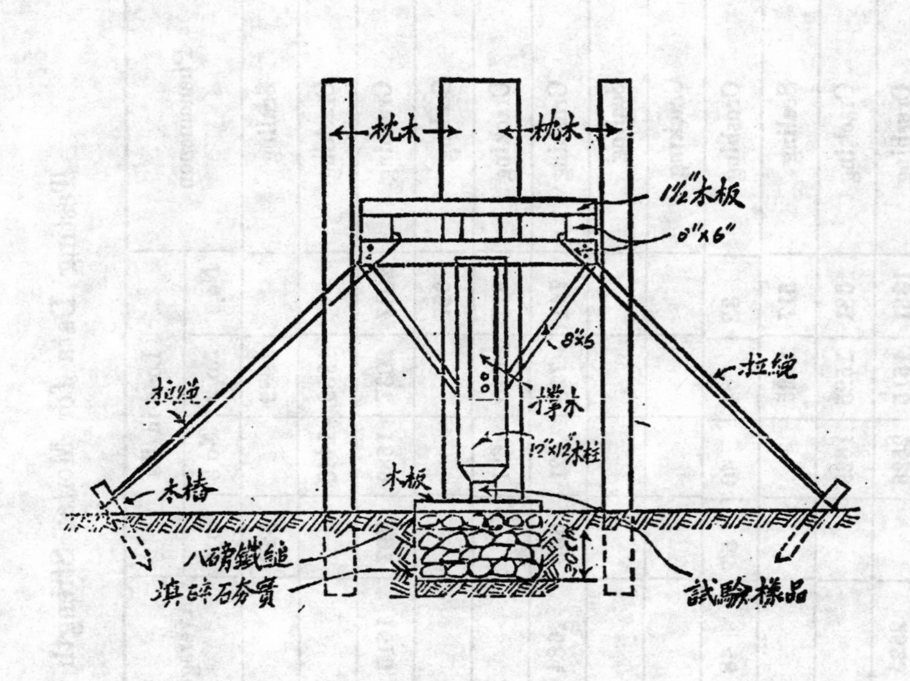

試壓器之四周用枕木直立圍護以防中途傾側

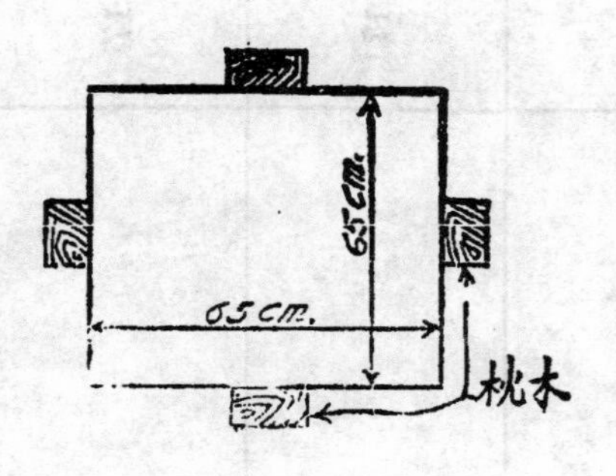

Testing Data for Mortar Strength (Compression test)

Test Sample	Phenomenon	Load in lbs				Average	Crashing Strength in lb/sq.in	Age	Remarkc
		No.1	No.2	No.3	No.4				
1:1:6 Cement Lime Clay	Scaling		1989		620		404	17	
	Cracking		1989	1440					
	Crushing	2037	2037	1589	797	1615			
1:1:6 Cement Lime Sand	Scaling	627					171	17	
	Cracking	627	640	621					
	Crushing	741	720	621	653	684			
1:1:6 Lime Clay Sand	Scaling						12	17	
	Cracking								
	Crushing	32	64	40	56	48			
1:1:2 Cement Lime Clay	Scaling	517	1525				131	10	The results obtained are not accurate due to the failure of platform
	Cracking	1381	1525	1629					
	Crushing	1381	1515	2525		2525			

1:1:2 Cement Lime Sand	Scaling								
	Crackiug	3869						19	
	Crushing								
1:1:2 Lime Clay Sand	Scaling	45	45	45	45				
	Cracking	45	85	85	93		24	10	
	Crushing	69	93	117	109				
1:3 Cement Sand	Scaling		1957						
	Cracking		1957		2363		605	17	
	Crushing	2280	2557	2272	2573				
1:3 Lime Clay	Scaling	45	45	37	45				
	Cracking	301	493	517			142	8	
	Crushing	485	629	573	581	567			
1:3 Cement Sand	Scaling		1152	1175	1197				
	Craking		1350	1341	1030		363	9	
	Crushing	1272	1373	1533	1627	1452			

1:3 Lime Sand	Scaling		85	48	40				
	Cracking	101	117	72	56		25	10	
	Crushing	109	133	80	72	99			
1:3 Clay Sand	Scaling								
	Cement						8	17	
	Cracking	32	24	32	40	30			
1:1 Cement Sand	Scaling								
	Cracking								
	Crushing								
1:1 Lime Clay	Scaling	204	381	365					For age of 7 days the crushing strength is 83 lbs/Sq. in.
	Crushing	268	621	421			137	10	
	Cracking	332	717	589		546			
1:1 Cement Clay	Scaling	736							
	Cracking						576	16	
	Crushing	2469	2045	2457	2245	2304			

1:1 Lime Sand	Sealing Cracking Crushing	32	92	90	80	69	17	7

（五）牽力試驗

試驗模型，採仿美國土木工程師協會標準式樣，幷自製一天秤式之試驗器一具，以測驗其牽力，如下圖所示。

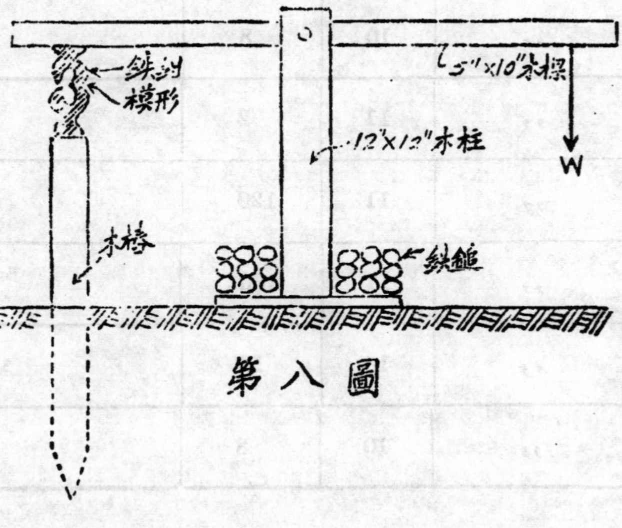

第八圖

茲將試驗結果列表如下：

Testing. Date for Mortor Strength (Tension Test)

Test Sample	Phenmenon	Age in Days	Strength lbs /sq.in.	Remarks
1:1:6 Cement Lime Clay	Crushing	10	128	
1:1:2 Cement Lime Sand	,,	10	110	
1:1:2 Cement Lime Clay	,,	10	160	
1:1:2 Cement Lime Sand	,,	12	240	
1:3 Cement Sand	,,	10	128	
1:3 Cement Clay	,,	10	138	
1:3 Lime Clay	,,	10	16	
1:3 Lime Sand	,,	10	8	
1:3 Clay Sand	,,	11	2	
1:1 Cement Sand	,,	11	120	
2:1 Cement Clay	,,	11	160	
1:1 Lime Sand	,,	10	12	
1:1 LimeClay	,,	10	8	

NOTE:—

The test samples are made according to the standard Briqneti adapted by A. S. C. E.

(六)結論

綜觀上列實驗結果，可得以下之結論：

(1)各色含燒紅土製成之灰漿，其應力均較同樣成分含河沙之灰漿爲高。是則不僅河砂缺乏之處，可用燒紅土替代，即河砂質地不良之處，亦不妨以燒紅土替代矣。

(2)採用燒紅土製成之灰漿，其凝結性較同樣成分含砂之灰漿爲快，亦爲燒紅土可採之優點。

(3)石灰砂漿及石灰燒紅土漿，因其應力過小，實覺不宜採用。故灰漿成分，似非摻用水泥不可。茲將各色常用灰漿應力，列表如下，以資比較。

	1:3水泥漿	1:1:6 水泥石灰漿	1:3石灰漿
最低標準牽力(用沙)	150 磅	假設爲水泥沙漿牽力之75% =112 磅	假設爲水泥沙漿牽力之50% =75 磅
試驗所得牽力(用沙)	128 ,,	110 磅	8 磅
試驗所得牽力(用燒紅土)	138 ,,	128 ,,	16 ,,

× A. S. T. M. 1909年前採之最小牽力

鐵路叢談

程文熙

第一章　鋼軌

一、沿革

上古之時，道路成于自然，獸跡所經，步履所踐，往來積久，遂成途徑。迨夫人智漸開，交往日繁，僻途曲徑，遂漸展廣，其大者謂之道，其小者謂之路。但以地質有泥石之分，泥土不便雨季，路面始用石舖。自以車代步，道路亦隨而進化，由車輪碾壓之跡，逐漸深顯於路面，而成自然之車轍，實爲近世軌道之別祖。泰西在埃及希臘時代，始鑿石爲轍，置車其上，車爲兩輪，用牛馬牽引而行，自是車路，始與人行之道隔別。民國紀元前四一二年，德國某學者，用此法在哈資(Hartz)礦場，造礦山車道，專運礦石，是爲人工軌道之始。英國女皇愛里薩陪斯(Elizabeth)聞而效之，造一道于聖保羅(Saint Paul)礦場，此法遂爾盛行。民國紀元前三四二年，鈕卡斯礦，易石爲木，就地取材，以較便利，風行一時。民國紀元前一九六年，英國北方煤礦，因木易腐，用薄鐵皮包之，乃開鐵軌之先聲。民國紀元前一四五年，英人李樂爾斯(Regnolds)用鑄鐵爲軌道，藉以售其生鐵，鐵軌之嚆矢始此。但軌道仍取凹形，泥沙積塞，砂石流入，阻礙行車，諸多不便。且生鐵受震，易於碎裂，亦爲一大缺點。民國紀元前一二三年，若修蒲(Jassop)始製凸軌，而凹其輪周，與之契合，自是始與普通道路及其他車路互相隔別，近世軌道，遂具雛形。此後因凹形輪周之不便，而改爲橫凸形，繼因橫凸形與凸軌間之磨擦力甚大，始將鐵軌改爲工形。蓋美人斯帝文斯（Stevens），於民元前一〇一年，創造今日之剖面形，而英人維諾而（Vignole），於民元前九五年釘用於枕木之上，試行於英國，遂名之曰維諾而軌，我國所用者，卽此式也。至於軌枕，民元前一一九年，尙用石板，民元前七十二年，始改用木枕，民元前五十一年，始創用鋼枕，近世則木枕鋼枕兼用。

二、軌距

軌距有寬窄及標準諸種。最窄之軌距，爲381m/m，最寬之軌距，爲1676m/m，標準軌距爲1435m/m我國鐵道大都取法標準。

原夫今日之標準軌距，最初係英國所採用，當時蓋仿馬車之輪距而爲之，對於鐵路各項工程問題，則未加深刻研究也。當倫敦至白利斯篤爾鐵路建造之時，有工程司名勃郎特，(Brund)者，忽以此距爲太窄，與行車速率有礙，乃改爲2130m/m嗣後其他工程司又採用其他尺寸，但皆在1435m/m及2130m/m之間。至民元前六九年，英國政府欲使各路聯運，始覺軌距有統一之必要，遂於民元前六八年，派天文家愛第(Aidy)教授巴留(Barlow)及工程司斯密(Smith)研究各種軌距之利弊。三人從技術及經濟方面立論，規定1435m/m爲標準距。歐洲其他各國，除因軍事關係，西班牙取用1676m/m俄國取用1524m/m兩項尺寸外，餘悉採用之。此時美國則用1440m/m至1830m/m間之六種尺寸，加拿大用1440及1680m/m兩種尺寸，巴西，智利，印度等國則用1600m/m。待民元前六七年，英法德意奧瑞士等國，派專家集議於瑞士京城Berne於是1435m/m之標準軌距始大定。

研究標準軌距之時，對於軌距寬窄之利弊，曾爲雙方面之比較。(一)就技術方面言，軌距愈大，機車車輛之尺寸亦隨之，因此鋼軌必須加重，枕木必須加大，道基必須加厚加寬，山洞橋樑以及路綫之彎度等等亦必須加大。(二)就經濟方面言，軌距愈大，則開辦維持等費亦愈大。因此得一結論，卽軌距之選擇，應以業務爲主，業務發達者，以用標準軌距爲宜，而次要者則不妨用窄軌。窄軌尺寸變動於600m/m1150m/m之間，但據經驗所得，則以1000m/m之軌距爲最宜。(見一九一〇年巴恩會議紀錄)持與標準軌距相比，則機車車輛之容量可以縮小，路綫之彎度半徑可減至一百公尺，站台及站屋等之建築範圍亦得縮小，他如減輕鋼軌及橋樑之重量，縮小山洞及枕木之尺寸，減少石渣及土方之體積，因路綫彎道較小之故，測量費亦或可以較省。凡此種種，皆所以節省建築費，縮短建築時間，往往窄軌鐵路之建築費，僅及標準軌距鐵路之半數，故祇須業務不生阻礙，窄軌鐵路，却甚合算也。但窄軌亦有其短處(一)因彎度較小，速率不能過高。(查窄軌行車速度，正太路最高率爲每小時六十公里，滇越路六十五公里，緬甸路七十二公里，與我標準軌各鐵路現時所用者，相彷彿)。(二)車輛無法過入標準軌鐵路，不能直接聯運。(三)將來擴充業務，受相當之限制。(四)運輸軍隊及其給養，不如在標準軌距鐵路上之舒暢。(五)營業費，據窄軌及標準軌混合鐵路公司之統計，窄軌者，或可省五分之一至三分之一，但據專家勃

世界各國鐵路軌距及長度表

	地名 ╲ 長度 ╲ 軌距	1,676	1,596	1,524	1,495	1,435	1,372	1,180	1,160	1,093	1,0795	1,066	1,050	1,000	0,960	0,914	0,891	0,802	0,785	0,762	0,750	0,600	其他軌距
亞	China……中國	—	—	1,720	—	20,969	—	—	—	—	—	—	—	482	—	—	—	—	—	—	—	—	—
	Korea……高麗	—	—	—	—	3,077	—	—	—	—	—	—	—	—	—	—	—	—	—	208	—	—	—
	Indochina……安南	—	—	—	—	—	—	—	—	—	—	—	—	2,862	—	—	—	—	—	—	—	—	19
	Iraq……伊拉克	—	—	—	—	213	—	—	—	—	—	—	—	998	—	—	—	—	—	—	—	—	—
	Japan……日本	—	—	—	—	210	113	—	—	—	1,720	—	—	—	—	—	—	—	—	—	—	—	1,019
	Netherlands east India……荷屬東印度	—	—	—	—	261	—	35	—	—	6,543	—	—	—	—	—	—	—	—	—	512	79	—
	Persia……波斯	—	—	—	—	491	—	—	—	—	—	—	—	—	—	—	—	—	—	—	—	—	—
	Siam……暹羅	—	—	—	—	—	—	—	—	—	—	—	—	3,101	—	—	—	—	—	—	—	—	—
	Turkey……土耳其	—	—	124	—	4,234	—	—	—	—	—	—	41	—	—	—	—	—	—	—	268	—	—
	Philippine Islands……菲利賓	—	—	—	—	—	—	—	—	—	—	210	—	—	—	—	—	—	—	—	—	—	595
	New Caledonia……新喀利多尼亞	—	—	—	—	—	—	—	—	—	—	—	—	30	—	—	—	—	—	—	—	—	—
洲	Syria……敍利亞	—	—	—	—	434	—	—	—	—	—	—	150	—	—	—	—	—	—	—	—	—	—
歐	France……法國	—	—	—	—	46,698	—	—	—	—	—	—	—	11,976	—	—	—	—	—	—	—	226	—
	Germany……德國	—	—	—	—	58,860	—	—	—	—	—	—	—	963	—	—	—	—	88	—	645	31	963
	Spain……西班牙	9,904	—	—	—	141	—	—	23	—	—	—	—	2,623	—	—	—	—	—	—	70	—	1,340
	Austria……奧大利	—	—	—	—	5,338	—	—	—	—	—	—	—	—	—	—	—	—	—	—	—	—	508
	Belgium……比國	—	—	—	—	5,027	—	—	—	—	—	—	—	3,778	—	—	—	—	—	—	—	—	5,508
	Bulgaria……保加利亞	—	—	—	—	2,802	—	—	—	—	—	—	—	—	—	—	—	—	—	162	—	257	—
	Czechoslovakia……捷克斯拉夫	—	—	—	—	13,053	—	—	—	—	—	—	—	—	—	—	—	—	—	—	—	—	1,113
	Denmark……丹麥	—	—	—	—	3,777	—	—	—	—	—	—	—	150	—	—	—	—	—	—	—	—	—
	Estonia……愛沙尼亞	—	—	772	—	—	—	—	—	—	—	—	—	—	—	—	—	—	—	—	675	—	—
	Finland……芬蘭	—	—	5,385	—	—	—	—	—	—	—	—	—	—	—	—	—	—	—	—	115	—	—
	Greece……希臘	—	—	—	—	1,926	—	—	—	—	—	—	—	1,093	—	—	—	—	—	—	—	97	—
	Holland……荷蘭	—	—	—	—	3,576	—	—	—	—	—	—	—	—	—	—	—	—	—	—	—	—	—
	Hungary……匈牙利	—	—	—	—	8,233	—	—	—	—	—	—	—	—	—	—	—	—	—	—	—	—	—
	Italy……意大利	—	—	—	—	18,791	—	—	—	—	—	—	—	143	1,363	—	—	—	—	—	—	—	—
	Yugoslavia……南斯拉夫	—	—	—	—	7,093	—	—	—	—	—	—	—	—	—	—	—	—	—	—	—	—	3,135

27969

	Country		1	2	3	4	5	6	7	8	9	10	11	12	13	14	15	16	17	18	19	20	21	22
	Litvia	萊多維亞	—	—	1,788	—	319	—	—	—	—	—	—	—	49	—	—	—	—	—	—	483	451	—
	Lithuania	立陶宛	—	—	—	—	1,215	—	—	—	—	—	—	—	9	—	—	—	—	—	—	—	—	510
	Luxembourg	呂森堡	—	—	—	—	389	—	—	—	—	—	—	—	—	—	—	—	—	—	—	—	—	—
	Norway	挪威	—	—	—	—	2,669	—	—	—	—	901	—	—	26	—	—	—	—	—	—	83	—	—
	Poland	波蘭	—	—	—	—	17,975	—	—	—	—	—	—	—	—	—	—	—	—	—	—	—	76	2.408
	Portugal	葡萄牙	2 469	—	—	—	—	—	—	—	—	—	—	—	719	—	—	—	—	—	—	—	—	—
	Romania	羅馬尼亞	—	—	—	—	10,480	—	—	—	—	—	—	—	—	—	—	—	—	—	—	—	—	716
	Sweden	瑞典	—	—	—	—	12,716	—	—	—	59	497	—	—	—	—	—	2,431	80	—	—	—	93	—
	Switzerland	瑞士	—	—	—	—	3,729	—	—	—	—	1,254	—	—	—	—	—	—	39	—	—	14	—	—
	Turkey of Europe	歐洲土耳其	—	—	—	—	338	—	—	—	—	—	—	—	—	—	—	—	—	—	—	—	—	—
洲	U. S. S. R.	俄國	—	—	84,500	—	—	—	—	—	—	—	—	—	—	—	—	—	—	—	—	—	—	998
美	U. S. A.	美國	—	—	—	—	378,338	—	—	—	—	—	—	—	—	—	760	—	—	—	—	—	—	41.660
	Antilles	西印度羣島	—	—	—	—	—	—	—	—	—	1.168	—	—	—	—	—	—	—	—	—	—	—	—
	Cuba	古巴	—	—	—	—	4,724	—	—	—	—	—	—	—	—	—	—	—	—	—	—	—	—	177
	Mexico	墨西哥	—	—	—	—	15,614	—	—	—	—	—	—	—	25	—	3,914	—	—	—	53	—	33	11
	Costa Rica	哥斯達黎加	—	—	—	—	—	—	—	—	—	—	668	—	—	—	91	—	—	—	148	—	—	—
	Guatemala	瓜地馬拉	—	—	—	—	—	—	—	—	—	—	—	—	—	—	819	—	—	—	—	—	—	—
	Salvador	薩爾瓦多	—	—	—	—	—	—	—	—	—	—	—	—	—	—	619	—	—	—	—	—	—	—
	Haiti	海地	—	—	—	—	—	—	—	—	—	—	180	—	—	—	—	—	—	—	103	—	—	—
	Honduras	宏都拉斯	—	—	—	—	72	—	—	—	—	—	1,060	—	—	—	433	—	—	—	—	—	—	—
	Nicaragua	尼加拉瓜	—	—	—	—	—	—	—	—	—	—	235	—	—	—	—	—	—	—	—	—	—	—
	Panama	巴拿馬	—	—	246	—	—	—	—	—	—	—	235	—	—	—	91	—	—	—	—	—	—	—
	Porto Rico	波爾多尼各	—	—	18	—	—	—	—	—	—	—	—	—	521	—	—	—	—	—	—	—	—	—
	Santo Domingo	聖多明各	—	—	—	—	—	—	—	—	—	—	129	—	—	—	—	—	—	—	98	—	—	—
	Argentina	阿根廷	826	—	—	—	3,076	—	—	—	—	—	25,771	—	6,933	—	—	—	—	—	—	—	250	9,249
	Brazil	巴西	—	2,178	—	—	—	—	—	—	—	—	—	—	2,097	—	—	—	—	—	—	543	402	33,073
	Bolivia	玻利維亞	—	—	—	—	—	—	—	—	—	—	—	—	1.312	—	—	—	—	—	—	—	—	—
	Chile	智利	—	—	—	—	645	—	—	—	—	—	—	—	1,177	—	—	—	—	—	5,198	—	—	5,656
	Peru	祕魯	—	—	—	—	1,914	—	—	—	—	—	628	—	—	—	463	—	—	—	—	—	183	—

	Uruguary……………………烏拉圭	—	—	—	—	1,221	—	—	—	—	—	—	—	—	—	—	—	—	—	—	45	—	—
	Colombia……………………哥倫比亞	—	—	—	—	—	—	—	—	—	—	—	—	412	—	2,011	—	—	—	—	—	—	—
	Paraguay……………………巴拉圭	—	—	—	—	441	—	—	—	—	—	—	—	—	—	—	—	—	—	—	—	—	—
	Venezuela……………………委內瑞拉	—	—	—	—	—	—	—	—	—	—	320	—	60	—	91	—	—	—	—	—	219	—
洲	Ecuabor……………………厄瓜多	—	—	—	—	—	—	—	—	—	—	463	—	—	—	—	—	—	—	759	—	—	—
非	Algeria……………………阿爾及尼亞	—	—	—	—	2,110	—	—	—	—	—	—	1,613	1,060	—	—	—	—	—	—	—	55	—
	Belgian Congo……………………比屬剛果	—	—	—	—	—	—	—	—	—	—	2,906	—	765	—	—	—	—	—	—	—	—	—
	Egypt……………………埃及	—	—	—	—	3,941	—	—	—	—	—	—	—	268	—	—	—	—	—	—	1,410	—	—
	British south Africa……………………南非聯邦	—	—	—	—	—	—	—	—	—	—	19,714	—	—	—	—	—	—	—	—	—	1,423	—
	Marocco……………………摩洛哥	—	—	—	—	2,418	—	—	—	—	—	—	126	279	—	—	—	—	—	—	—	—	—
	Sudan……………………蘇丹	—	—	—	—	—	—	—	—	—	—	3,252	—	—	—	—	—	—	—	—	—	—	—
	Abyssinia Somalia……………………阿比西尼亞	—	—	—	—	—	—	—	—	—	1,34	—	—	784	—	—	—	—	—	—	—	—	—
	Tunis……………………突尼斯	—	—	—	—	508	—	—	—	—	—	—	—	1,542	—	—	—	—	—	—	—	—	—
	Angola……………………安哥拉	—	—	—	—	—	—	—	—	—	—	—	—	613	—	—	—	—	—	—	32	—	—
	Cameroun……………………喀嘉隆	—	—	—	—	—	—	—	—	—	—	—	—	504	—	—	—	—	—	—	—	—	—
	Cap……………………好望角	—	—	—	—	—	—	—	—	—	—	174	—	—	—	—	—	—	—	—	—	—	—
	French west Africa……………………法屬西菲	—	—	—	—	—	—	—	—	—	—	—	—	3,225	—	—	—	—	—	—	—	111	—
	Madagascar……………………馬達加斯加	—	—	—	—	—	—	—	—	—	—	—	—	691	—	—	—	—	—	—	—	—	—
	Mozambique……………………莫三鼻給	—	—	—	—	—	—	—	—	—	—	1,443	—	—	—	—	—	—	—	90	—	—	—
	Reunion……………………留尼王島	—	—	—	—	—	—	—	—	—	—	—	—	127	—	—	—	—	—	—	—	—	—
洲	Togo……………………多哥	—	—	—	—	—	—	—	—	—	—	—	—	360	—	—	—	—	—	—	—	—	—
英	England……………………英國	—	—	—	—	31,034	—	—	—	—	—	—	—	—	—	—	—	—	—	—	—	30	—
	Ireland……………………愛爾蘭	—	874	—	—	—	—	—	—	—	—	—	—	—	—	—	—	—	—	—	—	—	3,472
	Scotland……………………蘇格蘭	—	326	—	—	—	—	—	—	—	—	—	—	—	—	126	—	—	—	—	—	—	—
	Ceylon……………………錫蘭	1,342	—	—	—	—	—	—	—	—	—	—	—	—	—	—	—	—	—	188	—	—	—
	Straits Settlements……………………馬來半島	—	—	—	—	—	—	—	—	—	—	—	—	1 717	—	—	—	—	—	—	—	—	—
	Gold Coast……………………黃金海岸	—	—	—	—	—	—	—	—	—	—	788	—	—	—	—	—	—	—	16	—	—	—
國	Kenya Uganda……………………佉尼亞 烏干達	—	—	—	—	—	—	—	—	—	—	—	—	1,770	—	—	—	—	—	—	—	—	—
	Nigeria……………………尼日利亞	—	—	—	—	—	—	—	—	—	—	2,852	—	—	—	—	—	—	—	214	—	—	—
	Palestine……………………巴勒斯坦	—	—	—	—	673	—	—	—	—	587	—	—	—	—	—	—	—	—	—	—	—	—

27971

	Rhodesia……………………羅得斯亞	—	—	—	—	—	—	—	—	—	—	2,375	—	—	—	—	—	—	—	—	—	—	—
	Sierra Leone ……………塞拉勒窩內	—	—	—	—	—	—	—	—	—	—	—	—	—	—	—	—	—	—	527	—	—	—
	Tanganyika……………坦噶尼喀	—	—	—	—	—	—	—	—	—	—	—	—	2,214	—	—	—	—	—	—	—	—	—
及	India ……………………印　度	36,817	—	—	—	—	—	—	—	—	—	—	—	28,520	—	—	—	—	—	3,777	—	697	7,088
	Australia ………………澳　洲	—	9,90	—	—	11,785	—	—	—	—	—	23,022	—	—	—	—	—	—	—	—	—	—	—
	New Zealand ……………紐西蘭	—	—	—	—	—	—	—	—	—	—	5,343	—	—	—	—	—	—	—	196	—	101	—
	Canada……………………加拿大	—	—	—	408	76,709	—	—	—	—	—	—	—	—	—	—	—	—	—	—	—	—	—
	New foundland …………紐芬蘭	—	—	—	—	—	—	—	—	—	—	1,190	—	—	—	—	—	—	—	—	—	—	—
其	Barbadues………………巴爾突島	—	—	—	—	—	—	—	—	—	—	—	—	—	—	—	—	—	—	38	—	—	—
	Bermudas ………………百爾慕島	—	—	—	—	35	—	—	—	—	—	—	—	—	—	—	—	—	—	—	—	—	—
	Guiana ……………………圭亞那	—	—	—	—	97	—	—	—	—	—	—	—	—	—	—	—	—	—	—	—	—	—
	Central Africa …………中非洲	—	—	—	—	—	—	—	—	—	—	30	—	—	—	—	—	—	—	—	—	—	—
	Cyprus ……………………塞浦洛斯島	—	—	—	—	—	—	—	—	—	—	68	—	—	—	—	—	—	—	—	—	—	—
	Hongkong-Kowlon ………香港九龍	—	—	—	—	35	—	—	—	—	—	—	—	—	—	—	—	—	—	—	—	—	—
屬	Jamaica (C.Am.) …………牙買加	—	—	—	—	338	—	—	—	—	—	—	—	—	—	—	—	—	—	—	—	—	—
	Mashonaland …………………	—	—	—	—	—	—	—	—	—	—	—	—	—	—	—	—	—	—	—	—	—	—
	Mauritius (Af)……………毛理求斯島	—	—	—	—	177	—	—	—	—	—	564	—	—	—	—	—	—	—	—	—	—	—
	Borneo……………………婆羅洲	—	—	—	—	—	—	—	—	—	—	—	—	187	—	—	—	—	—	—	—	—	—
	Nyassaland (Af.) …………尼亞沙蘭	—	—	—	—	—	—	—	—	—	—	—	—	—	—	—	—	—	—	—	—	—	—
	British Honduras (C.Am.) …宏都沙斯	—	—	—	—	—	—	—	—	—	—	440	—	—	—	40	—	—	—	—	—	—	—
地	Trinidad (C.Am.)…………千里達島	—	—	—	—	241	—	—	—	—	—	—	—	—	—	—	—	—	—	—	—	—	—
		……	……	……	……	……	……	……	……	……	……	……	……	……	……	……	……	……	……	……	……	……	……
世	界各種鐵路總長	51,358	13,281	94,562	408	790,702	113	35	23	59	12,763	94,060	1,930	87,479	1,363	9,485	2,431	119	88	11,890	4,895	4,819	

附註：

1. 長度以公里爲單位。
2. 軌距以公尺爲單位。
3. 除幹綫外皆未列入。
4. 世界鐵路幹綫共長 1,181,863 公里，內中以1M435之軌距爲最多，次爲 1M066軌距，再次爲一公尺之軌距。

27972

理加(Bricka)之評論，則謂兩種路之營業費相彷，卽所省者亦無幾何云。

茲將世界各國鐵路所用之軌距，及其長度列如附表。

三、軌長

鋼軌每根之長度，以九公尺十公尺十二公尺諸種爲最通用。而最長者，已達三十公尺。蓋鋼軌加長，有下列之益處。

(甲)因接頭減少。魚尾板及螺栓亦較少，開辦費較省。

(乙)因配件少，維持費亦省。

(丙)同一重量之鋼軌，在長鋼軌上行車比較平穩。

(丁)鋼軌本身前後左右之移動，亦較小。

(戊)路綫之彎度，亦比較均勻。

四、壽命

據經驗所得，每根鋼軌，如每年經過五千次列車，約可用六十年。

普通鋼軌，每年約損蝕十分之一公厘。在坡道上，及近車站之處，因列車時常用風閘之故，損蝕較大，在山洞內之鋼軌，因空氣潮濕，損蝕更大。（本章完本篇未完）

軌條伸縮之新理論

陳德芬譯

譯者導言

近年以來，歐美各國鐵路，鑒於軌條接縫部份力最薄弱，一切障礙大都由此產生，而車輛之破損，亦由此爲甚，因之皆竭力設法加增軌條之長度，以減少軌條之接合數。現在長六十餘英尺之軌條，製造已無困難，駸駸乎成爲普通長度。亦有將若干軌條用電銲法銲接而成爲一根甚長之整條者。此種長條，用在軌道上，當溫度變遷時，伸縮並不甚大。其中理由，頗值研究。美國阿彿立根諾君，曾將其對於軌條伸縮問題探討所得，著爲論文，登入一九三八年美國土木工程師學會會報，內容分(一)概論，(二)算式之推演，(甲)假定軌條接縫處無拘束者，(乙)有拘束者，(三)圖解法，(四)實地試驗情形，(五)結論。據稱，彼曾將其理論，用二千六百英尺長之軌條，在Delaware and Hudson Railroad之Mechanicville地方，實地試驗一年之久，結果不差，復證之以德國等鐵路之經驗，亦均符合。此文經美國土木工程師學會多數專家會員，用書面討論，（討論兩件亦均登入會報）認爲具有價値，因將論文本身節譯如下，以供參考。

一　概論

軌條因溫度之昇降，而其長度發生變化，故舖軌時必在兩條連接之處，預留隙縫。通常以鋼鐵縱漲率，乘軌條之長度，再乘溫度相差預計度數，三者之積，卽爲長度之變化，依此預留軌節隙縫焉。至於枕木對軌條伸縮之阻力，則略去不計。

此項算法，在軌條長度爲卅三英尺，而所用扣件，均屬普通扣件時，其結果與實際相差約百分之二，可不置議。迨長度增至六十六英尺時，其差數增至百分之十，與百分之四十之間，視軌條被扣件緊扣在枕木上之緊合程度而定。若夫以多條鋼軌用電銲法接銲而成一甚長之條者，其差數更大，而枕木阻力之影響，乃不可不計及。

在未詳論枕木阻力之前，先將軌條在溫度變遷時之受力情形論列之。

軌條在溫度變遷之下，如任其自由伸縮而不加拘束，則其長度之變化爲

$$\triangle l_f = n \triangle t l \quad (1)$$

式內n爲鋼鐵縱漲率，$\triangle t$爲溫度相差數，l爲軌條長度之半數，$\triangle l_f$爲l所發生之長度變化。

上項變化，如欲阻止其發生，則固定軌條兩端使其無伸縮之餘地。因此在軌條中發生之均等應力 Uniform Stress爲

$$S = E\delta$$

S之單位爲磅/平方英寸，E爲彈率，Modulus of Elasticity 而δ爲變形度 Strain。

代入(1)式得

$$S = E\frac{\triangle l_f}{l} = En\triangle t \quad (2)$$

如E值爲三〇，〇〇〇，〇〇〇N值爲〇．〇〇〇〇〇七三則

$$S = 219\triangle t。$$

溫度相差華氏一百度時，S爲二一，九〇〇磅/平方英寸（注意S之大小與軌條之長度無關）。

如軌條之種類，爲A R A I B式，其截面面積爲九．八五平方英寸，則$F = 21900 \times 9.85 = 216000$，卽軌條兩端各須有二一六，〇〇〇磅之外力，始足以阻止其發生長度上之變化。

今假定上項外力，完全由枕木之阻力供給，而於軌條一半長度內發生之，並假定軌條長度爲卅三英尺，枕木中心距離爲廿二英寸，則枕木每端對於軌條縱向移動之阻力，應爲 $T = 216000 \times \frac{22}{33 \times 12} \times 2 = 24000$磅。

夫枕木及其配件，非安設於混凝土之中者，欲其每端供給二四，〇〇〇磅之阻力，實爲不可能之事，故長度在卅三英尺左右之軌條，伸縮頗能自由，因枕木每端所能供給之力量，遠較二四，〇〇〇磅爲小也。

假如改用較長之軌條，或數條銲接而成一長條，則枕木加增而第(2)式內之S值不變，故每枕應供給之阻力，可以減小，漸與其所能供給之數相近，斯時軌條卽不易自由伸縮矣。（譯者按，吾人於此須注意者，枕木阻力之總值，雖已等於軌條因溫度變化所發生伸縮之力，但此項阻力，並非集中於軌條兩端，乃由軌端起逐漸增加者，其總值未達二一六，〇〇〇磅時，軌條仍有相當之伸縮，不過此項伸縮，在軌端爲最大，向中部則漸漸減小，迨枕木阻力之總值等於二一六，〇〇〇磅時，則軌條始完全固定也。）

二　算學公式之推演

（甲）假定軌條接縫處無拘束者

枕木之阻力，係累積者，今假定軌條接縫處無魚尾板魚尾螺栓等之拘束力，則在軌條該端對長度變化之阻力，為零，漸近中部，則逐漸加大，故軌條長而枕木多者，其阻力大，今假定軌條某點距離軌端為l'，在該點與軌端間枕木所有阻力之總數，適與軌條因溫度變化所發生之伸縮力相等，則l'稱為臨界長度(Critical Length)其比，l'更靠近軌條中部之段落，不論其長度如何，必為固定之段而不能伸縮。

第一圖表示軌條受力情形，圖內N為l'段內枕木根數，T為每根之阻力，以磅計，F為總阻力，S為單位應力，A為軌條截面面積，以平方英寸計，C為枕木中心距離(英寸)，x為自軌端之任何距離。其餘符號，前均已詳釋。

為便利起見，茲假定T為平均分佈於軌條者，因之，T/C為軌條每一英寸間之枕木阻力之磅數，此力在溫度上昇時，對於軌條為壓力而阻其伸漲，溫度下降時則為拉力而阻其縮短，至其數量，則在距軌端x英寸之處，每平方英寸之軌條截面上應有

$$S_x = \frac{Tx}{CA} \qquad (3)$$

在微分距離dX範圍之內，Sx可視為不變之數。

如以$d(\Delta l)$代表dx之伸縮被阻數量，(Suppressed expansion or contraction)則$\frac{d(\Delta l)}{dx}$即係dx之變形度。因而得

$$S_x = E\delta_x = E\frac{d(\Delta l)}{dx} = \frac{Tx}{CA} \qquad (4)$$

$$d(\Delta l) = \frac{Tx\,dx}{CAE} \qquad (5)$$

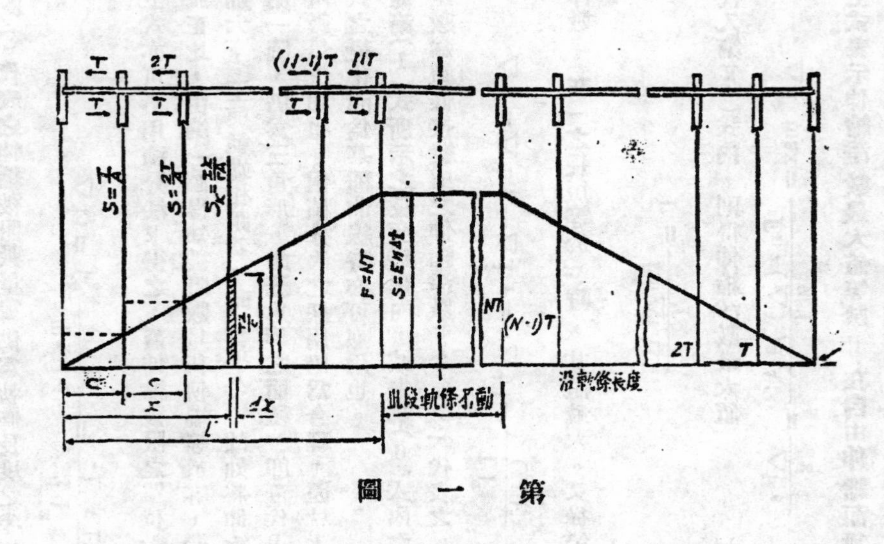

第一圖

再以Δl_r代表之伸縮被阻數量(T仍爲軌條長度之半)則

$$\Delta l_r = \int_0^l \frac{Tx\,dx}{CAE} = \frac{Tl^2}{2CAE} \qquad (6)$$

上式亦可不用積分法求得之，蓋伸縮被阻之單位數量與單位應力成正比，由第一圖得知被阻數量在軌端等於零，繼以直線式逐漸加大，至與軌端相距爲l'時爲最大，故如將伸縮被阻數量繪入第一圖，仍爲三角形，此三角形之面積，即可代表各單位伸縮被阻數量之和也。但積分法之採用仍爲合理，因枕木阻力如非直線式之變化而爲某種曲線時亦可應用也。

從第(1)式所示之長度變化內，減去第(6)式內之被阻數量，其差數爲軌條接縫處之伸縮淨數。今命Δl代表之，則得

$$\Delta l = \Delta l_f - \Delta l_r = n\Delta t\,l - \frac{Tl^2}{2CAE} \qquad (7)$$

此項淨數，在l之長短等於l'時，其值最大。又從第一圖可以求得

$$l' = \frac{En\Delta tAC}{T} \qquad (8)$$

以之代入第(7)式內，則得伸縮淨數最大值

$$\Delta l'_{max} = \frac{En^2(\Delta t)^2AC}{2T} = \frac{\Delta l'_f}{2} \qquad (9)$$

上式表示伸縮淨數最大值等於l'在自由伸縮而無拘束時之長度變化之半，此與軌條之長度無關係，與溫度相差數之平方成正比例，而與枕木之阻力成反比例。

上項理論，與通常預留軌節間隙算法不同，但與作者在Delaware and Hudson Railroad Mechanicville車站用二千六百英尺長之鋼條四根試驗結果則相同，而德國工程師亦得一千英尺長之軌條伸縮不過八分之三英寸。其他各國採用長軌條之處，所得結果，亦復與本理論相符。

今舉一例題，照示上項公式之用法。

假定 $n = 0.0000073$　$\Delta t = 100$　$C = 22$　$T = 1000$

$A = 9.85$　$E = 30,000,000$　$F = 216,000$　$N = 216$

則 $\Delta l'_{max} = 1.74$英寸。

軌條長度爲七九二英尺時，其每端伸縮之數，等於一·七四英寸，此因 $l' = \frac{Fc}{2T}$　$2l' = \frac{216000\times22\times2}{12\times1000} = 792$ 之故。

上項軌條如長於七九二英尺者，其每端伸縮之數，亦止於一·七四英寸而已，因長出之段固定而不能伸縮，已如前述矣。但如短於七九二英尺者，（即短於臨界長度l'之兩倍）其每端伸縮淨數可從第(7)式求得之

$$\Delta l = 0.00073\,l - (0.077\times10^{-6})\,l^2 \qquad (10)$$

下表係從第(10)式計算所得各種軌條長度伸縮量。

33英尺長軌條根數	軌條全長L以英尺計	枕木根數N（自軌端至中線）	Δl_f 以英寸計	Δl_r 以英寸計	$\Delta l'$ 伸縮淨數以英寸計	33英尺長軌條根數	軌條全長L以英尺計	枕木根數N（自軌端至中線）	Δl_f 以英寸計	Δl_r 以英寸計	$\Delta l'$ 伸縮淨數以英寸計
1	33	9	0.145	0.003	0.14	10	330	90	1.45	0.30	1.15
2	66	18	0.29	0.012	0.28	20	660	180	2.90	1.21	1.69
4	132	36	0.58	0.05	0.53	24	792	216	3.48	1.74	1.74※
6	198	54	0.87	0.11	0.76	30	990	270	3.48	1.74	1.74

※$\Delta l'_{max}$.

(乙)假定軌條接縫處有拘束者

軌條接縫處所有拘束力，係由魚尾板及魚尾螺栓而來。今命P爲此項拘束力，l"爲臨界長度，則軌條受力情形將如第二圖所示。

伸縮被阻數量，仍與軌條內所生之應力成正比例，故

$$S_x = \frac{P}{A} + \frac{Tx}{CA} \qquad (11)$$

命Δl_r爲l長度內伸縮被阻數量，則

$$\Delta l_r = \frac{Pl}{AE} + \frac{Tl^2}{2CAE} \qquad (12)$$

如軌條短於臨界長度l"之兩倍，卽小於$\frac{2C(F-P)}{T}$時，則軌條每端伸縮淨數爲

$$\Delta l = n\Delta tl - \frac{Pl}{AE} - \frac{Tl^2}{2CAE} \qquad (14)$$

惟

$$l'' = \frac{C(En\Delta tA - P)}{T} \qquad (15)$$

故

$$\Delta l''_{max} = \frac{C(En\Delta tA - P)^2}{2TAE} = \frac{C(F-P)}{2TAE} \qquad (16)$$

右式代表軌條接縫處受有拘束而長度大於2l"者每端伸縮最大之數，至於該軌條究竟長於2l"若干，則無關係也。

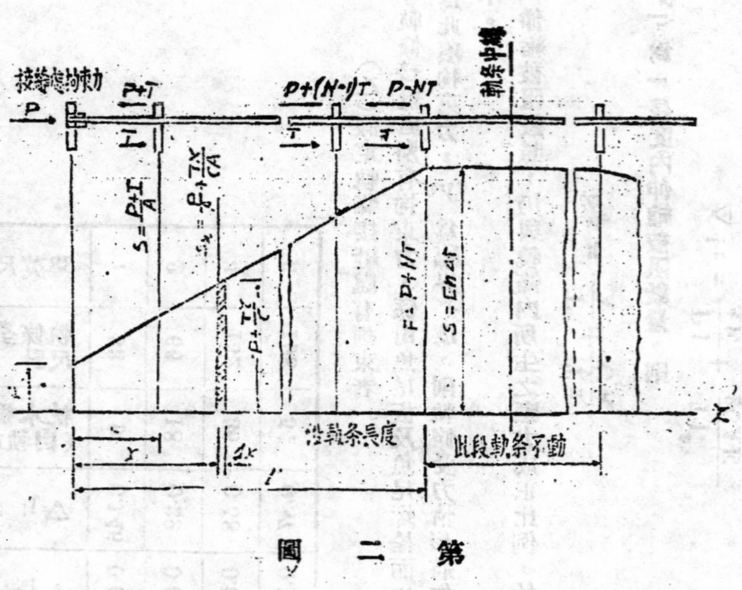

第二圖

三　拘束力P及阻力T之檢定法

(一)令魚尾板及魚尾螺栓鬆緊如常，而測定軌端之移動數，$\triangle l_1$同時應將溫度與舖軌時相差數查明。

(二)將魚尾板魚尾螺栓卸下，使軌端得以自由伸縮，重行測定其移動數，命曰$\triangle l_2$

(三)將$\triangle l_2$及溫度差數代入第(9)式而求得枕木阻力之確值T_2

(四)將T_2及第一次測得之移動數$\triangle l_1$及上項溫度相差數代入第(16)式得

$$P = F - \sqrt{\frac{2(\triangle l_1)T_2AE}{C}}$$

上式可用$\frac{\triangle l_1}{\triangle l_2}$或其相等數。$\left(\frac{\frac{En^2(\triangle l)^2AC}{2T_2}}{\triangle l_2}\right)$乘入於開方號下之數而得

$$P = F - \left(1 - \sqrt{\frac{\triangle l_1}{\triangle l_2}}\right)$$

四　實地試驗情形

(一)所用軌條種類　AREA式，重量每碼一三一磅。

(二)軌條根數　四根。

(三)軌條長數　每根半英里長，用電銲法銲接而成。

(四)試驗地點　Mechanicville, on Delaware and Hudson Railroad

(五)試驗辦法　在溫度極高之某日，將軌條舖入正線，接縫部份未留空隙。

(六)試驗結果

（甲）迨溫度降去八二十度之後，查有一根，其一端收縮最大，計四分之三英寸，此項軌道之各種常數，為 $A=12.86$　$E=30,000,000$　$n=0.000007$　$C=22$，軌端作為未受拘束論。從第（9）式求得每根枕木平均阻力為一八六〇磅。（枕木本身不免稍有走動，暫置不計）。

（乙）在各種溫度之下，曾將軌端之收縮數，共查量四十次（即每根每端各查五次）查量時比舖軌時溫度下降之平均數為五十八度，軌條每端之收縮平均數為十六分之五英寸，算得每根枕木阻力為二千一百磅。

（丙）每根枕木阻力，如以二千磅計算，則從第（9）式可以推知上項軌條於溫度相差一百度時，收縮約一英寸。在上開各種軌道常數之下，軌條全長比其臨界長度之兩倍為長時，無論其長至任何尺寸，此一英寸之數係屬常數，而從（7）（9）兩式可算得其臨界長度為

$$2l' = \frac{4\Delta l'_{max}}{n\Delta t} = 475 \text{ 英尺。}$$

以上係假定軌端未受拘束，但實際或不如是。如依照下述辦法作進一步之測驗，則即可將所得之新結果，用入（15）（17）等式而求得各種合於實際之數量。辦法如下。

假定測得 Δl_1 等於〇．七五英寸以後，將接縫處螺栓及夾板卸去，更測得軌端增加移動量〇．五〇英寸，則得 Δl_2 等於一．二五英寸。於是枕木阻力確值，可用第（9）式求得

$$T_2 = \frac{En^2(\Delta t)^2 AC}{2\Delta l_2} = 1120\text{。}$$

再用（17）式求接縫處拘束力而得 $P=222000\left(1-\sqrt{\frac{0.75}{1.25}}\right)=50000$ 磅，在此種拘束力之下，枕木所應供給阻力之總值，為 $222000-50000=172000$ 磅既知枕木每根阻力為一一二〇磅，則軌條一半長度內，應至少有枕木 $\frac{172000}{1120}=154$ 根，始能將軌條中部固定。由此可得臨界長度為 $154\times\frac{22}{12}=282$ 英尺，而兩倍臨界長度為五六四英尺，即軌條應至少有此長度，始能使枕木發生應有之阻力。如軌條較此為長時，無論長至如何限度，其每端最大伸縮均為〇．七五英寸，而為不變之數矣。

五　結論

今欲就銲接而成之長軌條而分析其內部應力，問題本甚複雜，除因溫度之昇降而發生者外、尙有因機車輪重加在軌條之上而發生者，有因軌道不平，軌端接縫間隙，平衡錘失均，輪箍失其正確圓形，及因搖桿之垂直方向分力而在列車駛行時發生者，有因截面面積突變在軌條腰部及螺栓孔眼處發生者，有因機車行駛時上下左右搖動而發生者，而在軌條與輪箍接觸之處，常發生甚大剪力，凡此種種，均應研究及之，本篇所論，僅限於因溫度變化所發生之應力，而以縱向移動之控制為此項研究之目標，範圍頗為狹小，讀者察焉。

美國枕木之製造及利用

N. C. Brown 著
康瀚 譯

最近五十年來，美國鐵路長足進展，故所需枕木，亦與年俱增；據估計一八八〇年，曾用新枕木三五、〇〇〇、〇〇〇根，一八九〇年六四、〇〇〇、〇〇〇根，一九一〇年竟超出一四二、〇〇〇、〇〇〇根。但此後鉄路雖仍增築，而所需枕木，反逐漸減少。據一九二七年之統計包括新路舖用及舊路抽換之枕木，爲數亦不過一一〇、〇〇〇、〇〇〇、至一二〇、〇〇〇、〇〇〇根之間。近十年來，仍逐年減少，其減少之原因，係由於大部分枕木均施行防腐之故。此尤可注意者也。美國某一大鉄路公司，平均每分鐘約需新枕五根。又某某數條較大之鉄路，每年需用新枕自二百萬至四百萬根。美國鉄路全長計四三四、五〇〇英里，按每英里舖用枕木二六四〇根計算，總共舖用枕木一、一四七、〇八〇、〇〇〇根。未經防腐之枕木，其壽命平均約五年。一九一七年之價格，平均每根約值美金七角。

美國枕木材料之生產與供給，統與下列各項問題有關：

A由於合用樹木之產量大減，故價格迅速高漲。

B製枕工作，率在冬季，由農人或伐木者，直接售於鉄路，或間接經包商之手。其材料之來源，多爲田野林，或散生樹木，或曾經伐木製材之伐採跡地。

C大部分枕木均用斧斫，故材料之浪費甚多，，每年約在二八五、〇〇〇、〇〇〇立方英尺左右。

D耐用木材價格既然逐漸高漲，而價廉易得之次等木材，經防腐後，較之未經防腐之耐用木材，其功效至少相等，或且有過之無不及；故咸有使用防腐枕木之傾向。

E因載重及行車次數之增加，故對於枕木之尺寸，有加寬增厚之趨勢。

F因採用墊板，螺旋道釘，及其他設備，以防止機械的傷損，而延長枕木之使用年限。

當一八九五年時，白櫟枕木每根售價爲美金三角半至四角。當時標準軌重量爲六十磅，車軸載重量爲一萬五千磅，貨車載重量爲四萬磅，行車次數亦較少。至今則白櫟枕木價格每根自美金一元二角五分至一元五角，視交貨地點而定。價格既然飛漲，故迫不得已，遂引用多數次等木材，而用防腐方法，以延長其壽命。據某鉄路記載，在一九〇四年，枕木之平均價爲美金五角；在一九〇九年爲五角七分；至一九一三年爲每根七角。

美國全國鉄路全長在一九〇〇年不過二八九、〇〇〇英里，至一九一五年則合蒸汽動力電動力及馬曳兩計，共有四三四、五〇〇英里。其中以蒸汽爲動力者，超過三九〇、〇〇〇英里。

枕木樹種

當鉄路最初發展時期，所有枕木材料，完全仰給沿線附近。

在東部以槲櫟類，尤其白櫟，用途最廣。自鉄路向西進展，及橫亘西大陸之鉄路完成以後，枕木之需要激增，沿線槲櫟類之來源，漸涸，於是大量之枕木多購自中部，運赴用料地點。

至今槲櫟類木材，在枕木需用之數量上雖仍佔首要地位。但其他雜木亦均被大量採用。際實美國所產任何樹種，均經採爲枕木之用，所不同者程度之廣狹而已。據一九一一年美國統計處及林務處所發表之統計，全年計用枕木一三五、〇〇〇、〇〇〇根，其中六二、〇〇〇、〇〇〇根，即百分之四十四爲櫟類，又二二、〇〇〇、〇〇〇根爲南方松，此外依需用數量之順序，爲洋松，落羽松，板栗，落葉松，柏木，鐵杉，楓香，及槭樹。至一九二三年，上述十種樹木，佔全部枕木材料百分之九十三；其餘雜木爲水青岡，雲杉，世界爺，西方松，樺木，榆木，白松，羅松，樸樹，法國梧桐，及洋槐。

前述樹木十種中除槭樹楓香及鐵杉外，皆以與土壤接觸之耐久性顯著，現因易朽木材，如楓香，青岡櫟，槭樹，樺木，榆木等，經施用防腐劑後，其耐久性可與最耐久之麻櫟，長葉松，柏木，板栗等之未經防腐木材相等或且過之之故，雖易朽木材亦均呈現大加採用之傾向。

就美國全部所需用之枕木而言，其中百分之八至十五。用於新路；其餘大部分則供舊路抽換之用。蒸汽鐵路所需枕木，佔百分九十至九十四，電機鐵路及工業用路所用枕木之種類，雖與蒸汽鐵路所用者相同，但規範較爲通融，通常多用次等枕木，或不合甲等規範者，至於窄軌鐵路所用枕木爲數甚微，不關重要。

枕木之製做方法，除太平洋沿岸洋松枕木約百分之八十，係用鋸製外，普通均用斧斫，約佔全部枕木百分之六十。

美國枕木百分之四十產於南部其地爲南方松，楓香，及落羽松生產之中心。至中部硬木區域，包括俄海阿河流域，衣利諾，及米蘇利一帶，出產枕木約佔百分之二十二，其材料以麻櫟爲多。沿湖各州如米西根，威斯康新及岷內索達，多產柏木，落葉松，及雲杉。北方各州如新英格蘭，紐約州，賓西維尼亞，紐傑西，及馬利蘭，多產板栗，及麻櫟。太平洋沿岸，如華盛頓州，如俄列貢，加利福尼亞，出產枕木約百分之六；其材料大部分爲鋸製之洋松，西紅柏，西方松，及世界爺等。落磯山區域，出產枕木最少，其數量不過百分之五，材料大部分爲洋松，西紅柏，西落葉松，羅松及西方松。

據美國統計局及林務處所發表之統計，美國歷年出產枕木之重要樹種及數量如下：

木材種類	一九二三	一九一一	一九一〇	一九〇九	一九〇八	一九〇七
麻櫟	六二,九一五,二三七	五九,五〇八,〇〇〇	六八,三八二,〇〇〇	五七,一三二,〇〇〇	四八,一一〇,〇〇〇	六一,七五七,〇〇〇
南松	三二,〇四九,四六七	二四,二六五,〇〇〇	二六,二六四,〇〇〇	二一,三八五,〇〇〇	二一,五三〇,〇〇〇	三四,二二五,〇〇〇
洋松	一五,三一六,五七一	一一,二五三,〇〇〇	一一,六二九,〇〇〇	九,〇六七,〇〇〇	七,九八八,〇〇〇	一四,五二五,〇〇〇
柏木	三,六七六,二二八	八,〇一五,〇〇〇	七,三〇五,〇〇〇	六,七七七,〇〇〇	八,一七二,〇〇〇	八,九五四,〇〇〇
板栗	四,四一九,七八二	七,五四二,〇〇〇	七,七六〇,〇〇〇	六,六二九,〇〇〇	八,〇七四,〇〇〇	七,八五一,〇〇〇
落羽松	五,二四三,八三五	五,八五七,〇〇〇	五,三九六,〇〇〇	四,五八九,〇〇〇	三,四五七,〇〇〇	六,七八〇,〇〇〇
東落葉松	四,二二〇,一九四	四,一三八,〇〇〇	五,一六三,〇〇〇	三,三二一,〇〇〇	四,〇二五,〇〇〇	四,五六二,〇〇〇
西黃松	一,三三九,五〇七	二,六九六,〇〇〇	四,六一二,〇〇〇	六,七九七,〇〇〇	三,〇九三,〇〇〇	五,〇一九,〇〇〇
羅桿松	九四九,四五一					
西落葉松	四,二二〇,一九四	一,二〇九,〇〇〇				
青岡櫟	二,二七九,二三一	一,二〇九,〇〇〇	一九五,〇〇〇	一九五,〇〇〇	一九二,〇〇〇	五二,〇〇〇
槭樹	三,〇三五,〇〇七	一,二八九,〇〇〇	七七三,〇〇〇	一五八,〇〇〇	一五一,〇〇〇	
鐵杉	三,四七七,七四〇	三,六八六,〇〇〇	三,四六八,〇〇〇	二,六四二,〇〇〇	三,二二〇,〇〇〇	二,三六七,〇〇〇
世界爺	二,四九二,四四五	一,八二〇,〇〇〇	二,一六五,〇〇〇	二,〇八八,〇〇〇	八七一,〇〇〇	二,〇三二,〇〇〇
楓香	三,〇五〇,七九八	一,二九三,〇〇〇	一,六二一,〇〇〇	三七八,〇〇〇	二六二,〇〇〇	一五,〇〇〇

樺木	三六九，一五四					
其他	一，一四一，四八〇	二，六八二，〇〇〇	二，八九五，〇〇〇	二，六〇三，〇〇〇	三，四二一，〇〇〇	五，五七四，〇〇〇
總計	一三五，九七六，一一七	一三五，〇五三，〇〇〇	一四八，二三一，〇〇〇	一三三，七五一，〇〇〇	一二三，四六六，〇〇〇	一五三，七〇三，〇〇〇

優良枕木必備之條件

選擇枕木材料之標準如下：

(一)耐久性　據各鐵路職員估計，任何木材製成枕木若不加以防腐，其壽命至多不出五年，將於後文討論及之。

(二)抗撞力　軌重及列車之重量，加以行駛時所發生之衝擊力，均足壓迫枕木使發生甚深之裂縫，此種現象，對於軟木類如柏木，世界爺，及落羽松等所製枕木，而火車載重量較大，及行車次數較多之時，尤爲顯著。據美國鐵路工程師協會所公佈之統計，在一九〇七年有百分之七十五柏木枕木因此失其效用，其他各鐵路之告報，亦足表明上項損傷之結果，較之由於朽腐者約多百分之十至百分之七十五。

(三)抵抗道釘牽拔力　此層亦甚重要故近來各鐵路多採用螺旋道釘以代替普通之狗頭道釘。硬木類如麻櫟，槭樹，青岡櫟等枕木之抵抗力，較之軟木類，如柏木，西方松，雲杉，落羽松爲強。

(四)抗拉力　木材必須富於抗拉力，實際上凡用爲枕木之材料，大概都足以適合此項需要。抗拉性弱之樹木，如用爲枕木，每易開裂，致須加以抽換。

(五)產量大而售價廉　皂莢，桑樹，枸橘木，等本爲最優良枕木材料，所惜產量不多。核桃木，山核桃木，及櫻桃木，亦可做極好枕木，而價格太高。麻櫟木產量雖較多，但價格亦逐漸高漲，故各鐵路咸迫而採用劣等價廉之木材加用防腐劑以補救之。

上述各點大部分係指未經防腐即行鋪用之枕木而言。至於施行防腐之枕木，其重要品質約略如下：

(一)強度

(二)硬度

(三)滲透性

(四)易得而價廉

最適合於上述條件之木材，爲紅櫟，硬槭，黃樺，青岡櫟，紫樹，紅楓香，及榆樹，現均迅速而普遍地施以防腐劑而加以採用。槭樹及青岡櫟等，如不防腐，鋪軌後至多耐用四年；若每立方英尺施以十磅蒸木油防腐劑後，再行鋪用，則可延長至十六年或二十年以上。反之即最耐用之木材，如世界爺，柏木，及落羽松，若不防腐，至多亦不過支持十年至十二年也。防腐劑滲入邊材，比滲入心材爲易，注施防腐劑之枕木，最好其周圍包有邊材。

枕木之鋸製與斧斫

對於枕木鋸製或斧斫之優劣，各方意見頗爲紛歧。美國枕木百分之六十係用斧斫，此在東部尤爲普遍。西部情形，適得其反：所產枕木百分之八十係用鋸製。

美國枕木普遍既仰給於小規模之產主，如農村之田野林，散生樹木，及伐採地之殘餘林，或製材餘剩之樹頂，及剔退材木。故均不適於大規模之經營，其製枕方法，一時自難望其改善。過法十餘年來，鋸製枕木與斧斫枕木之比例，並無顯著變動。自採用木材防腐方法，並增加列車運載量以來，枕木尺寸，遂逐漸加大，載重頂面亦須平衡，以便安放墊板，及敷設鐵軌。

斧斫枕木之優點如下：

(一)斧斫枕木比鋸製枕木容易排水，故較爲耐久，但此層對於防腐枕木不甚重要。

(二)斧斫枕木切口多順木材紋理，故强度較鋸製枕木爲高。

(三)鋸製枕木多依照規範準確施鋸，斧斫枕木則往往較規範規定稍爲放寬，故鐵路方面可得較多之材積。

(四)生產者就砍伐地斫製枕木，較之拉運木筒，連同邊材廢料，一併運出，其成本較輕，換言之，卽將斫就枕木逕運市場，較之將木筒運至鋸木廠鋸製後，再行裝運至集中地者，其費用可大加節省也。但若鋸木廠之主要目的爲鋸板，而將不適於鋸板之心材及有節疤之木材鋸成枕木。則情形又當別論。

鋸製枕木之優點如下：

(一)斧斫枕木過於浪費材料，據估計斧斫松枕，其可用材料之浪費，達百分之二十五至七十五之多。事實上證明，直徑十五英寸之木筒，僅能斫成枕木一根，若用鋸製，則可得二根。依美國林務處所估計，全國每年因斧斫枕木所耗廢之材料，達二八五、000、000立方英尺之多。

(二)鋸製枕木既照規定尺寸製成，故當施行防腐時每立方英尺注入藥液若干，可以準確計算。在斧斫枕木則不然，其尺寸既不一律，防腐之前，又無法將每根枕木逐一加以計算也。

(三)施行防腐時，每個蒸木筒放置鋸製枕木之數量，較放斧斫枕木之數量爲大，故每日之出品較多，每根枕木之防腐成本亦遂較輕。

(四)枕木墊板與鐵軌放置於鋸製枕木之頂面上，比放於斧斫枕木之頂面上，較爲平穩，蓋後者於鋼軌或墊板釘入之先，必須加以刨鑿也。此爲斧斫枕木最大缺點，尤以須加墊板之枕木爲甚。

(五)斧斫木無用之體積及重量既多，故運搬及處理之費用亦大。

枕木之規範及價格

歷來所有採用標準軌之各鐵路，其枕木長度均爲八英尺，近有加至八英尺半，馴至達九英尺者。以前無論斧砍或鋸製枕木。

厚度，率為六英寸，近則多數鐵路有增至六英寸半或七英寸者。筒狀枕，即上下兩面平行，左右兩邊保留木筒原狀者，其上下兩面，無論斧砍或鋸製，寬度均需七英寸至八英寸。若方形枕，即上下左右四面均用斧砍或鋸製者，近多採用厚度七英寸，寬度九英寸。不過尚有若干鐵路，仍照習慣，採用六英寸厚，八英寸寬者。

茲將紐約中央鐵路公司在紐約至支加哥沿線收買枕木所採用之規範及價格列後：

樹種及等級 別類	樹種	一級	二級	三級	四級	五級
U A	白櫟刺槐及核桃枕木	七角	九角	一元一角五分	一元三角五分	一元五角
U D	栗木紅桑及擦木枕木	三角五分	五角五分	八角	一元	一元一角五分
T A	紅櫟枕木	六角	八角	一元〇五分	一元二角五分	一元四角
T C	青岡櫟樺木櫻桃木硬槭及山核桃	四角五分	六角五分	九角	一元一角	一元二角五分
T D	榆木軟槭及白核桃枕木	四角五分	六角五分	九角	一元一角	一元二角五分

附註 TC及TD枕木，自四月一日起十月一日止停收。

上項枕木均八英尺半長。

枕木規範

品質 所有枕木不得有朽腐，裂縫，割口，過大及過多蟲眼及節疤等，足以減少其強度及耐久性之缺點。

製造 枕木應於樹木砍伐後一個月以內製成。所有枕木務須正直。製造完善。兩端方正。上下兩面平行。樹皮全部剝淨。

尺寸 所有枕木須八英尺半長。所有枕木之寬度與厚度須自距離枕木全長中心兩端二十英寸與四十英寸之間量起，其最小尺寸應與下圖相符。

等級	頂面底面及兩面邊	[illegible]
1	無	6" × 6"
2	7" × 6"	7" × 6"
3	8" × 6"	8" × 6" 或 7" × 7"
4	8" × 7"	8" × 7"
5	9" × 7"	9" × 7"

枕木較規定尺寸厚度超過一英寸，寬度超過三英寸，長度超過二英寸者，得降等收用或予以剔退。

交貨 所有枕木均須於製成後一個月以內，運堆於鐵路附近，距離路軌至少十英尺以上之地點。但不得堆於鐵路交叉處，或足以妨礙行車或行人視線之處。並須逐層二根及七根輪流堆放，底層須於距離地面六英寸以上放二根。第二層放七根，横置於第一層二根之上。凡放二根枕木之各層，其枕木須横放於七根之兩端。每堆枕木最高不得超過十二層，各堆間並須有五英尺以上之空地，以便檢驗，枕木亦可照堆放木柴之方法堆放，但當檢驗時，承商須雇工翻動重堆，每堆最下層接近地面之二根枕木，須予剔退。

裝運　枕木裝車時，所有一二三等枕木，須與四五等枕木分開。又枕木之需要防腐者，須與無需防腐之枕木，分別裝車。即次等枕木之TA，TC，TD若同載一車時，亦應分別清楚。

枕木在驗收之前，須由賣主自行負責保管。所有剔退枕木，至遲須於驗收後一個月以內，由賣主出資雇工移開。

枕木堆放時，須按照上述等級，分別堆放，但同一等級內，各項木材，可同堆一處。

付款　枕木於驗收員驗收後，得隨時付款。

無論何人如願承辦普通枕木或道岔枕木者，可將擬辦枕木之種類，數量，通知車站料務員，分段工程司，或枕木驗收員。

（未完）

機車鍋爐行為

陳廣沅

一、蒸發係數，蒸發當量，鍋爐馬力

二、蒸發量

(1)熱面積與蒸發率

甲、火箱熱面積吸收熱能之計算

乙、焰管熱面積吸收熱能之計算

丙、由熱面積求蒸發率之方法

(2)燃燒率與蒸發率

甲、由每方呎熱面積每小時所燃之煤量求每磅煤之蒸發量法

乙、由燃燒率求蒸發率之方法

丙、由每方呎熱面積每小時所燃之煤量求蒸發率法

(3)風壓與蒸發量

甲、由速率之變化求蒸發率法

(4)計算蒸發量各法之比較

三、鍋爐熱效率

(1)佛來也計算鍋爐熱效率之方法

(2)博坡里夫計算鍋爐熱效率之方法

(3)著者計算方法與試驗結果之比較

(4)各種計算方法與試驗結果之比較

四、鍋爐之熱量損失及熱量分配

(1)煤中水份
(2)空氣中水份
(3)煤中氫氣
(4)混合氣體所含熱量
(5)混合氣體中之 CO
(6)煤燼中熱量
(7)灰分中熱量
(8)放射及其他損失

機車鍋爐行爲者，卽機車鍋爐在各種情形下每磅煤所生蒸發量之變化中也。每個鍋爐在某種情形下所燃燒之煤量及所蒸發之水量，皆可試驗得知，以煤量除蒸發之水量卽可得每磅煤所蒸發之水量，卽每磅煤所生之蒸發量。每磅煤之發熱量可以預先測定，每磅蒸汽在某種壓力及溫度時所含之熱量可於蒸汽表中檢得，以每磅煤之發熱量除每磅煤所生蒸汽之熱量，卽爲該鍋爐在某種情形下之熱效率。工作之情形不同，鍋爐之熱效率亦異。故鍋爐行爲者，卽鍋爐在各種工作情形下熱效率之變化也。鍋爐行爲之研究者，固須知某個鍋爐在各種情形下熱效率之變化，且須比較各種不同構造鍋爐在各種情形下熱效率之變化，更須預測未成鍋爐在各種工作情形下熱效率之變化。

一、蒸發係數，蒸發當量，與鍋爐馬力。

各種鍋爐之構造不同，在同一工作情形下，每小時所蒸發之水量固不相同，而此等蒸汽不在同壓力同溫度下，則每磅蒸汽所含之熱量亦不相同，譬如某鍋爐在某情形下每小時能蒸發20,000磅之水量，其壓力爲200磅/平方吋其過熱度數爲300°F；又一鍋爐在同一情形下每小時能蒸發25,000磅之水量，但其壓力爲160磅/平方吋其蒸汽乾度爲85%。如僅以蒸發量計，則後鍋較大於前鍋，然果以蒸汽所含之熱量相比較則後鍋較遜於前鍋，在壓力爲200磅/平方吋過熱度數爲300°F之每磅汽含熱量爲1363英熱單位(B.T.U.)。故20,000磅蒸汽所含熱量爲(1363×20,000=)27,260,000 B.T.U.在壓力爲160磅/平方吋每磅水所含熱量爲335,2B.T.U.，在此壓力時之汽化隱熱Latent Heat of evaporation爲860,5 B.T.U.，故第二鍋爐每磅蒸汽所含之熱量爲(335,2+85×860,5=)1070 B.T.U.，25,000磅所含熱量應爲(1070×25,000=)26,800,000 B.T.U.，故第1鍋爐較大。比較鍋爐行爲者皆應將蒸汽所含熱量算出方爲正確，世界熱機關工程師議定一蒸發量標準單位，凡言鍋爐之蒸發量者皆以此標準單位爲衡，此標準單位名爲蒸發當量Equivalent evaporation，以磅計。在14.7磅/平方吋之壓力下其溫度爲212°F之一磅水化爲同壓力同溫度之一磅蒸汽，是爲一單位蒸發當量，卽爲1磅水在14.7磅/平方吋及212°F時之蒸發當量。此一磅水化爲一磅蒸發當量所需之熱量，卽係14.7磅/平方吋及212°F時一磅水所需之汽化隱熱，爲970.4 B.T.U.。故如將某鍋爐在某情形下每小時所蒸發之蒸汽量，求得其所含熱之總量，以970.4除之，卽得該鍋爐每小時之蒸發當量。如前例第一鍋爐之蒸發當量爲每小時(27,260,000÷970.4=)28,100磅，又第二鍋爐之蒸發當量爲每小時(26,800,000÷970.4=)27,600磅，故第一鍋爐較第二鍋爐每小時多50磅蒸發當量，凡鍋爐在一定情形下所蒸發之實在水量謂之蒸發實量 Actual evaporation，如第一鍋爐之蒸發實量爲每小時20,000磅，第二鍋爐爲每小時25,000磅。

有一數乘鍋爐之蒸發實量即得其蒸發當量者，此數即名爲蒸發係數Factor of evaporation。蒸發係數可以下式求之：——

$$F=\frac{Q-(t-32)}{970.4}\cdots\cdots(4)$$

F.爲蒸發係數，

Q.爲原來蒸汽每磅內所含熱量，

t.爲給水之溫度，

32.爲給水冰點之溫度，

970.4.爲標準情形（14.7磅/平方吋壓力，212°F溫度）下每磅水之汽化隱熱。

蒸汽表所列熱量皆以32°F爲一切熱量之起點，故t－32爲給水中所原含之熱量，此熱量并非由鍋爐中得來故必由蒸汽之熱量中減去，故Q－(t－32)爲每磅蒸汽由鍋爐中得來之熱量，如以970.4除之，即得原來一磅蒸汽之蒸發當量。如在以上所舉例中設給水溫度爲32°F，則

第一鍋爐 $F=\frac{Q-(32-32)}{970.4}=\frac{1363-0}{970.4}=1.41$

第二鍋爐 $F=\frac{Q-(32-32)}{970.4}=\frac{1070-0}{970.4}=1.10$

1.41爲第一鍋爐之蒸發係數，亦即原來1磅蒸汽（蒸發實量）相當於1.41磅蒸發當量也；此鍋爐之蒸發實量爲每小時20,000磅即其蒸發當量應爲每小時(1.41×20,000＝)28,000磅也。1.10爲第二鍋爐之蒸發係數，亦即原來1磅蒸汽相當于1.10磅蒸發當量也，此鍋爐之蒸發實量爲每小時25,000磅，即其蒸發當量應爲每小時(1.10×25,000＝)27,500磅也。每一鍋爐之汽壓與過熱度數如爲一定，則此鍋爐祇有一個蒸發係數，既知其蒸發實量則蒸發當量之變化可由此鍋爐在各種情形下之蒸發實量以求得之。尋常機車給水約爲60°F，故過熱機車鍋爐之蒸發係數多在1.3以上，飽和機車鍋爐之蒸發係數多在1.2以上。

學者對於鍋爐蒸發當量之數太大，又另設一較大單位以記之，是爲鍋爐馬力Boiler Horse Power，每一鍋爐馬力相當於34.5磅之蒸發當量，即鍋爐每小時之蒸發當量爲34.5磅者，則爲1鍋爐馬力之鍋爐。以上第一鍋爐之蒸發當量爲每小時28,200磅，故此鍋爐有(28,200÷34.5＝)817鍋爐馬力，又第二鍋爐之蒸發當量爲每小時27,500磅，故此鍋爐有(27,500÷34.5＝)703鍋爐馬力，此鍋爐馬力不過爲計鍋爐蒸發量之一種單位與尋常機器馬力及引擎馬力毫無關係。

二、蒸發量

此後本書所稱之蒸發量即指蒸發當量而言。每一鍋爐每小時之蒸發量與每小時所燃之煤量及由廢汽所引之風壓Draft有密切關係。機車汽缸中所生之力量全賴鍋爐所生之蒸發量，鍋爐所生之蒸發量全賴火箱中燃煤之旺盛，火箱燃煤之旺盛又全賴汽缸廢汽所引之風壓。汽缸賴鍋爐供給蒸汽，而供給燃燒以風壓，鍋爐賴燃燒以蒸發，而供給汽缸以蒸汽，燃燒賴風壓以旺盛，而供給

鍋爐以蒸發量；三者互爲倚賴不可畸重畸輕。第一圖爲佛來也L.H.Fry所設計，以示三者之關係者。圖上圓點係根據本雪文尼鐵路公司Penn R. R. C.之聖羅易St Louis試驗室第600次試驗之結果。直立軸示燃燒率，即每小時每平方呎爐底面積所燃之煤量，以磅計，左平軸示蒸發率，即每小時每平方呎爐底面積之蒸發當量，亦即每小時之廢汽量；右平軸示風壓 Draft 以烟箱每小時發出混合氣體之重量表之。左上面示燃燒率與蒸發量之關係，燃燒率愈高則蒸發量愈增。右上面示燃燒率與風量之關係，烟箱中通過之混合氣體愈多即風壓愈大，則燃燒率愈高。下平面示蒸發量與風壓之關係，蒸發量愈大即汽缸放出之廢汽愈多，則風壓愈大即烟箱中通過之混合氣體愈多。

(1)熱面積與蒸發率

熱面積即鍋爐受熱之面積，火箱裏面與火焰接觸之面爲火箱熱面積，大小焰管裏面與熱氣接觸之面爲大小焰管之熱面積。後管鈑除去大小焰管橫剖面之面積，及拱磚管外面與火接觸之面積皆爲火箱熱面積。大小焰管之熱面積應以其內徑算，最近美國機工學會A. S. M. E.亦以內徑算火管鍋爐之熱面積爲規範，然以往鍋爐尺寸上所稱焰管之熱面積咸以焰管外徑算即指與水接觸之面積。熱面積以方呎計。

鍋爐熱面積與鍋爐蒸發量生直接關係，蓋此熱面積一方爲高溫度之熱源一方爲受熱化汽之水，面積愈大則水受熱之機會較多，即蒸發量較大。每方呎熱面積每小時之蒸發量謂之蒸發率Rate of equivalent evaporation per sq. ft. of heating surface per hour。就全蒸發面積言（過熱管面積除外），蒸發率最大者爲18磅，尋常所得不過在12與16磅之間耳。火箱熱面積之蒸發率約爲55磅，焰管熱面積之蒸發率約爲10磅，其近烟箱處祇4或5磅；此就燃燒旺盛，蒸發量最大時而言，否則無此數也。1912柯芝維爾Coatesville機車鍋爐試驗，將鍋爐內面隔爲兩間(a)火箱間(b)燄管間，各間用水量分別紀載。其結果如第二圖所示。此鍋爐之火箱熱面積爲246方呎，焰管熱面積爲3009方呎，全蒸發面積爲3255方呎。茲將計算結果列第一表如下

第一表　柯芝維爾機車鍋爐試驗

全熱面積蒸發量	火箱熱面積		焰管熱面積		火箱蒸發量佔全蒸發量之百分數
	蒸發量	蒸發率	蒸發量	蒸發率	
43,500磅	13,500磅	54.8磅	30,000磅	9.97磅	31.0%
30,000"	10,000"	40.6"	20,000"	6.65"	33.0"
25,000"	8,700"	35.3"	16,300"	5.36"	34.8"
20,000"	7,400"	30.0"	12,600"	4.18"	37.0"
15,000"	6,100"	24.8"	8,900"	2.95"	40.6"
10,000"	5,000"	20.3"	5,000"	1.66"	50.0"

由上表可知，鍋爐蒸發量最大時，火箱蒸發率約爲55磅，焰管蒸發率約爲10磅；火箱熱面積雖爲鍋爐全熱面積之(246÷3255=)7.55%而火箱蒸發量佔熱面積蒸發量31%以至50%，全蒸發量愈低時火箱蒸發量佔成數愈高。

據實驗結果，由煤燃燒所生之100單位熱量中，40單位由火箱鈑傳達水內，其餘60單位由燃燒所成之混合氣體經過焰管而

達於烟箱，其中45單位由管壁傳達水內，15單位由混合氣體帶出烟筩。故每100單位之煤熱量，85單位為鍋爐所吸收，而其中40單位為火箱所吸收也。鍋爐熱面積如何將熱傳入鋼鈑或銅鈑以蒸發水量雖不外放射 Radiation 傳導 Conduction 及對流 Convection 三種，究竟此三種如何分配其工作則無從分析。據學者研究結果，以為火箱完全以放射法吸收熱能，焰管則兼用傳導法及對流法吸收熱能。佛來也 Fry 之計算方法如下。

(a)火箱熱面積吸收放射熱之計算——由司台芬宗律 Stefan Boltzmann Law 知涼熱兩平行面間熱面所失之放射熱為

$$H_R=\frac{1723\,A}{\frac{1}{e_1}+\frac{1}{e_2}-1}\left[\left(\frac{T_1}{1000}\right)^4-\left(\frac{T_2}{1000}\right)^4\right]$$

H_R 為放射熱能，以 B.T.U. 計之。

A 為任一平行面之面積，以平方呎計之。

e_1 為熱面之放射係數 emissivity。

e_2 為涼面之放射係數。

T_1 為熱面之絕對溫度以°F計之。

T_2 為涼面之絕對溫度以°F計之。

經佛來也用適當之常數代入，幷以A為1平方呎熱面積，得

$$H_R=1{,}600\left[\left(\frac{T_1}{1000}\right)^4-\left(\frac{T_2}{1000}\right)^4\right]\cdots\cdots(5)$$

此式中之H_R為每方呎熱面積所受之放射熱能，以B.T.U.計之。

佛來也為省去計算之煩，經製成一表以便查用，如第二表。

表中數目係設爐火溫度為任何數但火箱鈑即水與蒸汽之溫度為380°F經各加491°F變為絕對溫度代入上式計算而得。380°F為蒸汽在180磅/平方吋壓力下之飽和溫度，如鍋爐壓力較180磅/平方吋高且具有過熱度數，其溫度較380°F甚高者，則應用附表所列數目校正之。此表之第一橫行為火爐溫度之整數自1400°F以至2700°F，其第一縱行為火箱溫度之零數自0°以至90°。如鍋爐汽壓為180磅/平方吋火爐溫度為1920°F則由表得53,500B.T.U.是即每方呎火箱熱面積每小時所受之放射熱量也。如爐火溫度仍為1920°F，但鍋爐汽壓為200磅/平方吋且具160°F之過熱則蒸汽溫度應為540°F即火箱熱面積之溫度為540°F由小表知應減去900 B.T.U.，即(53,500－900＝)52,600 B.T.U.為該火箱熱面積每方呎每小時所受之放射熱量也。如以970.4 B.T.U.除每方呎熱面積每小時所受之放射熱，則得其蒸發率，故第一例之蒸發率為(53,500÷970.4＝)55磅，第二例之蒸發率為(52,600÷970.4＝)54.2磅。有此一法，祇須測爐火溫度之確數即可得火箱熱面積之蒸發率，甚簡易也。

(b)焰管熱面積吸收熱能之計算——由實驗，知大小焰管吸收熱能無甚差異。其計算法首由法森頓教授Prof E. A. Fessenden創立一式，經佛來也引伸之如下：——

$$\log\log(T_1/t)-M\,x=\log\log(T_2/t)\cdots\cdots(6)$$

$$\log M=B-m\log W/P\cdots\cdots(6A)$$

$$\log(B+1.3)=9.31-0.54\log d\cdots\cdots(6a)$$

$$\log m=9.36+0.37\log d\cdots\cdots(6b)$$

式中，T_1＝焰管中任何點氣體之絕對溫度°F，較高溫度。

T_2＝離開量T_1點x呎，氣體之絕對溫度。F°較低溫度。

t＝焰管本身之溫度卽鍋爐內水與蒸汽之溫度，°F

x＝是T_1及T_2兩點間之距離以呎計。

M＝係數，依管徑管周及氣體之流速而變。

W＝流經管周P之氣體重量，以磅/每小時計。

P＝焰管之內周長度，以吋計。

B,m＝係數，依周管之內徑而變

d＝焰管內徑，以吋計。

以上僅就小焰管而定，如係大焰管，管內尙有4棵過熱管，則W重之氣體所接觸者不止大焰管之內周尙及4棵過熱管之外周，故P應爲大焰管內周及過熱管外周之和。又

$$d=4\times\frac{\text{氣體通過之橫剖面面積}}{P}$$

大小焰管同時計算，應將氣體通過之橫剖面全面積，及氣體與管壁接觸之周綫總長算出。例如2吋小焰管其內徑爲1.75吋則氣體通過之橫剖面面積爲$\pi(1.75)^2/4$，氣體與管壁接觸之周綫爲$\pi(1.75)$，故$d=4[\pi(1.75)^2/4]\div\pi(1.75)=1.75$，是卽焰管內徑也。如有237棵內徑2吋之小焰管，及40棵內徑5.2吋之大焰管，每大焰管內裝外徑1.5吋之過熱管4棵。則氣體經過之橫剖面面積爲

$$237\times\frac{\pi(2)^2}{4}+40\left\{\frac{\pi(5.2)^2}{4}-4\frac{\pi(1.5)^2}{4}\right\}=1309$$

平方吋，氣體與管壁接觸之周線爲

$$237\times\pi(2)+40\{\pi(5.2)+4\pi(1.5)\}=2898$$

平方吋，故$d=4\times\frac{1309}{2898}=1.80$

以上諸式中，W之値或由實驗測得或由下列公式得之，頗相近也。設Wdg爲每磅煤燃燒後所成之乾氣體，以磅計。又設C爲煤中所含純炭之百分數，CO_2 CO爲烟氣分析Gas analysis中所得CO_2及CO之容量百分數，得

$$Wdg=2.52\times\frac{C}{CO_2+CO}\quad\cdots\cdots\cdots\cdots(6C)$$

此式所得爲1磅煤燃燒後所得乾氣體之重量，乘以每小時燃燒量總數卽得每小時乾氣體之總數。此項乾氣體中所含蒸汽如能求得其重量則可加入Wdg中，爲烟箱氣體之全重量如d之値爲已知數，則由6a，6b，可求出B及m之値；又如知W之値，則由6A可求出M之値；又如知火箱溫度T_1則離開火箱x呎地點之溫度T_2可以求得。設x爲管長則T_2爲烟箱之溫度。此式又可用以求焰管內各點氣體之溫度。

旣知氣體在焰管各點之溫度，又知氣體之重量，如知該氣體在各該溫度時之比熱Specific heat，則該氣體在各該點時所含之熱量可以算出，其兩點熱量之差卽爲管壁吸收之熱量，亦卽水吸收以蒸發之熱量，如以970.4除之，卽得各該點間焰管蒸發量，再以焰管熱面積除之卽得其蒸發率。煤燃燒後混合氣體之比熱Cp可以下式求之。

$$Cp=0.235+0.000014t\quad\cdots\cdots\cdots\cdots(6B)$$

t爲氣體之溫度。

演解(6)式似頗煩難，佛來也又製兩表以助演算。第三表用

以計算B及m之值。第四表用以求 T_2 之值，此表設 t 爲 390°F 相當於180 磅/平方吋汽壓，其他汽壓或溫度應用時有些微差度。茲設例說明其用法：——

火箱溫度（實驗）……………………………1935°F

焰管長度，x ……………………………14.98呎

焰管內徑，d ……………………………1.75吋

每焰管之內周，P＝1.75×3.14 ……………5.5吋

混合氣體之重，每方呎爐底面積每小時（實驗）1.145磅

爐底面積……………………………55.5方呎

焰管數目……………………………315 棵

每焰管中每小時經過之混合氣體，$W=\dfrac{1.145\times55.5}{315}$

＝202 磅

先由第三表，d ＝1.75吋，得

$B=9.079 \quad m=0.282$

由(6A)得，

$\log W=\log 202=$	2.305
$\log P=\log 5.5=$	0.740
$\therefore \log W/P =$	1.565
$m =$	0.282
$\therefore m\log W/P =$	0.441
$B =$	9.079
$\therefore B-m\log W/P =$	8.638
$\therefore \log M =$	8.638

$M= \qquad 0.0435$

在(6)中，$T_1=1935\,°F, t=380°F, x=14.98$

$*\log\log(T_1/t)=\log\log\dfrac{1935+491}{380+491}=\log\log 2.79=9.644$

$Mx=0.0435\times14.98= \qquad 0.653$

$\log\log(T_2/t)= \qquad 8.991$

由第四表中檢8.991之相當溫度爲615°F，是卽烟箱中之溫度也。

經過每管之氣體……………………＝202磅/每小時

經過315管之氣體…………………＝63,600磅/每小時

該氣體在火箱邊及在烟箱邊之比熱由(6B)得

火箱邊，$C_p=0.235+0.000014(1935)=.2624$

烟箱邊，$C_p=0.235+0.000014(615)=.2436$

該氣體在火箱邊所含熱量＝ 63.600×.2624×1953＝ 32,400,000 B. T. U.

該氣體在烟箱邊所含熱量＝ 63.600×.2436×615 ＝ 9,500,000 B. T. U.

該氣體在經過焰管時所失熱量…………＝22,900,000B.T.U.

如以970.4除之，得焰管每時之蒸發量＝23,600磅。

又此鍋爐之焰管熱面積＝$\dfrac{5.5\times14.98\times315}{12}$＝2165平方呎

∴此鍋爐之焰管蒸發率＝$\dfrac{23,600}{2165}$＝10.9磅

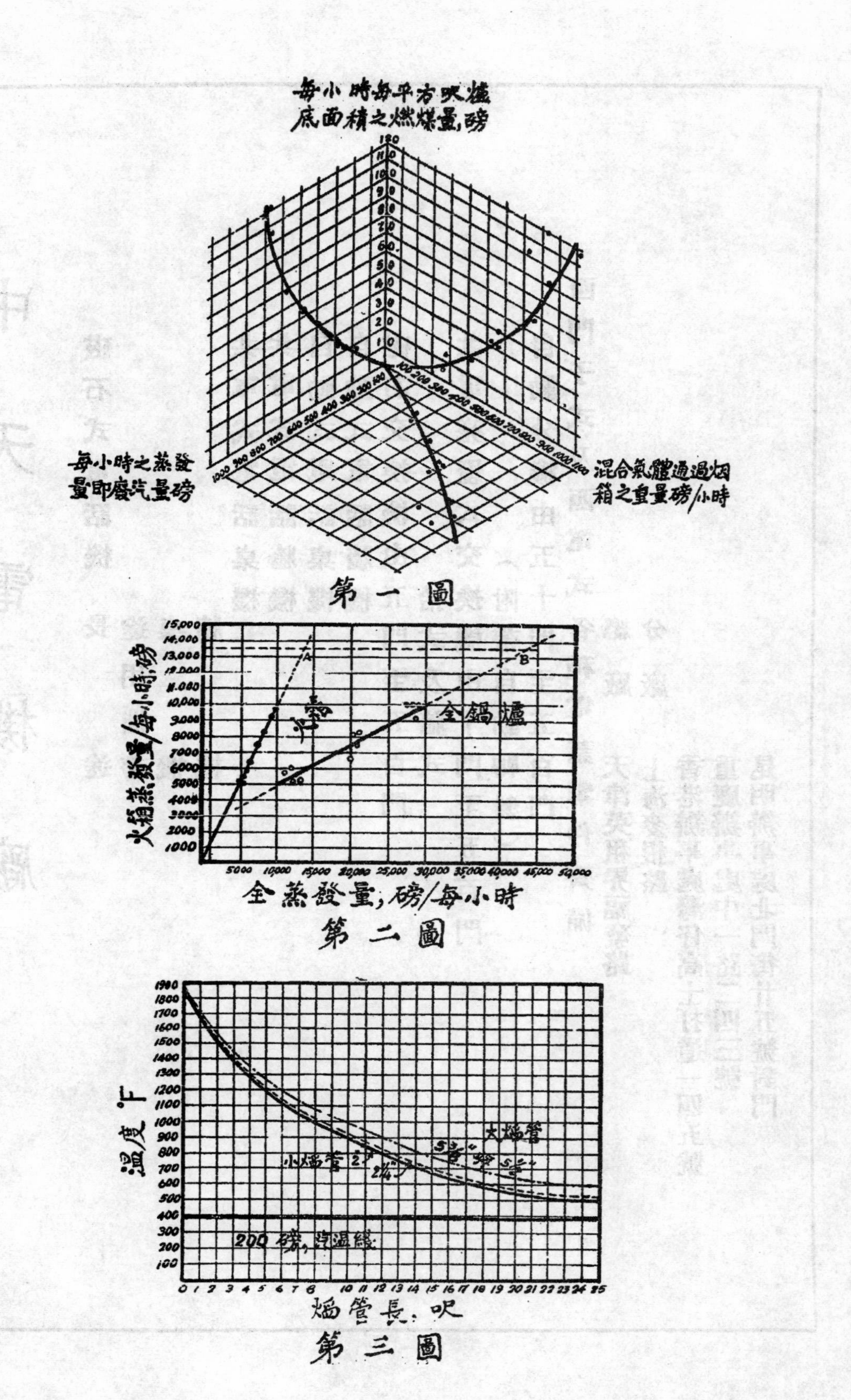

每小時每平方呎爐底面積之燃煤量,磅
每小時之蒸發量即廢汽量磅
混合氣體通過烟箱之重量磅/小時

第一圖

火箱蒸發量/每小時,磅
全鍋爐
A
B
全蒸發量,磅/每小時

第二圖

溫度°F
大烟管
200磅,汽溫線
烟管長,呎

第三圖

第(6)式又可用以測定焰管各點之溫度藉可知管內溫度漸次下落之情形。吳德敎授 Prof A. J Wood 曾實測焰管溫度下落之情形，其結果如三圖。經試驗及研究結果凡管長在管徑 d （其意義爲 6a 及 6b 式中所解釋）70以至75 倍以上者，其吸收熱能之百分數甚微。譬如焰管內徑爲 2 吋，則管長在(2×75＝150吋或12呎 6吋以上者，其吸收熱成數甚少。以下數字爲本寳夕尼機車鍋爐實驗結果之一，其焰管內徑爲 2 吋：——

火箱吸收熱量 46.0%

最初11呎焰管吸收熱量 38.2%

次 4 呎焰管吸收熱量 2.4%

再次4呎焰管吸收熱量 1.4%

焰管太短則吸收熱能之機會少而烟箱溫度高卽烟箱損失大，焰管太長則吸收熱能之機會多，但混合氣體漸失其熱能而溫度降低，至與管壁之溫度相差不大，而熱之傳入管壁者少矣。由上所述，則知管長約爲管內徑75倍者最佳。

（c）由熱面積求蒸發率之方法——美國機車公司工程師柯爾 A. J. Cole 計火箱熱面積之蒸發率爲55磅，另立一表以求大小焰管熱面積之蒸發率，其表如第五表。用此表時，焰管之熱面積以外徑計，卽計其水邊面積也。此表之根據爲柯芝維爾機車鍋爐試驗。此鍋爐之焰管外徑爲 $2\frac{1}{4}$吋，長18呎，其最大蒸發率爲10磅。此表卽根據此一數引伸而得。

（未完）

第二表：火箱燃料在各溫度時之放射熱量表(火箱熱面積溫度 380°F磅/每平方吋熱面積/每小時)

	1400 F.	1600	1800	2000	2200	2400	2600
	B. T. N.	B .t u.					
0	19,300	30,000	43,500	60,700	83,000	110,000	145,000
10	19,800	30,600	44,200	61,700	84,200	112,000	147,000
20	20,300	21,200	45,000	62,700	85,500	114,000	149,000
30	20,800	31,800	45,800	63,700	86,800	115,000	151,000
40	21,300	32,500	46,600	64,700	88,100	117,000	153,000
50	21,800	33,200	47,400	65,800	89,400	119,000	155,000
60	22,300	32,800	48,200	66,800	90,700	121,000	157,000
70	22,800	34,500	49,000	67,800	91,900	122,000	159,001
80	23,300	35,200	49,900	68,800	93,200	124,000	161,000
90	23,800	35,800	50,800	69,900	94,400	125,000	163,000
	1500 F.	1700	1900	2100	2300	2500	2700
0	24,300	36,500	51,700	71,000	95,700	127,000	165,000
10	24,800	37,200	52,600	72,100	97,200	129,000	167,000
20	25,400	37,900	53,500	73,300	98,700	131,000	169,000
30	25,900	38,600	54,400	74,500	100,200	133,000	171,000

40	26,400	39,300	55,300	75,700	101,700	134,000	173,000
50	27,000	40,000	56,200	76,900	103,200	136,000	175,000
60	27,600	40,700	57,100	78,100	104,700	137,000	177,000
70	28,200	41,400	58,000	79,300	106,100	139,000	179,000
80	28,800	42,100	58,900	80,500	107,600	141,000	181,000
90	29,400	42,800	59,800	81,700	109,100	143,000	184,000
100	30,000	43,500	60,700	83,000	110,600	145,000	187,000

火箱熱面積在其他溫度時之熱量校正表　磅/每平方寸熱面積/每小時

熱面積溫度	校正數(應減去)	熱面積溫度	校正數(應減去)	熱面積溫度	校正數(應減去)
400	100	480	500	560	1000
420	200	500	600	580	1200
440	300	520	750	900	1400
450	400	540	900		

第三表　　熖管受熱公式中係數之值

d in.	B	m	d in.	B	m	d in.	B	m	d in.	B	m
0.38	9.561	0.160	1.30	9.145	0.252	1.90	9.063	0.290	2.7	9.000	0.330
0.44	9.500	0.169	1.50	9.112	0.266	1.95	9.058	0.293	2.8	8.994	0.335
0.50	9.444	0.178	1.55	9.105	0.269	2.00	9.053	0.296	2.9	8.988	0.340
0.58	9.388	0.188	1.60	9.098	0.272	2.10	9.043	0.301	3.0	8.983	0.344
0.66	9.341	0.197	1.65	9.092	0.275	2.20	9.035	0.306	3.5	8.961	0.364
0.75	9.300	0.208	1.70	9.085	0.278	2.30	9.027	0.311	4.0	8.943	0.382
0.87	9.253	0.218	1.75	9.079	0.282	2.40	9.020	0.316	5.0	8.915	0.415
1.00	9.213	0.242	1.80	9.074	0.285	2.50	9.013	0.321	6.0	8.895	.445
1.15	9.175	0.242	1.85	9.068	0.288	2.60	9.006	0.326	8.0	8.867	0.494

註　一　1.B之值內8及9字爲對數中之負指數　2.表中不見之數可由比例求出

3.小熖管之d即小熖管之內徑．大熖管中有過熱管者應用下法求 d. 　d. ＝4× $\frac{\text{熱氣通過之橫剖面}}{\text{熱氣經過之管壁周}}$

27998

第四表 Loglog T/t 之值(表中所列溫度爲焰管某點之溫度°F,t之值爲390°F)

	400 F	500	600	700	800	900	1000	1100
0	......	8,708	8,968	9,117	9,220	9,297	9,359	9,409
5	......	8,724	8,977	9,123	9,225	9,301	9,362	9,412
10	......	8,740	8,986	9,129	9,229	9,305	9,365	9,415
15	......	8,755	8,994	9,135	9,233	9,308	9,368	9,417
20	......	8,770	9,002	9,141	9,237	9,312	9,370	9,419
25	8,228	8,785	9,010	9,146	9,241	9,314	9,373	9,421
30	8,285	8,800	9,018	9,152	9,245	9,318	9,376	9,423
35	8,335	8,815	9,026	9,157	9,249	9,321	9,378	9,425
40	8,380	8,830	9,034	9,162	9,253	9,324	9,381	9,427
45	8,420	8,845	9,042	9,167	9,257	9,327	9,383	9,429
50	8,457	8,860	9,050	9,173	9,261	9,330	9,385	9,431
55	8,490	8,872	9,057	9,178	9,265	9,333	9,388	9,434
60	8,521	8,883	9,064	9,183	9,269	9,336	9,391	9,436
65	8,550	8,894	9,071	9,188	9,273	9,339	9,393	9,438
70	8,577	8,905	9,078	9,193	9,277	9,342	9,396	9,440
75	8,602	8,916	9,085	9,197	9,281	9,345	9,399	9,442
80	8,626	8,927	9,092	9,202	9,285	9,348	9,401	9,444
85	8,648	8,938	9,099	9,207	9,288	9,351	9,403	9,446
90	8,669	8,948	9,105	9,212	9,291	9,354	9,405	9,448
95	8,689	8,958	9,111	9,216	9,294	9,357	9,407	9,450
100	8,708	8,968	9,117	9,220	9,297	9,359	9,409	9,452

第四表(續)

	1200	1400	1600	1800	2000	2200	2400	2600
0	9,452	9,520	8,574	9,618	9,655	9,686	9,713	9,736
10	9,456	9,523	9,577	9,620	9,657	9,687	9,714	9,737
20	9,460	9,526	9,579	9,622	9,658	9,688	9,715	9,738
30	9,464	9,529	9,582	9,624	9,660	9,690	9,717	9,739
40	9,468	9,532	9,584	9,626	9,661	8,691	9,718	9,740
50	9,471	9,535	9,587	9,628	9,663	9,693	9,719	9,741
60	9,475	9,538	9,589	9,630	9,665	9,694	9,721	9,743
70	9,478	9,541	9,591	9,632	9,666	9,696	9,722	9,744
80	9,482	9,544	9,593	9,634	9,668	9,697	9,723	9,745
90	9,485	9,547	9,595	9,636	9,669	9,699	9,724	9,746
	1300	1500	1700	1900	2100	2300	2500	2700
0	9,489	9,549	9.597	9,637	9,670	9,700	9,725	9,747
10	9,493	9,552	9,600	9,639	9,672	9,701	9,726	9,748
20	9,496	9,555	9.602	9,641	8,674	9,702	9,727	9,749
30	9,499	9,558	9,604	9,643	8,675	9,704	9,728	9,750
40	9,502	9,560	9,606	9,645	9,676	9,705	9,729	9,751
50	9,505	9,563	9,608	9,646	9.678	9,706	9,730	9,752
60	9,508	9,565	9,610	9,648	9,679	9,708	9,732	9,753
70	9,511	9,568	9,612	9.650	9,681	9,709	9,733	9,754
80	9,514	9,570	9,614	9,652	9,682	9,710	9,734	9,755
90	9,517	9,572	9,616	9,654	9,684	9,712	9,735	9,756
100	9,520	9,574	9,618	9,655	9,686	9‘713	9,736	9,757

第五表　大小焰管之蒸發當量　磅/平方呎

管長呎	2吋焰管								2 1/4焰管							5 1/2及5 3/8吋焰管						
	管壁最小距離								管壁最小距離							管壁最小距離						
	9/16吋	5/8吋	11/16吋	3/4吋	13/16吋	7/8吋	15/16吋	1吋	5/8吋	11/16吋	3/4吋	13/16吋	7/8吋	15/16吋	1吋	5/8吋	11/16吋	3/4吋	13/16吋	7/8吋	15/16吋	1吋
10	11.10	11.45	11.78	12.08	12.37	12.63	12.90	13.12	12.00	12.36	12.62	12.88	13.12	13.35	13.55	13.62	13.70	13.78	13.85	13.93	14.00	14.08
10 1/2	10.87	11.22	11.55	11.85	12.13	12.38	12.65	12.87	11.81	12.13	12.38	12.64	12.86	13.19	13.30	13.39	13.47	13.54	13.61	13.69	13.76	13.84
11	10.65	11.00	11.32	11.62	11.90	12.13	12.41	12.61	11.57	11.90	12.15	12.40	12.61	12.84	13.05	13.16	13.24	13.31	13.36	13.45	13.53	13.60
11 1/2	10.45	10.78	11.10	11.40	11.67	11.90	12.17	12.31	11.36	11.67	11.92	12.17	12.38	12.60	12.81	12.94	13.02	13.09	13.16	13.22	13.30	13.37
12	10.25	10.57	10.89	11.18	11.45	11.68	11.94	12.13	11.16	11.45	11.70	11.95	12.16	12.37	12.57	12.72	12.80	12.87	12.94	13.00	13.07	13.15
12 1/2	10.05	10.37	10.68	10.97	11.23	11.46	11.71	11.90	11.96	11.25	11.49	11.73	11.94	12.15	12.34	12.51	12.59	12.65	12.72	12.78	12.85	12.92
13	9.86	10.17	10.47	10.76	11.02	11.24	11.49	11.68	10.77	11.05	11.28	11.52	11.72	11.93	12.12	12.30	12.38	12.44	12.50	12.57	12.63	12.70
13 1/2	9.68	9.98	10.27	10.56	10.81	11.03	11.27	11.46	10.58	10.85	11.08	11.31	11.51	11.71	11.90	12.10	12.17	12.24	12.30	12.37	12.43	12.50
14	9.50	9.80	10.08	10.30	10.60	10.82	11.06	11.24	10.39	10.66	10.88	11.10	11.30	11.50	11.69	11.90	11.97	12.04	12.10	12.17	12.23	12.30
14 1/2	9.33	9.62	9.89	10.16	10.40	10.62	10.85	11.03	10.20	10.47	10.70	10.90	11.11	11.30	11.49	11.71	11.78	11.84	11.91	11.97	12.03	12.10
15	9.16	9.44	9.78	9.97	10.21	10.42	10.65	10.82	10.02	10.29	10.51	10.70	10.92	11.40	11.29	11.53	11.59	11.65	11.72	11.78	11.84	11.90
15 1/2	9.00	9.27	9.53	9.78	10.02	10.23	10.45	10.63	9.83	10.11	10.33	10.51	10.73	10.91	11.09	11.35	11.51	11.46	11.53	11.59	11.65	11.71
16	8.85	9.10	9.35	9.60	9.83	10.05	10.26	10.44	9.67	9.93	10.15	10.33	10.55	10.72	10.90	11.17	11.23	11.28	11.35	11.40	11.46	11.52
16 1/2	8.69	8.94	9.19	9.42	9.65	9.87	10.07	10.25	9.50	9.76	9.97	10.15	10.37	10.53	10.71	10.91	11.05	11.11	11.17	11.23	11.28	11.[illegible]
17	8.54	8.78	9.03	9.27	4.48	9.69	9.89	10.07	9.34	9.59	9.80	9.95	10.19	10.34	10.53	10.82	10.88	10.94	11.00	11.06	11.11	11.16
17 1/2	8.38	8.62	8.87	9.11	9.31	9.52	9.71	9.89	9.18	9.43	9.63	9.82	10.02	10.17	10.35	10.65	10.71	10.77	10.83	10.89	10.94	10.99
18	8.23	8.47	8.71	8.95	9.15	9.35	9.54	9.72	9.03	9.27	9.46	9.66	9.85	10.00	10.18	10.49	10.55	10.60	10.66	10.72	10.77	10.82
18 1/2	8.07	8.32	8.55	8.79	8.99	9.13	9.37	9.55	8.88	9.11	9.29	9.48	9.68	9.83	10.01	10.33	10.39	10.44	10.50	10.56	10.61	10.66
19	7.92	8.18	8.40	8.63	8.83	9.02	9.20	9.38	8.73	8.96	9.12	9.30	9.51	9.66	9.84	10.17	10.23	10.29	10.35	10.40	10.45	10.51
19 1/2	7.77	8.04	8.25	8.47	8.67	8.83	9.04	9.21	8.58	8.80	8.97	9.15	9.34	9.50	9.68	10.02	10.08	10.14	10.20	10.25	10.30	10.36
20	7.65	7.90	8.10	8.32	8.51	8.70	8.88	9.05	8.44	8.66	8.83	9.00	9.18	9.34	9.51	9.88	9.94	10.00	10.05	10.10	10.16	10.22
21	7.36	7.63	7.82	8.02	8.20	8.40	8.56	8.73	8.15	8.38	8.55	8.73	8.89	9.03	9.39	9.60	9.66	9.72	9.77	9.83	9.87	9.94
22									7.90	8.11	8.28	8.45	8.61	8.76	8.90	9.33	9.39	9.44	9.50	9.55	8.58	9.66
23									7.66	7.86	8.03	8.20	8.35	8.49	8.62	9.08	9.13	9.18	9.24	9.29	9.32	9.38
24									7.42	7.61	7.78	7.95	8.08	8.22	8.35	8.83	8.89	8.94	8.99	9.04	9.08	9.12
25									7.20	7.40	7.55	7.70	7.85	7.98	8.10	8.60	8.65	8.70	8.75	8.80	8.85	8.90

戰時鐵路

丘勤寶

(一)總論

在最近兩世紀裏，軍火的噸數，軍輸的重量，都在繼續地增加，尤其去年德國併吞奧捷以後，顯有一日千里之勢，因此，戰爭更加靠着廣大的和有效的運輸了，鐵路運輸，對於戰爭上的偉大價值，自第一次歐戰以來，是顯明地被證實了。

德國是歐洲各國中，第一個實現鐵路在戰爭上的重要的，一八六六年牠的集中對奧，一八七〇年牠的集中對法，都是差不多完全靠着鐵路。一八七〇年，牠曾用六條主路，在十五天裏用一二〇五列車，把四五六，〇〇〇大兵，一三五，〇〇〇戰馬和一，四〇〇門大礮運送至前線去。一瞧一九一四年前德國的地圖，便可看出 Aldac 地方和 Larraine 地方間的鐵路綱以及另外在 Cologne 地方和比利時邊境間的鐵路網，其中有些在一八七〇年時就曾供過軍用，等到一九一四年，便全部都供軍用。

論到建築鐵路設備，以預備為軍力的集中，德國也是世界的先導。由一九〇九年至一九一四年間，牠曾在 Larraine 和 Rhenish Prussia 等地方的鐵路中心區建築過很大的集中場。法國雖然跟着在 Nancy 的東區和南區也來一套，但當大戰爆發時，牠的各種便利設備，沒有能够像德國的一樣好。德國有了這樣的準備，故能於大戰爆發後幾日內，迅速的把軍隊運送到前線集中。

鐵路的數目：——有了供養的噸數和運程的估計，便可能遂到平常供養所需的列車數目之規定。在交通地帶，一淨列車載重或可達一〇〇〇噸，可是在前線急速築成的鐵路，便以每淨列車載重五〇〇噸為軍區裏用火軍運貨的比較確實之數目。一個軍隊所需的鐵路數目，是沒有一定的。根據單軌鐵路每向每日的容量一一，〇〇〇噸數目推算，則一軍團(三師團)便顯明要〇·四哩鐵路線，(見香港華僑日報廿六年十二月五日拙著戰時公路)可是這些都不是確定不變的數目。在日俄戰爭以前，日人估計俄國不能以西伯利亞鐵路供給很大的實力，而結果俄軍能維持於滿洲的竟超過三七五，〇〇〇人。當然，像世界大戰爭裏那麼偌大的軍需耗費，供給的困難，無疑地是要增加的。因為下列各種原因，，軍需鐵路的數目，似乎沒有確切估計的可能：

(甲)雖然每日一一，〇〇〇噸是照常的容量，可是在一個短時間裏，用興奮的力量，可以曾加牠。

(乙)單軌的幾部份可以改為雙軌，噸數便會因此激增。

(丙)假如兩條鐵路形成一環式，或一線改為雙軌，則容量的噸數並不僅是雙倍罷了，而會增至三倍。

戰時鐵路的統制：在鄰國邊境的已成鐵路，如果有有效的工作和管理，而得滿意的供用，則牠們仍可在合作處理下繼續工作，直到軍事形情不能允許時爲止。

在敵國或在隣國領土裏的已成鐵路，當在軍事上需要時，使要實施軍事統制，其中的私有路線，在敵人肅清後，才交還物主而在軍事監視下工作。已成鐵路上平時的工作人員，要盡量保留，如果用特別有軍事訓練的人員去接理，則大概每段(六十至百哩)需六百人左右。

假如鐵路線的人員不能使用，軍事工程司便要工作該路線，鐵路軍隊的組織，其目的在此。經驗告訴我們，鐵路線的人員，可以很快的轉爲軍事使用，使得他們各做所長的工作，裨置多少有軍事經驗的人員，把整個組織施以軍事需要的訓練。例如運輸量的首要問題，各種單位的組成等。

第一圖表示根據鐵路需要而採用的一種軍事工程司營組織：

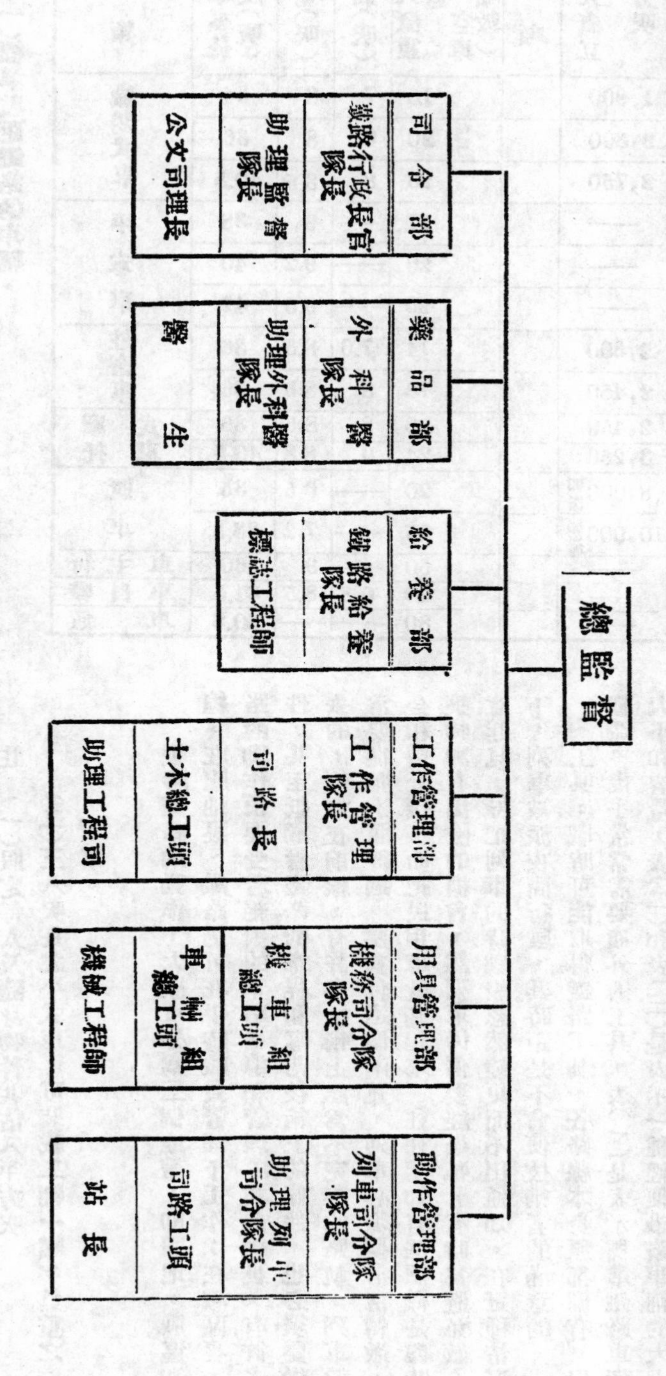

軍事鐵路工程司營

表(一)標準軌距鐵路的車輛。

種類	大小				容量				
	車裏長度(呎)	寬(呎)	高(呎)	大概重量(空車噸數)	噸	大概立方呎	底板(立方呎)	牲畜	人數
鐵悶式車	34	8	7	15		1,900	272	16	34
	36	8	8	20		2,300	288	18	36
	40.5	8 5	8	23		2,750	344	20	43
平式車	38	9	—	17		—	342	—	—
	40	9.2	—	20		—	370	—	—
	42	9.5	—	25		—	399	—	—
牲畜車	36	8.5	7.6	14		2,300	306	15	—
	36	8.5	8	18		2,450	306	15	—
摩托式車	36	8.5	8	20		2,450	306	15	38
	40 5	8.8	9	24		3,250	364	18	45
槽車	35	6 5	—	20		8,000加侖	—	—	—
	33.5	7.2	—	25		10,000加侖	—	—	—
行主車	60	9	—	50		—	510	—	—
職員車	31.5	8.5	6.8	20		—	—	—	—
飯車	80.5	—	—	80		—	—	—	—

註(一)假定每人及隨身物件共佔八平方呎

(二)三八呎長之小式車，可裝載二輛一噸半負重之摩托車。

戰時鐵路的動作，大概可分為三個地帶，即腹地，戰區和前線。在腹地裏，鐵路仍可在平時職員管理下工作；在戰區裏，鐵路的動作使要受着絕對的軍事指導和管理；在前線裏，有許多事件，甚至抵觸着鐵路的章程和專門技術上的條件，也必須要做下去的：例如在前線，有許多技術上認為不完善的路軌，列車還常常要從牠上面經過。要對付這個困難，列車必須要常常轉撤，集合和轉分接，而把民用車就擱起來。往往明知有些橋樑是臨時建築物和有出險的機會，然列車仍舊要經過牠。有時為避免敵人注意起見，得把列車的時刻表忽然變更而不出通知。在這種情形之下，列車被派夜間行駛，其時距是不會使技術者的滿意的。

工具：戰時可能取得鐵路工具，各路線本身原都備有。但是戰區裏幾乎常常需要額外的工具，表(一)是表示標準鐵路車輛的大小和容量，表(二)和表(三)是表示一種輕便鐵路車輛的大小和容量。

表(二)輕便鐵路的車輛

名稱	容量	總長(呎)	總寬(呎)	重量(磅)
三五匹馬力氣油機車	車鈎拉力 一、五〇〇	一〇·七五	四·六六	八、〇〇〇
五〇匹馬力氣油機車	車鈎拉力 三、〇〇〇	一三·〇	五·一六	一四、〇〇〇
蒸汽機車	引力 六、三五三磅	二一·五八	六·四二	三四、五〇〇
鐵悶車	五五〇立方呎	二四·〇八	六·五	一〇、〇〇〇
平式車	三、〇〇〇磅	二四·〇八	五·五八	八、〇〇〇
御貨車式	二七立方呎	六·七五	四·七五	一、〇五〇
櫃車	二、〇〇〇加侖	二四·〇八	五·五八	三、三〇〇

表(三)輕便鐵路的機車容量

機車		三五匹馬力氣油車	五〇匹馬力氣油車	蒸汽機車
在水平路面上	載重的鐵悶車輛	二一	四二	九〇
	(磅)	四八〇、〇〇〇	九六〇、〇〇〇	一九九二、〇〇〇
在3.%斜度上	載重的鐵悶車輛	一·八	三·六	七·五
	(磅)	四〇、〇〇〇	八〇、〇〇〇	一六〇、〇〇〇

記得前次歐戰時，在法國境內的美國遠征隊伍於戰區後方，有一駛於六十公分軌距上的機車和八輛車，載過四，〇〇〇人員。不過最近對於軍事鐵路的概念，却在廢除窄軌鐵路，而採用輕軌輕車的標準鐵路。如果時間，材料和前方的進展允許的話，最好將輕軌的路床改良，以便運輸笨重的和標準的工具。

(二)建築

建築一條鐵路的步驟，第一步是勘測路線，第二步是定線測量，第三步是建築路床，末一步便是敷放枕木和路軌。路床包括路基和碴石，是用以承托枕木和路軌，故必須堅實和有良好的洩水邊溝和涵洞。

無論建築民用，或軍事鐵路，鐵軌和枕木總是先裝置於路床上面，然後次第將牠們提起而散敷碴石於其底部及周圍。主要的鐵路線，往往爲敵人所炸毀，因此便常有路床彈孔，路軌扯斷，橋樑被炸等事件發生。故主要軍事鐵路的建築，係包括重修路線的工作。

使軍事動作上成功的要點，是在關係的官員對於鐵路的能力和限度，有一種普通的智識，軍事動作和給養的計劃，是不基於鐵建築和工作之不可能要求的。有一個須注意的要點，便是新路建築和舊路修築間的人工和運輸都相差很大。

在前次歐洲大戰時，有一個迅速軍事鐵路建築的例子：在美圖 Aubreville 和 Apremont 間一條單軌標準軌距路線長二〇公里，支線長七公里，於九月廿六日開工，十月十八日便建築竣到 Varennes 地方，十月二十日，該線便實行工作了。十一月四日就築竣到 Apremont 地方，同時再向 (Grand Pré 地方展築，至十一月十日就完成了一四·四公里，而且包括着三條支線；一是一二五輛車，二條是一〇〇輛車的容量。

標準軌距鐵路——時間：要想規定標準軌距鐵路（四呎八吋半）建築的時間，是不可能的，因爲地勢的差異，做路床的工作便變化很大。不過下面幾個表，可以給我們多少對於鐵路建築的時間觀念，假定路床是現成的話。

表(四)用敷路機敷築標準單軌鐵路之平均每哩人工（路床工作在外）

運枕木	十八日工
運鐵軌	二十四日工
開車	五日工
釘軌和上鉚	三二日工
校路線	八日工

以上數目，是用於商營鐵路的紀載，若用於軍事建築，便要大大的增加，如用於雙軌鐵路，可以一·五乘上列數目卽得。

表(五)敷築標準單軌鐵路之平均每哩人工，假定能用車起卸材料於使用地點（路床做工在外）

起裝枕木和鐵軌	二〇日工
運枕木和鐵軌	四〇日工
敷置鐵軌	二四日工
敷置枕木	一八日工
釘軌等	四十日工
雜工	八日工
總共	一五〇日工

路軌已如上述步驟敷築後，最好須校對軌線和軌面，這種工作所須的日工，是依着整平路軌舂打碴石等工作而定，大概由五〇至二〇〇日工不等

做路床的人工，變化很大，在平坦的區域上，每哩由一〇〇〇至五〇〇〇日工不等，在工作困難的區域上，便要大大的增加了。在各種情形裏，橋樑涵洞的人工必須另外估計而加入之。用於雙軌鐵路可以一·五乘上列數卽得。

材料：表六和表七表示每哩單軌鐵路所須材料數目，我們可以看出其中碴石是佔總數百分之九十，因爲事實上很難採取和運輸這樣大量的碴石，故往往在初次建築中，把牠們省去不用，可是這樣鐵軌便會很快的不平而致機車出軌，這很危險的，在潮濕路基的地方，卽短時間裏，也不能省去碴石。

表(六)標準單軌鐵路每哩所需材料

種類		約重	的三〇噸車輛 運材料所需
八五磅鐵軌	三一八條三〇呎的鐵軌，三四條二四呎·至三呎鐵軌	一五〇噸	五
枕木	二六四〇根（九吋長七吋寬八吋高）	一七九	六
礦石	一九八三立方碼，十二吋深	二六八〇	九〇
雜	三五九對連桿，三四八付鉚釘，一〇，五六〇軌釘	一五	一
總共		三〇二四	一〇二

表（七）標準軌距單軌鐵路，每哩所需石（立方碼），枕木中心距離二呎。

深度（吋）	單軌頂寬			雙軌頂寬		
	一〇呎	一一呎	一二呎	二一	二二	二三呎
十二	一七三六	一九六三	二二七九	三五七五	三七七一	三九六七
十八	三〇一〇	三三〇三	三五九六	五八七二	六一六六	六四六〇

鐵路副物：無論那一個作戰的區域，原有鐵路，必爲交通的主要路線，而對於使用方面，亦已覺適宜。可是戰時法國的鐵路，却需要許多額外的設備。其實所必需建築的，不出下列中一種：

（一）過車路軌；

（二）在碼頭和由碼頭至車站的路軌；

（三）在倉庫站或列車配合所在地點上的接收站，分類站，和出發站等；

（四）機車站；

（五）水塔水櫃；

（六）鐵路店；

（七）節制站

（八）路軌。

依運輸的重要性而言，戰時軍隊所駐紮的領土，是要分劃爲區，而於每區設一節制站。節制站是以鐵軌來指揮和統制該區裏軍隊和給養的進退行動。一個節制站的設備，是要：（一）一個鐵路軍站包括着接收路軌，分類路軌，出發路軌（二）某種便利設備，用於存儲和轉運那些給養的車輛。在流動的戰地裏，要想滿足變易的軍事環境之需要，則無論在那必需鐵路已現成地方或可以很快築成的地方，節制站便要按時設立。

凡一師團接收其給養的地方，是要備有相當的支軌和倉庫空地。因爲給養是自動的，是每日的，故普通供一二日給養而帶有相當支軌的倉庫空地，便足供使用。

路軌終點的選擇，是依着軍隊的派駐，他們附近駐紮線的長短，和公路設備情形怎樣而定。其中一條供給貨車行駛的良好巡環公路是很緊要的。

因為輕便鐵路和公路能運輸的材料數量是有限，故很顯明的，標準路必須跟隨着輕便鐵路和公路，或換句話說，必須跟隨着軍隊前進。大概在一個戰爭裏，對於有精良堡壘，有充分給養的敵軍，一個現代化的軍隊，卽使擁有良好的公路，也不能進展至離路軌終點一百廿哩以外的地方（見香港華僑日報廿六年十二月十二日撮著戰時公路）。假如有優良的輕便鐵路網，則不能過二百哩以外，假如用牲畜拽車者，則不能過三五哩以外。照普通說，路軌終點不能近於前線十二哩以內，也不應該遠於前線廿哩以外。

輕便鐵路——時間：建築輕便鐵路（六〇公分）的速率是依着當地情形而大變的。凡建築材料能運輸至鐵路線者，同時又是由該線路軌終點展築者，則在平坦的區域裏，便有每日約一哩的進展。但是若在建築材料不能先期用公路貨車運至鐵路線的地方，那麼做路基和敷路軌等工作就可以在許多地點進行，這樣，建築的速度自然因之而增加。在前次歐洲大戰休戰時期裏，聯軍曾定出計劃和組織，打算在他們後方的新路床上，能於良好定線內，以每日二哩的速率展築雙軌輕便鐵路，換句話說：卽是保持輕便鐵路隨着聯軍平均的進展。

當一條輕便的鐵路橫過一條寬軌距鐵路線時，則必須設備誇軌。假如路線是超過二日的使用的，則該路線必須做路床和敷碴石。

表（八）建築輕便鐵路每日的平均人工（做路床在外）

敷放路軌：	鐵軌枕木日工	現成路軌段
起裝鐵軌枕木等	一〇日工	九日工
運送鐵軌枕木等	二〇	一八
敷放枕木	二〇	—
敷放鐵軌等	五〇	—
敷放路軌段	—	四〇
	總數一〇〇日工	六七日工
散敷碴石：		
起裝	六〇	三〇
運送	七〇	三五
起卸	六〇	三〇
敷放	九〇	六〇
	總數二八〇日工	一五五日工

路床做工，變化很大。普通要避免深挖。往往僅做路，床就要每哩一〇〇〇至三〇〇〇日工丁。當前次歐洲大戰時，在法之經驗是：每哩輕便鐵路建築需要總共一七六〇至二，四〇〇日工。這表示每日每人有二．二至三．〇呎的展築速率。如果有更好的組織和用具，這數目還可增加。

材料：輕便鐵路軌有二種式樣：(一)現成路軌段，是用鋼軌和鋼枕鉚成的，每段約十六呎長，如圖所示，(二)三十呎長的鋼軌釘於小枕木上，一如標準軌距鐵路，如圖(二)所示。在大戰後期，木質枕木漸多為人採用，因為牠們勝鋼枕的優點是較大承壓力，價廉，和容易修理。表(九)表示輕便鐵路的材料估計。

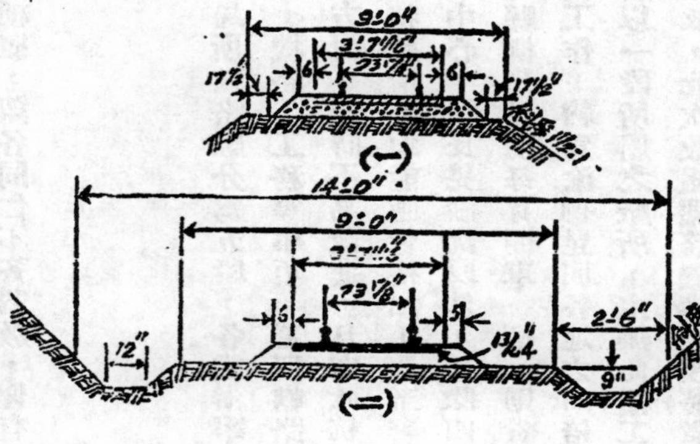

(一)

(二)

表(九)每哩輕便鐵路所需材料：

式樣	數目	約重(噸)	貨車輛數
現成路軌段：			
五公尺長段	三三二段	七四	五〇
碎石	五六〇立方碼	五六〇	三七四
	總	六三四	四二四
鋼軌釘於枕木：			
枕木	二六四〇	四三	二九
鐵軌	三五五	四三	二九
雜件		四	四
碎石		一三八五	九二四
	總	一四七五	九八五

在一個安靜前線的後方，所需的輕便鐵路平均哩數大約七倍前方。如前線是緊張的，則約十二倍。例如前次戰時，德國Vorges地方的前線有一師團佈防着四哩長的路線，則在此安靜地帶上應有多少輕便鐵路？根據上述，我們的答案是應該約二八哩長。

輕便鐵路至好建成環式使用，圖(三)和(四)，是表示軍事輕便路鐵計劃草圖的幾個觀念。

（未完）

交通部西南公路運輸管理局修理總廠保養股三月來之經過

潘世寧

自二月十一日本股成立迄今，轉瞬已三閱月，總觀各部份情形，較前雖略見進步，然均未能令人滿意。寧自驗才力不足，深覺慚汗，謹將經過情形，述其梗概，望各同仁不吝賜教，俾有遵循，幸甚。

一、組織

本局組織爲分區制，將全局所轄路線分爲五段，各設辦事處主任，總理各該段內一切業務，機務，工務等事項。蓋所轄路線緜亘五省，達數千公里，電訊方面，一時不易改進，且處此抗戰緊張時期，各地所臨時發生之特殊情勢均能應付裕如，法至善也。惟貴陽一地處本局所轄路之中心，除長晃渝沅段外，其餘四段車輛，莫不由此經過。重慶晃縣柳州昆明每日開車一輛，則貴陽到達四輛。故此處小修及保養工作，約爲渝柳昆明各地之四倍。加以本路車輛，日見增加，若以一段所屬之廠所，主辦此種工作，則不免有偏倚之處。職是之故，此次改組機務機構，遂將貴陽一地所有機務事項，另設機械廠及修理總廠，分別管理製造配件，大修，小修，及保養各項工作。機械廠專司配件之製造，修理。總廠分總務，修理，保養三股；修理股專司車輛之大修，保養股專司到達貴陽車輛之檢驗，小修，保養，及司機管理等工作。三月以來，尚能分工合作，與晃平段辦事處，及車站亦稱融洽，蓋本股與各方關係均稱密切，而各方之誠意協助，殊可感也。

本股內部組織，復分爲司機管理，及車輛檢修兩大部；司機管理室，再分考核，調派，登記，公益，及工具(隨車工具)等五部份，車輛檢修室再分檢驗，小修，清潔，潤油，電機，及救濟五部份。材料室則歸總務股管理。每日出入車輛，雖各達三四十輛，然各部份職有專責，頗覺有條不紊，惟各部份間之互相聯繫，尚須充分發展耳。

二、車輛檢修

車輛到站時，由司機管理室派人專收駛車日報，登記司機所報損壞情形，並量記存油，由司機蓋章，以資證明。另由檢驗部份，派人檢驗車輛損壞情形，接收電鑰，寫修車工作單，與司機所報告各項校對後，逕交小修部份。車輛開至洗車處後，電鑰交至司機管理室。小修部份接到修車工作單後，即派定一組機匠，負責修理，指定工務員負責督修。修理完竣後，由督修工務員覆驗，並將車開至檢驗處，由檢驗部份試車，確屬修妥，即開至修妥車輛停放處，備次日派班行駛。自每日下午五時起至次日下午五時正，到達車輛，由接收駛車日報人員，造進廠車輛現狀登記表，即可知當日到達車輛，及鋼板損斷車輛數目。其百分數三種車輛總計約爲百分之四十。(附表一)

四月份到筑車輛統計表(附表一)

車別	客車		貨車		客貨共計輛數	鋼板損斷數	百分比
	到達	鋼板折斷	輛數	鋼板折斷			
雪佛蘭	66	11	202	100	268	111	42
道奇	55	18	331	145	386	163	42
福特	26	2	44	5	70	7	10
共計	147	31	577	250	724	281	39

小修部份每日晚八時將所有修車工作單，按照機匠能力修理約需時間。分派機匠次日工作。造列小修工作分派單，並將當日工作情形，另列修車日報，填明起修修竣時間，及何以不能修竣原因，以資查考。四月份內共計小修車輛724輛，仍以修理鋼板爲最多。(附表二)

四月份工作統計表(附表二)

修理工作＼車別	單位	雪佛蘭	道奇	福特	共計	備考
經修車輛	輛	268	386	70	724	
換鋼板	,,	120	176	9	305	計損斷411付內後鋼板54付未斷過軟者淬火或換新在內
校引擎	,,	90	121	30	241	
校剎車	,,	65	102	14	181	
清油路	,,	30	52	12	94	
修小邦浦	,,	15	22	3	40	
洗油箱	,,	16	14	1	31	
焊水箱	,,	37	7	6	50	
換輪胎	,,	8	3	6	17	

潤油部份，將進廠車輛按本局規定添注潤滑油記錄表所規定辦理，並每日將已添注各車列表送閱。四月份內共計615輛。對於新到車輛，不須任何修理。亦由此部份派定專人旋緊各處螺絲以免鬆動損壞，而重車輛保養。

電機部份工作特繁，而人數最少。每日進廠車輛，電池，電燈，損壞最多。尤以早晨開車時不能發動。於是用車索引，滿場拖行，最使人討厭。後經責令負責員工，竭力整頓，至少客車電池，必須充足電量。各車電池所加之水，全用蒸溜水，一面盡力維持新車電池，使不再損壞；一面修理已壞電池，恢復使用。（附表三）

修理總廠保養股電氣工作統計表（附表三）

工作項目	次數	工作項目	次數
修電燈	239	充電池	78
修喇叭	157	修電池	15
整理路綫	75	整理電括水	19
修發電機	11	其他（洗油表 充電表 割電器 開關等）	112
修馬達	10		
共計			716

救濟部份所負任務，亦頗艱苦，蓋貴陽處四線之交點，每路有車一輛發生故障，卽須派一組人出發。有時夜間亦須出動，若係客車，中途發生故障，則無論風雨早晏，莫不卽時出發救濟。尤以材料缺乏，平時卽將舊料設法修復存儲，以備一時急需。四月份本局車輛在本廠救濟區域內，發生故障者，共106輛。以汽油不來，因而求救者為最多。（附表四）

四月份車輛中途故障統計表（附表四）

項目	故障原因	輛數	項目	故障原因	輛數
1	電系	10	7	車身系	1
2	散熱系	14	8	制動系	2
3	引擎系	7	9	傳動系	7
4	汽油系	37	10	潤滑系	3
5	轉向系	4	11	輪胎	6
6	避震系	24	12	翻覆互撞滑滿	5
共計					106

每月開駛車輛之多寡，及能否不在途中發生故障，為車輛修理工作良否之反應。三月份三十一日內，共計開出車輛808輛。四月份三十日內，共計開出764輛，每日平均255輛。救濟車及短途公務，尚不在內。其發生故障者，為38輛，約為開出車輛數百分之五弱。其確因修理不良，而致發生故障者，為21輛，約為百分之二八。（附表五）

四月份本廠開出車輛統計表（附表五）

路別	開出車輛數	發生故障輛數	百分比	確係修理不良	百分比
筑渝	297	13	4	9	3
筑柳	184	7	4	4	2
筑昆	184	15	8	6	3
筑晃	98	3	3	2	2
共計	764	38	5	21	28

停廠待件待修車輛，對於車輛運用之效率，影響最大。本年二月間存廠待修車達四十餘輛，且多在車庫內停放。後經指定專員負責督修，逐日減少。至四月已減至六輛。無形中本局增加駛用車輛三十餘輛。（附表六）

停廠待件車輛遞減表（附表六）

日期	輛數	附註
2/26	41	
3/1	39	
3/15	24	
4/1	12	
4/15	6	2122 2048 2146 2072 2121 2140
5/1	6	

至於全局車輛駛用效率，四月份統計，僅百分之四十七。渝筑，筑柳，晃平及平昆四段為百分之五十。此項效率可分為兩項，一為修理效率，一為使用效率。修理效率與停廠大修車輛為反比。各車小修均可於夜間行之，毫不減少行駛時間。惟以本局路線崎嶇，崇山峻嶺，坡度灣道，備極險惡，路面又劣。每次自渝至筑或由筑至昆司機，已工作三日，若不令休息，對於其健康方面，精神方面，乃至客貨之安全方面，似均不無影響。若使其休息一日，則在每司機保管一車制度之下，車輛亦須休息。若果能趁此一日詳細檢修，亦保養之佳事。如是則每車四日內休息一日，駛用效率最高為百分之七十五。假定停廠大修者為百分之二十，則修理效率為百分之八十；而駛用效率為二者之積，遂僅 $80 \times .75 = 60$。是則小修方面努力改善，亦不能增進幾許。

對於增加使用效率，端在設法減少車輛休息時間，若因而減少司機休息時間，則所得恐不償所失。然以本局路線關係，殊難得一良法，此則尚待研究者也。

三、司機管理

司機到達車站後，首將駛車日報交與考核部份所派接收日報人員，並報告車輛損壞情形。其有因駕駛疏忽而損壞者，或鋼板折斷者，即行記錄，以資考核。次於到達車輛登記薄上登記其式樣如次：

車號	司機	由何處來	存油數量	住址	離筑日期	車號	往何處

本廠管轄司機由本股發給股務記錄每月一册，記載本月行駛里程，消耗油料，並由到達廠所主管蓋章證明，其式樣如次：

交通部西南公路運輸管理局

修理總廠

司機工作月報

姓名……

二十八年　月份

日期	車號	出發站	到達站	行駛里程	消耗燃料	到達站站長或廠所主管人簽名蓋章
1						
2						
3						
4						
5						
6						
7						

對本廠所轄車輛每月內之動態，則用下列表格以作紀錄。本廠現在管轄新舊車輛共三百四十餘輛，詳細行駛情況一目無遺，其式樣如次：

車號	1301																							
日期	到	開	到	開	到	開	到	開	到	開	到	開	到	開	到	開	到	開	到	開	到	開	到	到
1																								
2																								
3		筑	柳																					
⋮																								
30																								
31																								

四月份內到達貴陽車輛，當日所行里程，及所耗汽油統計如下表：可知雪佛蘭車仍甚省油。

修理總廠保養股

四月份到達車輛行駛里程及消耗油料統計表

車別	客車				貨車				總計
	雪佛蘭	福特	道奇	合計	雪佛蘭	福特	道奇	合計	（客貨兩計）
輛數	66	26	55	147	202	44	331	577	724
共行里程	14427	6565	12988	33980	50166	10763	86905	146134	180114
消耗汽油	1385½	744	1354½	8484	4712	1167½	8910	147890½	18273½
平均每百公噸消耗汽油	9.6	11.25	10.5	10.3	9.4	10.85	10.33	1012	10,14

調派部份，每日晚八時以前，按照車輛保管司機派定行駛。其無保管司機者，則視派駛路綫，擇派各段司機行駛。凡到達貴陽各司機，一律須於早七時晚八時到廠簽到，並看班。其派班牌略如下式：

車號	車別	司機姓名	駛往何處	車號	車別	司機姓名	駛往何處

其有不按時簽到者，每次罰薪五角。派班遲到者罰二元。不到者罰伍元。其保管各車之司機，另有大木牌二塊，將各司機及所保管車輛名牌以資清晰。現本廠司機 251 名，有保管車輛者 208 名。其他或開駛他段車輛。或請假休息，統計略如下表：

本廠現有	251 名
有保管車輛者	208 ,,
開駛他段客車者	14 ,,
開駛他段貨車者	11 ,,
請假	10 ,,
四月份內未到廠者（內三名已死二名拘押）	8 ,,

關於司機之管理，咸謂爲最難之事，然自各方觀察，亦並非絕無辦法，玆就服務及品行兩方面分析之。就服務方面言，在現在本局厲行各項奬懲辦法之下，若能整個的澈底辦到，每司機保

管一車，且各廠所均能澈底修理，勿存勉強敷衍之心，則必可按時準時開到。其保管之車輛，亦必甚自愛惜，其確屬秉性不良，或技術不佳者，自可開革不用。若有遲到曠工，自可照章處罰，似無困難可言。此三月來所有司機遲到等事頗多，因派班之不當，或無保管司機之故。至於車輛之保養若係保管司機始能有法稽考。故目前當務之急，自以澈底實行每司機保管一車辦法，始可解決此項問題。

就品性而言，則首重訓練。然以管理言，嚴刑重罰，固可收效一時，然根本方法，終賴檢驗制度之嚴密。苟稽查嚴密，每十次希圖漁利者各次均被破獲，則雖僅加以補票或扣貨處分。明知其不能漏網，則亦必不願冒險嘗試。若百次帶貨，而僅一次破獲，則雖處以極刑，終願冒險，圖九成九之可以成功。利之所在，若非聖賢，頗難峻拒。卽在受訓時，有心向善，亦不免爲環境所征服矣。現在管理人員，雖舌敝唇焦，勉其爲善，又豈能挽狂瀾于萬一哉。是以目前要務，惟在嚴行稽查制度，多設檢查站，及流動稽查，認眞工作。果能對任何機關或公司之車輛，一律週密實行，使絕無漏網之可能，則積弊自可清除，管理亦遂較易矣。

登記部份，將本廠司機造就清冊，登記其到工日期，所支薪額，及調遷升降，賞罰各事。共有名冊三本，一本記本廠司機各項事項，一本則將本廠司機依姓字筆畫多少排列，其他一本則將本局所有司機，均依姓字筆畫多少排列，並附註所屬廠所。因貴陽處路綫中心，倘一不慎，則致將昆廠司機派往渝柳各地也。其四月份內受獎受罰司機數目略如次表：

修理總廠司機賞罰統計表（四月份）

		百分比
司機總數	251	100
受奬司機數目	24	10
受罰司機數目	29	12
開革司機數目	5	2

公益部份，辦理司機宿舍，公舖，及食堂各事。現已備有公舖六十個，食堂可容一百九十二人，同時用膳。其餘浴室，茶點，檯球，藍球，胡琴，等娛樂品，亦已置備。司機到達，卽可向調派室領取公舖證，對號入室，頗稱便利。

隨車工具部份，經管隨車工具之收發。現以客車工具，多已不齊，逐將其他貨車工具，備充應用。每日晨開行客車，所領工具件數，均經列表記錄，以資查核。

三、材料

材料之供給，影響於工作者最大。有時與實工作時間，不過一小時。而等候或設法借購材料，恆須數小時，甚至數日之久。苟材料方面，能源源接濟，則工作速率，可更增高。四月份所用主要材料：鋼板方面供給僅及需要之半數，其餘只得用扁鋼煆製後，淬火或用鐵釘接鉚，亦應急而已。

總上所述本廠保養股工作情形，似略有秩序。此後若材料方面，稍多補充，技術工人，稍有增加，則雖到達車輛再增一倍，亦仍可應付裕如也。

編輯餘言

翁為

編雜誌難；編工程雜誌尤難，以其文字之涉於專門，徵稿校稿皆不易也。在平時已如此。值茲非常時期，則更有印刷之難。內地印刷機具不完，製圖設備尤缺；顧工程文字，不能離圖；鉡板銅板，既無法鑄造，不得已而乞靈於木刻石印；不能使人滿意也。排比表格，安插圖案，內地手民，少有經驗；補漏塞遺，在所不免；亦不能使人滿意也。坐此種種，出版之期，因以延誤；又不能使人滿意也。所差強人意者，在此困難之中，累經數月之勤，新工程呱呱墮地，幸得與讀者相見耳。雖然，此兒也，戰兒也；生於鎗林彈雨之叢，顛沛流離之際；啼聲似亢；襁褓不華。讀者君子，倘其諒之。

中國農民銀行經

國民政府特許爲供給農民資金復興農村經濟促進農業生產及提倡農村合作之銀行

資本總額 收足壹千萬元

業　務 本銀行除營農民銀行條例規定之各項業務外並呈准設立兼辦儲蓄業務

總　行 重慶

分支行處

江蘇省　上海

浙江省　寧波　紹興　金華　江山　溪口

安徽省　屯溪

江西省　上饒　吉安　贛縣　萍鄉　樟樹　寧都　南城

湖北省　宜昌　老河口

湖南省　衡陽　沅陵　零陵　常德　邵陽　新化　芷江　湘潭

四川省　重慶　成都　廣元　樂山　萬縣　瀘縣　宜賓　內江　資中

　　　　南充　宣漢　渠縣　永川　自流井　大渡口

福建省　漳州　泉州　永安　建甌　延平　寧德　浦城

廣東省　韶關

廣西省　桂林　南寧　柳州

雲南省　昆明　曲靖　蒙自　澂江

貴州省　貴陽　安順　遵義　銅仁　畢節

陝西省　西安　潼關　南鄭　安康

甘肅省　蘭州　天水　平涼

西康省　西昌　雅安

海青省　西寧

寧夏省　寧夏

本行淪陷區域各行處現均撤至安全地帶辦理清理

新華行

經售

洋釘 鐵筋 鐵板 水泥 鉛絲 鋼錘 鋼軌 門鎖 鉸鏈 馬達 油石

鋼絲繩 呂宋繩 水流鐵 十字鍬 長木鑽 柴油機 鉛皮綫 鉛絲紗 起重機 抽水機 平白鐵

瓦楞白鐵 白鐵水管 水汀汽錘 彈簧鋼板 神仙葫蘆 各色磁漆 電木開關 各色油漆 手牌銼刀 牛油配根 水管零件

昆明同仁街一號

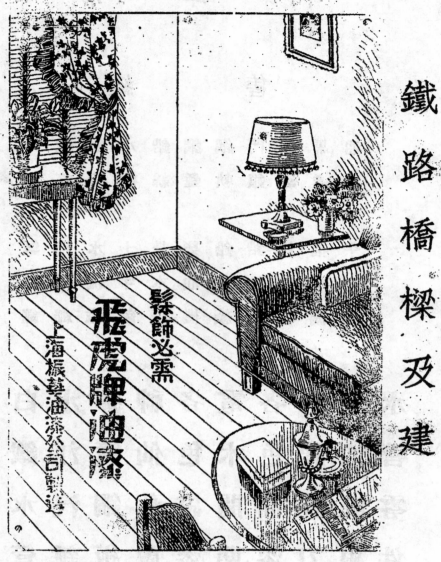

編緝公約

一、本誌純以宣揚工程學術為宗旨。關於任何惡意批評政府或個人之文字，概不登載。如有記載錯誤經人檢舉，立即更正。

二、本誌所選材料，以下列三種為範圍：

甲、國外雜誌重要工程新聞之譯述；

乙、國內工程之記述及計劃；

丙、各種工程學術之研究。

三、本誌稿件，務求精審，寧闕毋濫。乙項材料，力求翔實。丙項材料，力求切實。

四、本誌稿件，雖力求專門之著述；但文字方面則務求通俗，以適應普通曾受高等教育者之閱讀。

五、本誌歡迎投稿。稿件須由投稿人用墨筆謄正，用新式標點點定；能依本誌行格寫者尤佳；如有圖案，須用墨筆繪就，以不必再行縮小為原則；譯件須將原著作人姓名及原雜誌名稱說明；由投稿人署名負責。

六、凡經本誌登載之文稿，一律酌酬稿費。每篇在一千字以上者，酬國幣十元至五十元；內容特別豐富者從優；一千字以下者，隨時酌定。

七、本誌以複雜圖案，昆明市無相當承印之所，有時須寄往外埠刊印。所有稿件，請投稿人自留一份，萬一寄遞遺失，俾有存底可查。

八、本誌係由熱心同人，以私人能力創辦。嗣後如有有力之學術團體，願意接辦者，經洽商同意，得移請辦理。

新工程 創刊號

民國二十九年一月出版

發行人 沈立孫

總編輯 翁為

發行處 新工程雜誌社

代售處 各大書局

社址 昆明青門巷二十號

代印處 昆明大中印刷廠

本期特價伍角 外埠加郵費壹角

本雜誌已呈請登記

WITH THE COMPLIMENTS

OF

JARDINE, MATHESON & COMPANY, LIMITED.

AND

JARDINE ENGINEERING CORPORATION, LIMITED.

新工程

第二期

中華郵政新聞紙類登記執照第九號

美中國電氣股份有限公司商

CHINA ELECTRIC COMPANY

LIMITED

INCORPORATED IN U. S. A.

本公司爲國際電話電報組織之聯號製造廠遍及全球國內滬港等地亦設有分廠並聘有專門工程師代客設計舉凡一切電氣通訊設備莫不應有盡有如荷賜顧竭誠歡迎

總公司 上海麥特赫司脫路二三〇號 電話三四三二五號

分公司 香港告羅士打行二二六號 電話二五四三二號

昆明巡津街盤龍路一六號

電報掛號 各地均爲六一一四號即「話」字

28025

社論

贈大學生——西方之精神

翁為

讀西方書，服西方服，居西方室，非今日之大學生乎？科學西方產，用其原文，不失其真，故大學生讀西方書；短衣革履，時俗所喜，故大學生服西方服；莊嚴校舍，崇樓廣廈，故大學生居西方室。吾欲更為大學生進一解，曰：西方之精神。

西方之精神維何？曰精進心；曰責任心。

何謂精進心？遇事鑽研，不辭艱險；智之所及，衡之以理，理之所通，竭誠以赴；懸想無徵，無徵不信，濟以實驗，窮高折微；日月不足，持以歲紀，前人未達，後人繼起。由是而科學興；由是而技術進；由是而石世紀陶世紀之遺跡呈現於千萬億年之後；由是而日月星辰之躔軌，不爽於毫釐絲忽之間；由是而新陸現；由是而鵬翼騰。此皆西方精進心之碩果，吾人於欣賞享受之餘，不容飲水忘源者也。

何謂責任心？西方之人勇於治事，盎格魯日耳曼兩民族，尤其翹楚；前者沉着，後者果敢，專純負責，則如一轍；事無鉅細，人無貴賤，苟屬分內，鮮有偷懈；受職食祿，心無貳攜，經之營之，視同己事。是故入其國，公私事業畢張畢舉；外其國，工商組織，星羅棊佈，日月所照，霜露所墜，兩民族之足跡，靡有勿屆；要皆彼全民族責任心之結晶，其力量充實於內，故而盈溢於外，膨礡奔放而莫之能禦也。

吾揭櫫西方之精神，以其為現代文明之策動力，而我中華民族之所匱乏；取人之長，補我之短，智者之事也；而際此工商兵富爭競角逐之秋，尤為當務之急。原夫我國文化之久滯不進，國力之日就衰弱，馴至招受外侮，血流全境，根本原因，正坐無精進心無責任心故。無精進心則落後；無責任心則敷衍，其必然之結果，為文化落伍，國力衰微，因果相循，無可幸免。振之之道無他，精進而已，負責而已。

讀者疑吾言乎？請徵事跡以明之：

我之精進心如何？我之足以誇耀於人，人亦以是贊許於我者，曰指南針，曰印刷術。然此皆我祖我宗精進之結果，於後人無與；匪特無與，且應生愧。何以故？以故步自封故。夫指南針，磁鐵也；西人於磁鐵之作用，五十年來，闡發盡其微妙；因磁以生電，因磁以起重，因磁以析卝，舉凡現代輕重工業，浸假而至於人生日用，幾無不利賴之焉；而我則尙滯於指南針也；指南針而外，未能有絲毫發揮也。以言印刷亦然；西人因我之活字法而製成種種機器，一板排成百千萬份，頃刻立就；而其攝影圖畫之妙，尤令人心往神怡；還視我國，則尙滯於木板活字間也；皆數千年前之產物也。夫我祖我宗，蓽路藍縷，開其端倪；而子若孫者，沾沾自足，不謀進展；遠人得之，反突飛猛進，以是強其國，以是拓其疆；國人對之，能不生愧。推彼進我退之所由，則以彼有精進心，我無精進心故。

我之責任心如何？二十年前，國人有辦郵船公司者，往返舊金山香港之間；時值歐戰，郵船業者，無不利市三倍；而我竟以虧折停業聞；迄今無有繼起者焉。十數年間，國內紗廠之倒閉，電廠之折蝕，前後相望；而外人在同時同地所辦同類之廠，則蒸蒸日上；豈環境之有所薄於此而厚於彼耶？毋亦彼當事者，知責任之所在，效忠竭慮，克盡厥職；而我則尸位素餐，甚或從中牟利，不以股東之付托爲重，不知責任之所在，以致全盤失敗，一蹶而不可復振耳。職是之故，團體事業，西方最爲發達；而我則三人以上，意見紛歧；政事機關，歐美多上軌道；而我則擾攘紛紜，望塵莫及；此皆足以發人深長思者。西俗不喜干涉個人事，忌問歲、問業、問何來、何往、問父母兄弟妻子；獨許以此汝之責任，則唯唯無言。我國則反是，舉凡個人之私，大庭之中，公然問答，不以爲忤；有以責任相難者，則艴然以爲大辱。此雖中西習尙之不同乎？然即小以見大，即微以見著，責任心之重於彼而輕於此，昭昭然矣。

蘆溝橋事變之前，全盤西化之聲，甚囂塵上；夫以有五千年歷史之民族，欲一旦盡棄其所有，舍己從人，於事實固非易易。且我之所有，豈其盡爲土苴糞壤，毫無保留之價值；茲事體大，允宜從長計議。夫我祖我宗，開疆拓土，造成亞洲四分之一之版圖；先聖先賢，立德立言，奠定修齊治平哲學之基礎；苟其精神學說，不足以庇護吾子孫，則彼契丹匈奴東胡韃靼，早將炎黃遺胄，吞滅無餘；吾中華民族，將猶太印度之不若，而猶得繩繩繼繼，一脈相承，至今而聳立於大地耶？吾子孫不能承先起後，有如懷璧嗟貧，吾何忍棄吾之寶，要在寶吾之寶，而益以他人之寶，以充實其資源耳。譬諸身體髮膚，受之父母，生機沛然，原無殘缺，徒以不諳衞生，日就尫瘠，其病在虛，其治宜補；補也者，取藥石之精英，以增益其血脈筋骨之不足也。

治血莫若以血，患貧血者，醫爲輸血。治文化莫若以文化，吾欲以西方之精神，注射於人人，以補其尫瘠。大學生讀西方書，服西方服，居西方室，其漸染浸潤於西方文化也，既有日矣；愼毋毀其精英，毋拘於形式。吾祝其精進，吾祝其負責。

英商文儀洋行有限公司昆明分行

同仁街三十九號

THE OFFICE APPLIANCE CO., LTD.

KUNMING BRANCH

39 Tung Yen Street

KUNMING

Sole Agents For

ROYAL TYPEWRITERS . . . . . .

MONROE CALCULATORS . . . .

VICTOR ADDING MACHINES . . . .

KARDEX CARD CABINETS . . . .

FIRE PROOF STEEL SAFES . . . .

RIBBONS AND CARBON PAPER . . . . . .

REPAIR DEPARTMENT

EXPERT MECHANIC GIVEN

SATISFACTORY SERVICE

At Reasonable Charge

28029

天利行

香港砵典乍街十六號

T. H. LEE & CO.

16 Pottinger Street

HONGKONG

Sole Distributors of

"TOWER BRAND"

Drawing and Tracing Papers,

Surveying and Drawing Instruments,

All Kinds of Stationery and

Drawing Supplies

專辦塔牌繪圖紙印圖紙測量及繪圖儀器各種文具及繪圖用品如蒙賜顧無任歡迎

訓練公路技術人員芻議

李謨熾

自抗戰二載以來，公路交通日趨重要。在西南及西北諸鐵路未完成前，在此過渡時期，無論軍運、客運、貨運，除利用少數水道外，將大都惟公路是依。西南西北之開發建設，人口貨物之西移，皆足使昔日之公路，不能勝任。蓋戰前沿海以及中部，皆有鐵路及水路交通，而西南及西北諸省，又不如今日之重要，故公路交通始終居於次要地位。觀乎昔日公路經費之拮据，工程之因陋就簡，技術人才之缺乏，可知其梗概焉。以交通繁密之蘇浙皖京滬一帶而論，據民二十三年七月交通調查結果，每日交通量平均僅三十四輛一噸左右之公共及乘人小汽車，而今日行駛於幹道者，乃百輛以至數百輛三噸左右之載重汽車。欲求公路勝此重任，勢非積極改善整理不可，否則運輸滯阻，於抗戰及建設均有莫大影響也。

公路知識，日新月異，土壤之穩定，級配混合物及各式低級路面之建築，皆爲公路之新近發展。鐵路方面除自動號誌設備外，大都循舊，無甚變遷。公路與鐵路類似處，僅測量步驟及土石方工程，大致相同，其他如建築材料，築建方法，養路方法，以及運輸管理，則迥然各異。苟認爲從事鐵路者，可駕輕就熟而能主持公路，則此種觀念，未免錯誤，因鐵路專家，未必能儘量利用公路新知識，以改善達最大可能程度耳。今日公路技術人才之缺乏，皆由於昔日輕視公路之成因。試查歷屆留英庚款及留美考試，各科皆有，惟公路工程一項，獨付闕如，亦從未聞有公路工程科目考試之舉。僉以爲修築公路，不過開挖土石，挖高填低而已，人人皆能爲之，有何研究之必要。今日之事實，可使昔日輕視公路者，另眼相看矣。故訓練公路技術人員，爲改善整理舊路及興修新路必要之準備。最近交通部公路運輸人員訓練所，中央軍校特別訓練班交通隊公路建築科，西南運輸處運輸人員訓練所，雲南公路總局訓練班等之成立，皆是意也。訓練方式，一方面宜將現今服務公路人員，分批調集，此種訓練，爲時較短，祇需灌輸新近公路知識，補修未習課程，視程度之差別，普通約需半年至一年時期。他方面則招收高中以上畢業生，體格健全及成績優異者，受二年嚴格公路訓練，俾成幹部公路人員。訓練課程，務期統一，茲擬課程表如下：

公路技術人員訓練課程表

課程	講演	實習次數	實習每次時數	學分
第一學年第一學期				
(1)平面測量	2	2	3	4
(2)工程數學	3			3
(3)靜動力學	4			4
(4)工程地質學	2			2
(5)環境衛生	2			2
(6)公路製圖		3	3	3
(7)工程英文(上)	2			2
				20
第一學年第二學期				
(8)公路曲線及土工	3	1	3	4
(9)汽車學	3			3
(10)材料力學	4			4
(11)工程材料學	2			2
(12)材料實驗		1	3	1
(13)都市計劃	2			2
(14)工程估計及契約	2			2
(15)工程英文(中)	2			2
				20
暑期實習				
(16)公路定線實習(時期一月)				5
(17)公路實習(派赴各路段時期一月)				5
第二學年第一學期				
(18)公路建築與養護(上)	3			3
(19)公路房屋建築	2			2
(20)公路圬工建築	3			3
(21)公路土壤	3			3
(22)公路材料實驗(上)	1	1	3	2
(28)結構學	3			3
(24)隧道工程	2			2
(25)工程英文(下)	2			2
				20
第二學年第二學期				
(26)公路建築與養護(下)	3			3
(27)公路橋樑及設計	1	2	3	3
(28)公路設計	1	1	3	2
(29)公路運輸	2			2
(30)公路經濟	2			
(31)公路理財與管理	1			1
(32)公路材料實驗(下)	1	1	3	2
(33)交通調查		1	3	1
(34)公路論文				4
				20

關於各主要公路課程教本(第8，18，19，20，21，22，26，27，28，29，30，31，32項)內容務求充實理論與實際並重。宜急組織公路課程編輯委員會，延聘專家多人從事工作，或能迅速完成，以應急需。除此類專為訓練公路人員而設之機關外，並宜與設備完美及成績卓異之國立大學工學院土木工程系合作，專事訓練高級公路技

術人員。按公路材料實驗，分為三部：（一）砂石設備約美金三千五百元；（二）瀝青材料設備約美金一千五百元；（三）土壤設備，初步約美金五百元，高級約美金二千元；故一公路材料實驗室全部設備，費價值約需美金七千五百元，普通材料實驗設備，測量儀器及圖書設備，尚不在內，合計總在美金三萬元左右（現合國幣約六十萬元）在抗戰時期，舉辦殊非易事，最好與原有此項設備之大學合作，再加以擴充，使人力財力集中，成為中國最完備之公路材料實驗室，公路圖書室及公路工程學系，既可訓練高級公路技術人員，負改善整理舊路及修築新路之責，同時又可利用從事研究目前急需解決各種公路技術問題，如路面，塌方，土穩穩定，安全等諸問題。如是則公路前途，無可限量，於抗戰必勝及建國必成，皆有莫大關係，以極少數之人力財力收最良好之效果，尚望負責公路交通事業者，急考慮之。

從抗戰說到建築鐵路時應注意之二點

項志達

鐵路為交通利器，就管理一方面言，平時應商業化，戰爭時應軍事化。然在工程方面，倘在建築時無此種準備，則一旦戰事發生，必致無法改進，或雖欲改進而已不及，其影響於國防者至重且大，故鐵路在建築時期，即應具軍事之眼光而注意及之也。

鐵路工程之軍事化，其犖犖大者，厥有多端。若橋樑之用短跨度，破壞後可易於修復也；車站之多設岔線，則軍運可不致阻塞也；多造縱面月台，以便重車上下也；加多給水設備，則偶遭破壞，可不致阻礙行車也。以上數端，凡曾在鐵路工程界服務者，幾竟人而知之。余從服務抗戰開始時之京滬鐵路，得有人所不甚注意之二點：（一）鐵路電線，應距路軌一百公尺以外。（二）鐵路兩旁取土坑，應多留堤梗，以作人行路。茲分別述之如下，閱者其毋因小而忽之也。

（一）憶二十六年冬，上海失陷，敵進迫蘇嘉，其時東戰場之最吃緊者，厥為京滬滬杭甬兩路。余斯時適擔任自無錫至丹陽間之戰時修理工作。沿線遭敵機轟炸，不但無日無之，且日必數次，每次復不止一處。在武進站備有救險車一列，各小站則派駐監工人等，令其於附近路線被破壞時，立即以電話報告詳情，至下午五時，開駛救險車出發修理。似此佈置，已屬周密，乃事實上不然。在每日下午五時以前，率不能得破壞地點及被損情形之報告。蓋因電線距路線太近，路軌被炸，同時電線不被直接炸壞，亦必間接震斷，有時路軌被炸甚微，而電線被毁甚烈，電訊既不通，不但軍運列車不敢開出，即救險車亦不敢放膽前往。為安全起見，甚至有先用手搖車前往試探而後開行者。費時耗力，莫此為甚。有時某段被損甚微，短時間修復後，軍車可立即開行而同夜即可達到目的地者，經此擾攘，因此躭誤。且因電訊材料之缺乏與被損地點之零星，使負責電訊人員疲於奔命。推其原因，純由電線距路軌太近故也。今試將電線移至距路軌較遠之處，例如一百公尺以內，敵機轟炸電線，決不若轟炸路軌之易，蓋電線目標甚微也。若是則路軌路基雖損，而電訊仍可暢通無恙。其便利於破壞修復及軍事運輸者，當非淺鮮。即在平時，檢查電線，雖較貼近路軌者為難，然並無重大不便。其電桿上所示之里程，於普通里程牌之外，倘再欲詳示，可另以標記代之。

（二）在抗戰開始時，敵人對於鐵路之破壞，不遺餘力，尤以機車及列車為最大目標。蓋彼以為路軌路基破壞後極易修復，橋樑則目標太小，不易投中，轟炸列車，不但可使機車日漸減少，且可使軍運發生阻礙。我國積極防空，設備不充，當然祇得以消極手段應付。即日間不開列車是也。某日有傷兵車一列，擬送往後方醫治者，抵無錫站時，已在早晨七時半，照例各傷兵均須下車疏散，不得再開。乃傷兵不明利害，強逼站長開行，甫至石塘灣橫林間，即遭敵機來襲，機車側面被中一彈，因而出軌，列車亦中數彈，復以該地路基適逢高堤，兩面取土坑日久成塘，綿亙二三里，無路可行，乘車之人，雖經下車，但因無法散開，祇得伏處堤邊，仍然處於被炸危險區域，故死傷甚衆，慘不忍覩。是役也，因機車出軌甚劇，而列車亦炸成數段，工作兩夜，倘未將機車納入軌道，第三夜，借得津浦路之大吊車，集三百餘工人，工作全夜，始行修復。大吊車之探燈光耀數里，苟其時敵機夜襲者，即不投彈，員工等倉卒疏散，其不死於水者幾希矣。第二夜余復至石塘灣工作，敵機竟來偵察，且投照明彈，時隔一日，豈非幸事。猶憶余建築蘇嘉鐵路時，為求養路時工作之便利起見，主張取土坑每隔約一百公尺留路一條，每為人誹議，說者謂便於鐵路者，亦便於鄉民，日後易於肇禍。及今觀之，此種主張，竟有防空之意義存乎其間，足為日後建築之模範也。

竊意我國在此次抗戰勝利以後，積極防空，自必突飛猛進，初不在於此區區之消極措置。然以上二點，輕而易舉，惠而不費，有百利而無一弊，建築新路者，曷注意及之。

滇緬敍昆兩鐵路沿線林務問題之商榷

康　瀚

去夏交通部於籌築滇緬敍昆兩鐵路之初，派員來滇調查枕木材料，初以滇省山嶺叢錯，人口稀疏，氣候良好，樹種繁多，兩路所需枕木，為數無多，縱不能俯拾卽是，當亦不致有何困難。孰料車入滇境，卽見公路兩旁，滿目童荒，所僅存者，不過少許散生樹木，點綴山野而已。後赴滇越及箇碧石兩鐵路沿線調查，亦無不樹盡山空，石骨裸露，窮目力之所及，未見森林之蹤影，目擊心傷，愴然若有所失。嗣往箇舊調查箇碧石鐵路公司採辦枕木情形，其艱困之狀，亦令人難以置信。及川滇鐵路公司開始招商承辦枕木，費數月之工夫，極盡宣導之能事，始獲將昆明楚雄間，及昆明宣威間所需枕木勉強籌購足數；而荏苒半年，促督數四，所交枕木尙不足十分之一。其遲誤之原因雖多，而沿線森林稀少，枕木來源缺乏，實爲最大之癥結。

時人鑒於昆明附近採辦枕木之困難，渴望滇緬敍昆兩路通車以後，可由迤西及黔川一帶，輸運木材，以濟全線之需。然在深思熟慮之下，此層果能如願以償否？

雲南爲天然林業區域，森林絕無缺乏之理，而竟演成木荒之患者，果誰爲爲之歟？推原其故，不外乎三：一曰燒墾，二曰濫伐，三曰放牧。此三者爲禍之慘，以及取締之方，本文雖以限於篇幅，不及詳言，然鑑往知來，有不能已於言者，卽滇緬敍昆兩路全線通車以後，不出十年，沿線森林之絕跡，將等於今之滇越及箇碧石兩路，或且過之。蓋今日滇緬西段，因交通不便，瘴癘流行，居民稀少，尙保存若干殘餘之天然林。通車以後，移殖繁，以吾國移民之陋習，第一步卽大肆焚燬，於闢草萊，開荆棘，拓墾農田以事種植之外，迷信森林爲瘴癘之淵藪，以爲非將固有森林，盡加掃蕩不足以袪瘴也。第二步卽濫事砍伐，舉凡建築房舍及舟車橋樑農具所需材木，自必鳩工庀材，予取予求，日常炊爨所用之薪炭，尤惟木材是賴；且運輸既便，沿線各都市建築薪炭之所需，亦將仰給於迤西。爲數之大，不問可知，且旦旦而伐之，雖有存焉者寡矣。其殘餘根株，及飛籽幼樹，若能任其自然生長，則豐草茂林，不難於短時期內，復其舊觀。無如山居民族，過去因木材用途狹隘，價値低廉，本乏愛林觀念；且多以畜牧爲重要副業，於是牲畜所至，踐之踔之，摧之嚙之，雖有萌蘖幼樹，終罹浩刧，殘遺森林，遂無噍類矣。樹盡山窮以後，地面缺少掩護，風狂雨暴，衝刷急劇，則壤土流失，石骨裸露，迤西一帶，恐不出二十年，今之鬱鬱蒼蒼者，將盡爲巉巖禿石矣。余非敢危詞聳聽，以炫世駭俗也，滇越箇碧石兩路沿線之前車，可爲殷鑑。凡知森林之重要者，想與念及此，均當不寒而慄也。

雲南省林務處處長黃日光先生視察祿豐村及開遠河口等處農林狀況筆記，對於滇越鐵路附近祿豐村森林之濫伐情形，及開蒙鐵路沿途野火狀況，有沉痛而翔實之敍述，茲照錄於下，以證余說之非虛：

（甲）祿豐村森林之濫伐情形 「祿豐村附近，橫亘數十里之山場，素有森林茂密之稱，森林最多之區域，居民舍農作而外，經營木料柴炭之公司商號，達三十餘家，馬運背負，絡繹不絕於途；藉此以爲生活之鄉民，達若干戶，每年營業之數目，最少有六七十萬元之多。故祿豐村之街市，往年擺賭做戲，種種消費之娛樂，無不俱備，而居民之生活，亦似比任何地方爲優裕。詎料近二三年來，森林砍伐殆盡，商號次第歇業，該村及附近農民的副業因而頓失，其一般生活狀況，由富裕而降至貧乏，腰包餘闊者，遷徙他方，貧苦無告者，無法維持。祿豐村曩日之繁榮街場，一變而為窮困萬狀之居處。余視察至此，不勝為之感慨。余在八年前因公到此，斯為祿豐村極盛之時代，曾勸人停止砍伐幼林，並竭力提倡種桐，乃言之諄諄，而聽之者藐藐，仍一意砍伐，不顧一切，可知中國人做事，無論事之大小，只拘拘於目前的近利，後顧和計算之得失一層，均染疏忽的通病。」

(乙)開蒙鐵路沿途野火狀況 「我們坐在火車中，遠望一片紅滿了天邊的野火，燒得非常猛烈，濃烟與火燄，一縷一縷的由山上飛沖而起，目擊此種巨慘的情形，煞是悲觀。說到野火，是我們農林界認為最痛心切齒的一件事，我們應知凡由播種而至培育成一棵有用的材木，最少的限度，也須經過十餘年或二十年，在此十餘年至二十年的中間，又不知經過幾許環境不良，和蟲害的煩擾，和種種保護的費神，始能達到採伐利用的時候。可是絕無心肝的人們，不惜逞一時之快意，竟將全林付之回祿，甚至相連數十里，延燒不止，若使我們為眞正法治的國家，則對於焚燒森林人犯，更不知置之於何等嚴厲處罰的地位。據滇越鐵路較老之工程人員談：『建築該路之時，由河口至昆明沿鐵路所經過的路線，都是森林密茂，數圍珍貴材木，滿遍山野，取之不盡，用之不絕，嗣後山上的居民，日事焚燒，砍伐相繼，去今不過三十年，就把二千餘里的叢林，燒得淨盡，於今舉目四處童山，不但佳木無存，即茂草不長，野火無法防範，遑言提倡造林。』去年冬月，我們因公到河口，自盤溪車站直至蒙自縣屬之黑龍潭，車過之處，野火四邊迫合，火光與濃燄，彌漫數里，遠望山上幼松，火光掩過，即成焦木，而附近鄉村農民，不但不羣趨撲滅，反以縱火為戲，甚屬可惡。」

黃先生為林務主管長官，主持雲南林務十有餘年，身歷滄桑，目覩浩刼，對於濫伐及野火之悲慘狀況，慨乎言之，語重心長，不啻暮鼓晨鐘，發人深省也。余於今夏奉令視察嵩明承商製做枕木山場，對於森林概況，亦有如下之紀載：

「各箐森林，整個言之，均為殘餘之天然林，絕非人工栽培者；山坡高原，傾斜稍緩之處，均已墾為農田，僅山脊斜谷間，尚有樹木存在，不過因梁王山山脈，綿亘數百方里，故登高遠望，面積似尚廣袤，若斷若續，成帶狀蔓延。林相多為異齡針闊葉樹混交，樹種頗雜。……據本地土著言，十年前各山森林，尚甚茂密，直徑一公尺以上之樹木，到處皆是；林間鬱閉，不見天日。因採伐過度，至今各箐樹木，罕有達直徑一市尺以上者；惟錐栗尚有大樹存在，其故由於錐栗木材，質堅體重，運輸不便，鋸板運市，成本過重，即燒炭亦不採用，因錐栗燒炭，火燄低弱，性易爆炸也。用途不大，故不加重視，尚能苟延殘喘，偸生林間。至於松樹，則因需要甚多，製材又易，運輸亦便，故難逃於大量之採伐。初伐大樹，繼則降格以求，小樹亦砍，近因松板市價良好，雖直徑數寸之松樹，均難倖免。尤以伐木工作，除有全林賣出，採用皆伐作業，樹盡還山者外，間亦有選賣大樹，由木商雇工砍伐者。木商惟一己之利益是圖，對於鄰近之小樹，不知稍加愛惜，工人貪圖工作便利，亦每每不擇手腕，以致砍伐大樹之時，附近小樹壓倒者爲數甚夥，往往數十小樹受一大樹之連累而同歸於盡。林主對此加速度之摧殘，亦復漠視無覩。而擇伐作業，又每每將生長優良，樹幹巨大挺直者先行伐去，其彎曲蟲蝕朽腐者，反留存林間。此種汰良留劣之作業方法，既減少森林可用之材積，又降低林木之品質，實有百害而無一利。至於富有萌芽性之樹木，如錐栗、白櫟、麻櫟等，雖可萌芽更新，然因採伐根株，處理不善，均多朽腐，以致第二代林木，常患空心，材質及生長力均呈退化狀態。此外燒墾野火，及林間放牧，對於幼樹之成長，均有莫大妨礙。故走遍數十方里，不見十年生以下之幼林。林業主管當局，若再不設法管理，加以指導監督，吾恐不出十年，此種殘餘之天然林，將變爲歷史上之陳跡也。」

「白龍宮后山有華山松單純林一片，面積約數方里，其所以能保存者，因該山爲附近十三村所公有，而有關白龍宮及十三村之風水，人莫敢伐也。實則該山爲嵩明水源之所在，境內溪澗由山間流出，灌溉附近十三村之田地，古人藉迷信之說，保存森林，以養水源，其用心亦良苦矣。不過此山森林，以松爲純陽性樹，故鬱閉稀疏，株間距離，達數丈以上。又因放牧野火之故，灌木小樹，均不生長，仍不能完成涵養水源之任務。而沿路大樹，因土人割取松脂及引火之明子，傷害過甚，以致枯死及被大風吹折者甚多，是宜嚴行禁止者也。」

由於上述各種紀載，可見滇越鐵路沿線二千餘里之森林，於三十年內摧毀淨盡。祿豐村一帶之森林，於八年之內，砍伐無遺。嵩明梁王山一帶之森林，近因鄰近公路，雖遠在數十里之外，且山路崎嶇，運輸困難，亦已破壞過半，最近之將來，恐難免全部淪於浩刼。以往例今，則滇緬敍昆通車以後，沿線林木，果能繁榮滋長，以成國家之資源耶？抑終不免步他山之後塵而同歸毀滅耶？是在吾人未雨綢繆，力圖挽救也已。

森林摧殘之後，沿線居民之福利，以及鐵路行車之安全，客運之發展，及材料之供應，均受莫大之妨害。補救之道，惟有從速從事於鐵路沿線林業之保與育，並於三方面同時着手進行。

（一）保護路基斜坡涵洞隧道以免崩坍之保安林；

（二）點綴風景吸引遊客之風景林；

（三）供給枕木及其他路用木料之經濟林；

茲分別討論之如下：

（一）保安林　滇緬敍昆兩路經行於崎嶇山谷之間，鑿山通道，涵洞橋樑，所在皆是。挖填土石，彎道斜坡甚多，倘保護不周，則雨季一臨，山洞崩陷，路基沖坍，橋樑摧毀之事，勢必層出不窮；而翻車覆軌之禍，亦必紛至沓來。日前滇越鐵路大莊附近，路圯車翻，死傷達三百餘人，爲禍之慘，令人心悸。而該路每年均有路基崩坍停車達數星期之事，業務損失，亦頗可觀。故如何保護路基，避免崩坍，正本清源，除應於工程設計務求堅固穩妥外，尤應於路基兩旁及隧道斜坡與涵洞之上下方廣造森林，以資維護。森林對於土木工程之功效，一爲樹冠鬱閉雨水不致直接打擊地面可由枝葉承受循幹徐徐流下滲透入地免致沖洗土壤。二爲根鬚盤錯可使砂石圍結穩固，不致因雨水打擊而流失崩壞。三爲洪流經樹木枯枝落葉及青苔之攔阻，不致急劇下流，可以減少其衝擊力。功效之大於此可見。故宜派遣工程專家及森林專家就沿線各險峻處所實地履勘，計劃經營保坍林。其作業方法，應採用常綠闊葉樹混交，尤須注意擇用樹冠擴展，根部發達，能耐火災與乾旱之樹種。除一部分野生樹木可以留存外，應補以人工造林，並培護灌木雜草，以達到保安之目的。

鐵路兩旁栽植護路樹，可以穩固路基，增加風景，引起旅客快感，集中司機視線及注意力。吾國國有各路，雖有栽植，然所有樹木，多爲柳樹，黃金樹及洋槐。黃金樹之失敗，已爲人所共知。京滬沿線所栽之柳樹，生長既然不良，每年秋冬之交，附近居民及道班，又將梢幹伐去，致成頭木林狀態，權奇臃腫，大礙觀瞻。且因修剪不得其法，雨水浸入，漸成朽腐，滋生蟲菌，殊不足取。各鐵路中栽植路樹成績最好者，當推膠濟路之洋槐。不但沿線綠蔭婆娑，而車站附近，更特闢一區，集中栽植，蔚然成林；車站員工，既獲庇蔭游憩之所，乘車旅客，亦有輕鬆愉快之感。滇緬敍昆兩路，自可效法栽植，惟樹種以選用桉樹爲宜。蓋桉樹之護路功效，較洋槐爲大，且其主幹高聳峻拔，橫枝稀疏，不礙旅客遠眺；俟成材後，即可伐充鐵路枕木，就地取材，無事外求也。

(二)風景林　鐵路營業收入，全恃客貨運輸，滇緬敍昆兩線，均爲國際路線，將來貨運當不致缺乏；至於客運方面，則因迤西一帶，尚屬新闢區域，人口稀疏，商賈往來，一時恐不甚多，倘對於沿線風景名勝加以佈置，營造風景林，則尚可藉山林之勝，吸引遊客，增加收入。

周光倬先生曾在新動向三卷一期擴大新昆明市區的一種建議一文，有如下之論列：

「昆明的氣候，是全國最理想最適於休養的地方，所謂四季無寒暑，一雨便成冬的特殊氣候，比之瑞士有過之無不及。瑞士號稱世界公園，然冬季冰雪封山，戶外活動，已受極大之限制，昆明不但可以避暑，並可以避寒，冬季乾燥，蔚藍色的天空，眞是萬里無雲，萬里天，高爽的空間，增進人的健康，實全國中最優越的環境，何莫非氣候的賜予。……

「昆明翠山環抱，湖光點綴，綠野芬芳，加以氣候溫和，四季如春，旣無嚴寒，又無酷暑，實爲休養至佳的環境；大可以吸引遊客，繁榮本市，增加本市收入的大宗財源。瑞士號稱世界樂園，國家財政來源，半數以上恃此。日本近年來亦正在宣傳吸引世界旅行家，增加游資。昆明市有此天然的優良環境，對吸引游客方面的設置，要從速準備，招待游客，要預爲訓練人員，名勝風景，要特加人工培植，旅館要特別布置，名勝地的客舍，要另行改建，有如杭州的西湖，鎮海的普陀山，九江的廬山，山東的青島，河北的北戴河，使賓至如歸，游客戀戀不忍去。…

……現在交通日便，將來滇緬敍昆兩鐵路完成，內地人士慕名而來，或休養而來者，必踵相接。瑞士日本的景物，蜚聲於世，然屬季節的旅行地，不似昆明四季無寒暑的理想氣候，不獨可以避暑，且可以避寒。故昆明市更勝瑞士日本一籌，吸引游客的潛勢力殊大，中外游伴，必趨之若騖，是昆明市非僅爲工商業都市，且爲游覽都市，每年間無形收入，必隨著增加。現在市區內的風景，大都天然有餘，人工不足，果能再加入人工的設計，點綴交通，給以種種便利，旅客得舒適，則昆明市的發達，實極樂觀也。」

按之實際，雲南省內環境優美，氣候良好之境域，豈僅昆明一隅？他如大理及陽宗海等處，均有儕於世界公園之資格。倘能將各地森林，加以培護，以增其天然之美，並蒐集滇省境內奇花異卉，廣爲栽植，使成爲森林公園；然後相地之宜，興築公路，招商闢設游泳池、跑馬場、戈爾夫場、各種球場、划船、釣磯、旅館、餐廳、療養院、圖書館等，使中外旅客，得以娛樂游憩，則將來安南緬甸長江流域以及南洋一帶之富商巨賈，達官貴人，咸將奔集於斯，地方可以繁榮，客運可以增加，兩路業務前途，必有長足進展也。

(三)經濟林　鐵路需用木料甚多，如站房、宿舍、倉庫、車廂、橋樑、電桿、枕木等，均莫不惟木材是賴；而尤以枕木之需要爲最大宗。滇緬全長七百七十三公里，敍昆全長七百七十五公里，連同岔道及支線，合計至少共需枕木三百萬根。普通枕木壽命爲四年，則四年之後，每年至少須抽換枕木四分之一，約達七十五萬根。且目前兩路爲趕工趕料之故，曾兼用不少松枕，以松木之質鬆且軟，兼以雲南雨量之多，空氣潮濕，菌類繁茂，松枕至多能耐用二年；如此則每年應作抽換之枕木，爲數更多。若再蹈滇越及箇碧石兩鐵路之覆轍，天然林木，任憑摧殘，則將來滇緬敍昆兩鐵路枕木之需給，必大感困難，或且不免轉而仰給於鄰邦之緬甸，漏卮之大，可以想見，天下可悲可恥之事，孰有甚於此者乎！

爲謀枕木及路用其他木材之自足自給，而免將來發生木材恐慌計，除應與地方當局，通力合作，從事於沿線林務之宣傳、指導、監督及推廣外，路方本身對於造林保林之工作，亦不可不盡最大之努力。

過去國有各路，亦曾有沿線造林之擬議與辦法矣，然除一二路辦有林場，成績尚未顯著外，大率僅以辦理苗圃爲已盡育苗造林之能事，馴至苗圃僅以培育花卉蔬菜爲其主要作業，其爲失策，自不待言。即一般辦理純粹林業苗圃者，是否合於經濟原則及林學原理，亦成疑問。

查吾國過去無論公私苗圃，往往地不滿數畝，而主任也，技術員也，事務員也，無不應有盡有；以致大部分經費，用於薪水工資總務辦公等經常部門，事業費之成分，則少之又少；或且有名無實，坐支經費，圃地雜種菜蔬，育成苗木，並未設法移植及造林，徒占圃地，成爲樹藪。往往苗木之成本，高過市價十倍以上，核與經濟原則，大相逕庭。

鐵路育苗之目的，在沿線植樹造林，然以路線之綿亘數百公里，氣候之懸殊，土質之差異，環境之不同，萬難得一絕對適宜地點，培養苗木，能合於全線之用。且路線既長，由育苗地至造林地距離甚遠，苗木之搬運需時甚多，風日吹曬，運搬顛震，生機大爲挫喪，成活率勢必銳減，則造林植樹之結果，亦勢必事倍而功不及半，此集中育苗之不合於林學原理也。

育苗之目的在造林，故須先覓林地，然後就林區範圍面積、氣候、土質、環境、營林目的，及其他實際情形，及經費概況，草擬造林計劃，除於必要時設立中心苗圃外，可就各林地附近選擇農家數戶，訂立委託育苗合同，設立特約苗圃。預計須培養何項苗木，數量幾何，幾年出山，佔地若干，細爲估計；然後指導該農戶如何採種，如何播育，如何保護，先付育苗費若干，其餘苗價，按期付清。如此則薪水工資辦公費用，均可節省；所有經費，可大部分用於育苗方面，而於造林地附近設立苗圃，土壤氣候，既然適宜，且免遠道起運暴露顛震之危險。造林後，生長自必優良。農民見播種樹子，亦可獲利，對於育苗事業，自必感覺興趣，育苗常識，且可普及於民間。而特約圃戶爲恐苗木不足交數時，勢必於約定數目之外，加種若干；此多餘之苗木，農民以其血本攸關，決不肯隨意拋棄，自必設法售出，或利用農暇，自行造林；無形中林業常識，可以推廣，民有林業，可以發達，此關於育苗辦法之應行改絃更張者也。

過去各林場之工作，大率祇注重於造林之數量，而忽略林木之品質；祇注重自身之成績，而忽略民有林之發達與推廣；祇注重於人工造林，而忽略野生樹木之撫育與保護；祇注重於造林時之數量，而忽略造林後林木之成長狀況。且造林工作因時季關係，不得不僱用短工，平時既乏相當之訓練，自少熟練之技能，臨時雇傭，論工計值，既不負擔保成活之責任，又無利害共通之關係，其不陷於草率從事者幾希？是故造林雖多，而成活甚少，即幸而成活矣，又以風日吹曬，雜草滋蔓，鳥獸啄食，蟲菌侵犯，人爲摧殘，牛羊踐踏，野火焚燒，種種危害，不一而定；林場地處偏僻，範圍廣闊，工警無多，灌溉不時，保護難周，其能蔚然成林者，又幾希？此國人所以有年年造林，何年成林之歎也。

現當滇緬敍昆兩路興築之時，祥雲以西，宣威以北之民有天然林，尙未開始破壞，然遠見之商人，既從事收買，通車以後，勢必大肆採伐，竭澤而漁。路方應即早日派員前往沿線附近，調查現在森林概況，然後設法分段收買，加以整理保護管理。收買民有林，較之自行造林，經濟合用，且可濟目前之需。蓋既無育苗造林之煩，於短時期內即有林木可用；樹木業已成林，足見風土氣候之相宜，自無水旱蟲病等災害之危險，無虞失敗。而所付收買林木之山價，往往可較自行育苗造林之成本爲低。人工造林之最大困難在最初數年之管理保護，收買民有林，則此種困難時期，顯已過去，以後經營，較爲容易。且森林係向農民收買，則賣主自必樂爲照料，對於管理保護，可得種種之便利。至於人民方面，過去因經營林業，收效恆在數十年之後，實非經濟破產之農民所能等候；且木商盤剝，山價極廉，無利可圖，故對於林木，咸不甚愛護，焚燒砍伐，在所不計；若由路方給價收買，用科學方法整理經營，則林木無論大小均可變價出

中天電機廠

磁石式長途
途用攜帶
桌機
牆機
磁石交換機由五門至五百門
檯式及牆式
共電亮燈式交換機由十門至五百門
（附帶自動轉盤）
共電桌機電話
共電牆機電話
自動分機由五十門至五百門
自動桌機電話
自動牆機電話
西門子式及西電式各種電話零件齊備

總廠　天津英租界福發路
分廠　上海麥根路
香港辦事處灣仔高士打道一四五號
重慶辦事處中一路二四三號
昆明辦事處北門街二十五號對門

昆明

瑞新順五金號

本號專辦各國名廠五金雜貨經售路礦局所各項鋼鐵材料

昆明文廟東巷二號

電報掛號二六一二

實，周轉靈活，不但農村經濟可以活潑，一般農民對於造林保林，自必特別感覺興趣，民有林可以發達，林業崩潰之頹勢，或可挽救於萬一也。惟如何洽訂契約，如何估價給值，自應廣事宣傳，公平辦理，不可稍涉強迫，致生疑慮，是宜審愼出之耳。

鐵路沿線森林之有無與鐵路運命之消長，息息相關，演繹敍昆兩路沿線之森林，正在盛衰隆替千鈞一髮之緊要關頭，如何保林育林，實為目前當務之急，而欲發展沿線林業，除風景林及保安林外，與其造林不如保林，與其與民爭利，不如與民共利，與其閉關自守，不如與人民通力合作。

清華大學航空研究所之五呎風洞

張聽聰

風洞為研究航空工程所必需之工具，世界各國所成之大小風洞，已不下數十具。其用途乃在獲得可靠之方法，以計算飛機、飛艇等或彼等某一部之性能；斷定外界物（例如當飛機落地時之地面）對彼等，或彼等某一部對另一部之作用；及明瞭空氣對於彼等或彼等某一部所生應力之分佈情形。

當吾人於設計新型飛機或改善舊型飛機時，所預計之性能及空氣應力之分佈情形等，均未必能達到吾人所需要之準確程度。蓋現今之學理尚未達到此種地步也。欲解決此問題，端賴對造成後之實在飛機或其模型作實地量度。對實在飛機作實地量度，謂之飛行試驗(flight-testing)；此雖一種直捷了當之方法，然有下列缺點：（一）實在飛機之製成，費時既多，費貲更鉅；（二）試驗時之外界變化無法控制，試驗結果並不如理想上之容易準確。（三）試驗者有相當之危險性。對模型作實地量度，需用風洞，故謂之風洞試驗。模型係固定的懸吊於風洞之試驗節(testing section)內，洞內有由風扇所鼓成之風流。此種風流之性格，吾人能夠控制。模型固定於風流內與模型在靜止空氣中作與風流等速之推進完全無異。風洞本身之價格，大者或用壓縮空氣者，亦不過與數個飛機之價值相等，普通較小者（如本篇所述之五呎風洞）則常遠不及一個之價值。模型之製造更屬輕易易舉，而且試驗者處於舒適之試驗房內，絕無任何危險。故雖風洞試驗之結果須稍加修改(correction)，始能用於實際，但仍為一般研究航空者所樂於採用。實際言之，近年之各國已成飛機，無不先有風洞試驗，認風洞試驗之結果為滿意後，始行製造。飛行試驗只是用以證實風洞試驗而已。

清華大學機械系前在北平時，已曾建造五呎（指試驗節最小處之直徑而言）風洞一具，（按當時該校航空研究所尚未正式成立）其特性已經校核，結果可稱滿意。二十五年冬，該校航空研究所曾在南昌另行興建十五呎風洞一具，但以時局關係，功虧一簣，迄今尚未全部完工。去年秋，北平及南昌已先後淪陷，該所乃行西遷。北平之風洞既無法使用，南昌之風洞亦不能繼續修建，然該所鑒於工作之必要，不得不有再建五呎風洞之舉，至於只用五呎口徑之緣故，則因該所已由北平運來之馬達等項，均只合用於五呎風洞，値茲交通困難，材料昂貴之時，利用成料，良可以省時節費。

此風洞之設計，係將該所南昌之十呎風洞縮小所得，惟風扇及轉角處之規流板(guide vanes)略有改變。(圖一)係其平切面圖，(圖二)係其前立視圖，預期能達到之最高風速（隨空氣之密度變更）當爲每時 120 至 140 哩。

此風洞之工程係自二十八年春開始，現在已大致完成；惟試驗房之建築及洞內馬達之安裝，尚未全部完畢。茲特將此風洞之建造情形等，略述數端，併餉讀者諸君。

(1)風洞殼　風洞殼係以2糎之鋼板作成，共分二十六節（見(圖一)。）每節兩端各鉚 40 糎等邊角鐵作成之環一個，節與節之連接，乃賴螺釘(bolt)使相鄰兩環緊壓，兩環間並墊以毛毡或橡皮，使之不漏風。每節作法：先將鋼板按該節之展開形(development)裁好，然後於每張裁好之鋼板之四週，將鉚釘眼打好，並將其彎成所需要之彎度，最後乃鉚成圓筒及於兩端鉚以角鐵環。角鐵環係以冷作法(cold working)作成。

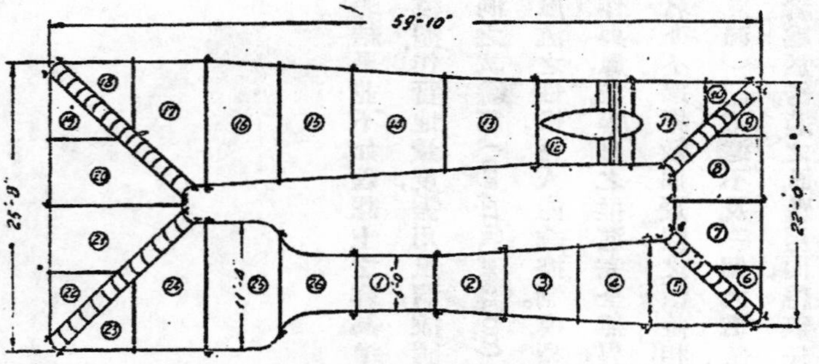

(圖一)　五呎風洞平切面圖

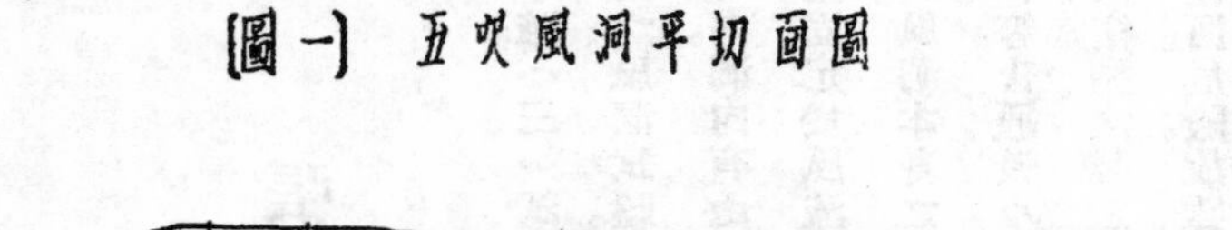

(圖二)　五呎風洞前立視圖

(2)規流板　規流板位於四角轉角處，其功用爲減少風流於轉彎時之混亂狀態。其作用現像可由篦子之梳頭髮想像之。規流板亦係以2糎鋼板作成；其作法乃先將鋼板裁成長條，然後按樣板打成所需要之彎形。每條作成後，乃按所計算之距離分別裝置於各轉角處之橢圓筒內。於風洞安裝後規流板爲直立洞內。

(3)風扇及整流葉(radial guide vane) 風扇發動機係用七十四馬力之直流馬達。馬達每分鐘之轉數爲1430。風扇轉數則爲其半，因馬達軸與風扇軸間有二比一之減速齒輪也。整流葉位於風扇之後，其功用爲消滅風流被風扇所激起之旋轉運動。風扇爲八頁組成，所用材料爲$\frac{5}{8}$吋之核桃木板。整流葉有九葉，係以3糎鋼板彎成。馬達及風扇轂(hub)有一流線體包藏之；馬達架腿之洞內部分亦有流線形之殼包藏之。

(4)試驗房 爲免去洞殼之受日曬雨淋及試驗時洞內溫度之變化太大起見，故蓋一瓦棚以遮蓋全部洞殼。試驗房位於試驗節之上，係將瓦棚之一部升高所得。試驗房之地板係一鋼骨水泥台之台面。此台與洞殼及瓦棚均不相接，故能脫離震動。台面上復有一小台亦係水泥所作，試驗儀器即置於此小台上。

(5)電氣室 電氣室之功用，爲將由電力廠引來之交流電變爲直流，然後導至洞內馬達，以帶動風扇。室內計裝59 kw之直流發電機及其激發機一組，68 kw之三相交流馬達一具及配電板一張。發電機，激發機及馬達三者之軸，係以兩個聯軸節(coupling)直接連接。

(6)自動天秤 該所之風洞試驗儀器多係自行設計及製造；其中最重要者，當推自動天秤。該種天秤係該所教授馮桂連先生所設計；該所現有六架，從前在北平時已曾有五架在應用，惟現有之六架較從前者已更加改進。此種天秤，在風洞試驗時之用途，乃量度風流對被試驗之模型所發生之力量及力距。此種天秤之工作情形，可就下列二圖〔圖三〕及〔圖四〕說明於下：

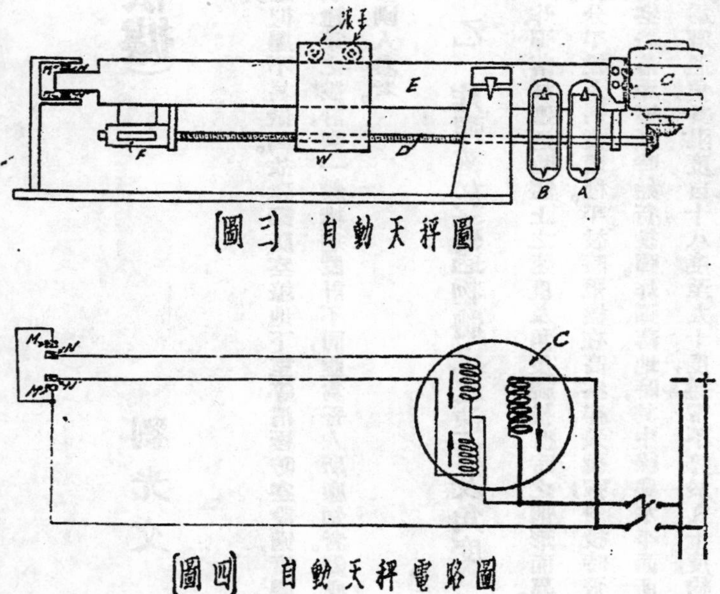

〔圖三〕 自動天秤圖

〔圖四〕 自動天秤電路圖

欲量之力可作用於A點或B點，同時活動騎碼W之重又有數種變更，故此種天秤可用於由五呎至十五呎之風洞。C爲一直流馬達，其中之磁場方向悉賴天秤梁E之斜向其斜向之使N與M相接，或N'與M'相接，可使馬達為正轉或反轉。僅當E為水平時（即平衡時）馬達內乃無磁場電流（field current）因之不轉動。馬達之轉動使螺絲桿D轉動，由D之轉動，活動騎碼乃得到滑動，因活動騎碼內有陰絲扣與D相密合，力之量度乃根據D之轉數以計算，D之轉數則由計轉器F指出。

炸彈之動力學（防空建築設計之根據）

劉光文

甲 引言

吾人欲設計防空壕或地下室，對於炸彈之爆炸威力，應先知其梗概；然後就構造學上之需要，從事設計，始不致有太費或不足之弊。

自歐戰以還，迄於今日西班牙內戰及中日之戰，各國對於飛機轟炸技術，競相研究，與日俱進。其防空建築之設計，亦根據實驗所得之數字，以漸臻完善。吾人因得於設計時，規定某項建築能抵抗之炸彈重量，及材料強度後，假用實驗公式，算出該項建築某部必需之尺寸。此種實驗公式，各國不同。茲篇根據瑞士京都防空設計專員派愛爾工程師所著書籍，加以修編。派氏參考其本國及歐洲各國如德法英俄意等及美國實驗公式及數字，求得公式，經彼本人核算，結果與實驗所得相去不遠，堪稱準確可用。

當茲與暴日抗戰之際，我國擁有飛機數目，既不如敵機之多，積極防空，似屬不易做到。故建築防空壕地下室等消極防空設備，實屬必需。此項建築之設計，與一般構造設計不同，亟為吾人所應知者。爰成茲篇，以供國人參考。

乙 炸彈落於遭遇物體上之速度及角度

炸彈落於遭遇物體上之速度及角度，視投擲時之情形而異。飛機投彈分平投及斜投兩種。平投時飛機在高空平飛投彈；斜投時飛機驟自高空斜落至極低時始行投彈。炸彈落地時，其中線與水平面所成之角名為遭遇角，其限度自十八度至九十度，通常不等於九十度，約七八十度之間為多，視飛機之位置、高度及速率、風向及風力而定。炸彈在遭遇地點之速度名為遭遇速度。此遭遇速度之二乘方再乘以炸彈本身質量之半，即為該炸彈之總動能，代表其本身之威力。其單位常以公尺公斤計之。炸彈威力既與遭遇速度之二乘方成正比例，故以同等重量之炸彈，遭遇速度愈大，威力亦愈大。

按動力學原理，物體於眞空中下降，其動作爲等均加速的；於空氣中降落，則爲等均速度的。換言之，卽在眞空中降落物體之加速率不變。（卽該地之重力加速率。）而速度則與時間成正比例，愈變愈大。在空氣中起初亦有加速率，但在一定時間後，加速率因空氣阻力加大，遞變遞減，以至於零。自此以後，速度卽固定不變，而成等均速度之動作矣。故吾人自飛機上投擲炸彈，在理想上或以爲飛機愈高，遭遇速度愈大，故動能加大，卽威力亦愈著。但事實上殊有不然者。蓋飛機在一定的極限高度以上，不論其高度爲何，永遠得不變之遭遇速度，卽威力無所增加矣。

炸彈在空中所經行之路線，名爲彈道。其形狀隨投擲時之情形，空氣、風向、風力及雨雪等而定。（後者對於毒氣彈之影響較諸對於炸彈爲尤顯著。）炸彈初離飛機時，其速度及傾斜度等，於飛機本身之速度及投擲之角度。離機之後，炸彈之彈翼及其本身之外形，對於彈道極有影響。如尺寸不合，則遭遇速度可以大形減少。但卽使一切適合條件，其最大遭遇速度，根據汝司得勞氏 (Justrow) 之實驗，不過二百五十秒公尺（卽每秒二百五十公尺）係自四千公尺高度投擲而得者。再高則速度依然故我，不再加增。是以除爲避免攻擊或其他特別原因外，飛機投彈之高度以四千公尺爲限。炸彈自此高度至地面，在平常情形下，所需時間爲三十二至三十三秒。

遭遇速度，隨實驗地點，稍有出入。第一表略示一般數值。實際情形，或可稍差至百分之十左右。

第一表　炸彈遭遇速度與投彈高度之關係

投彈高度（公尺）	500	1000	2000	3000	4000	4000以上
遭遇速度秒（公尺）	72	122	171	210	250	250

其未列入高度之速度，可自第一圖之曲線上求得之。

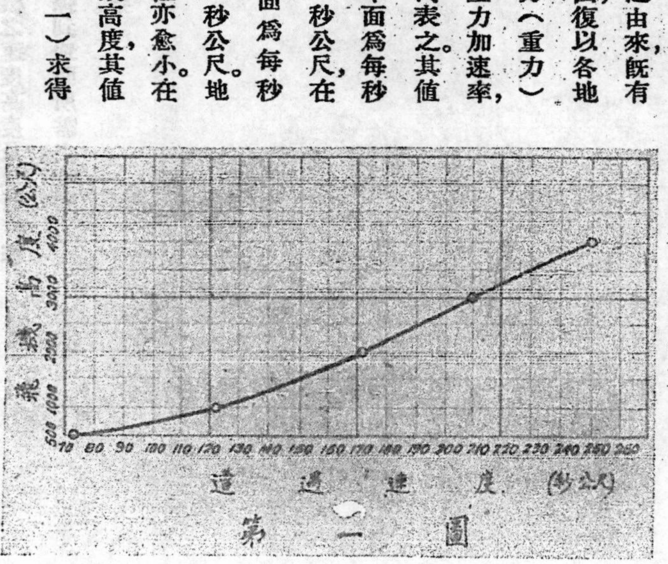

差度之由來，既有上述之原因，復以各地地心吸引力（重力）不同所致。重力加速率，通常以g代表之。其值在赤道海平面爲每秒九·七八一秒公尺，在兩極海平面爲每秒九·八三一秒公尺。地位愈高，其值亦愈小。在任何緯度或高度，其值可自公式（一）求得之：

$$g=9.7810(1+0.0052375\sin\varphi)(1-0.0000003140h) \quad \cdots\cdots(一)$$

第一圖

公式中g為重力加速率以每秒若干秒公尺計；

φ為緯度，以度計；

h為高出海面之高度，以公尺計。

第二表 重力加速率g之值

地點	緯度	海平面g值(每秒若干秒公尺)	普通地面g值(每秒若干秒公尺)
上海	31°3	9.808	9.803
南京	32°1	9.808	9.803
杭州	30°3	9.807	9.807
北平	39°9	9.814	9.814
南昌	28°7	9.806	9.803
漢口	30°6	9.807	9.807
長沙	28°2	9.805	9.805
廣州	23°1	9.801	9.801
重慶	29°5	9.806	9.805
昆明	25°2	9.803	9.797
貴陽	26°6	9.804	9.801
桂林	25°3	9.808	9.803
洛陽	34°7	9.810	9.810
西安	34°3	9.810	9.809
蘭州	36°1	9.811	9.803
迪化	42°9	9.816	9.813

(附註)速算時可以g等於10計之。

遭遇角之大小，視下列情形而變：

(1)飛機之速度、高度及飛行特性；

(2)炸彈到地面所需之時間；

(3)彈道。

第二圖

飛機平飛時，炸彈落下地點之遭遇角及該地點距投擲地點之水平距離(平距)(炸彈因得飛機之水平速度，故彈道成一曲線，並非直立下降。)可於下表中求得之(參看第二圖)：(假定無風時)

28050

第三表　飛機平飛時炸彈之遭遇角θ及平距

	飛機速度（每小時公里數）＼飛機高度（公尺）	100	200	300	400
遭遇角θ度	500	74	56	45	38
	1000	82	76	54	47
	2000	83	77	65	58
	3000	84	78	70	64
	4000	85	79	76	75
平距（公尺）	500	250	650	800	1100
	1000	370	750	1200	1600
	2000	500	1000	1650	2300
	3000	600	1250	2000	2800
	4000	720	1400	2300	3100

上表所列數字。係根據試驗成果，並非經數學原理推算而得者，理論所得之數字與試驗成果可相差天壤，不可不注意。

飛機低飛斜投炸彈，一可以減少空氣對於彈道之影響，二可以得極佳之命中率。惟因投擲地點，距離地面太近，炸彈之遭遇速度，幾盡係由飛機急驟下降之速度得來者，充其量每小時亦不過八百公里，若與飛機在五百公尺高度平投炸彈之總動能比較（其遭遇速度約為每秒二十七公里，即每小時約二萬六千公里，）祇及其總動能千分之一而已。故非有重要目標，需要正中者，仍以高空平投炸彈為準則。飛機傾斜投彈之遭遇角θ，列表如下：（參閱第三圖）

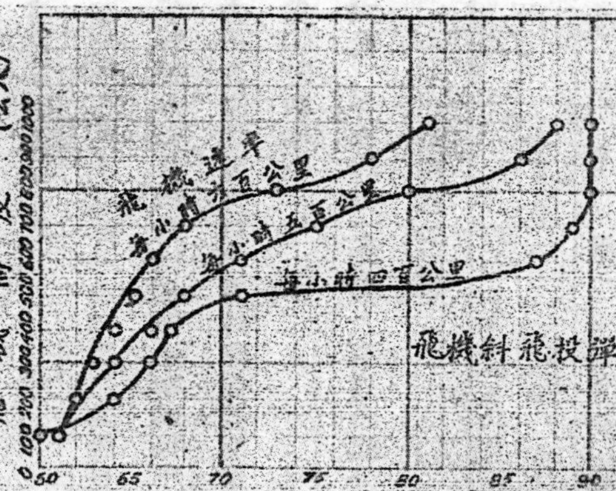

第三圖

第四表　斜投炸彈之遭遇角θ（度）

飛機速度（每小時公里數）＼飛機高度（公尺）	100	200	300	400	500	600	700	800	900	1000
400	60	64	66	67	71	87	69	90	90	90
500	61	62	64	66	68	71	75	80	85	88
600	61	62	63	64	65	66	68	73	78	81

（附註）飛機高度皆自地面算起。

丙　炸彈之動能

炸彈之威力，由其總動能而來。總動能大，威力始形顯著。炸彈既非直立落地，故其總動能可分為兩分力，各平行或垂直於地面。平行於地面者，謂之水平動能分力。垂直於地面者，謂之有效動能分力，即使炸彈穿透相當深度之動能分力也。水平動能分力為總動能與遭遇角之餘弦相乘。有效動能分力，為總動能乘遭遇角之正弦。如以H代表水平動能分力，V代表有效動能分力，E代表總動能，則

$$\left.\begin{array}{l} H=E\cos\theta \\ V=E\sin\theta \end{array}\right\} \cdots\cdots\cdots\cdots(二)$$

下表列 $\sin\theta$ 及 $\cos\theta$ 之值。

第五表　遭遇角正弦及餘弦之值

遭遇角 θ	$\sin\theta$	$\cos\theta$
30°	0.5000	0.8660
35°	0.5736	0.8192
40°	0.6428	0.7660
45°	0.7071	0.7071
50°	0.7660	0.6428
55°	0.8192	0.5736
60°	0.8660	0.5000
65°	0.9063	0.4226
70°	0.9397	0.3420
75°	0.9659	0.2588
80°	0.9848	0.1737
85°	0.9962	0.0872
90°	1.0000	0.0000

通常計算彈孔深度時，祇以總動能之有效分力計之。

總動能可以下列公式計算之：

$$E=\frac{Wv^2}{2g}\text{(公斤公尺 kg-m.)}\cdots\cdots\cdots\cdots(三)$$

其中W＝炸彈重量以公斤計；

V＝遭遇速度以每秒若干公尺計；其餘見前。

下表示普通炸彈常數及當飛機速率為每小時四百公尺時之有效動能分力（各國炸彈之口徑及炸藥量，互有出入，但大體相去不遠，表中所列為一般數字。）

第六表　各種炸彈之常數及有效動能分力（飛機速度為每小時四百公里時）

炸彈重量W（公斤）	口徑（公分）	炸藥量（公斤）	有效動能分力（公斤公尺）當飛機高度為		
			4000公尺 (V=250)	2000公尺 (V=171)	500公尺 (V=72)
12	9	5	37,000	15,000	2,000
45(100磅)	16	20	154,000	57,000	7,400
50	18	25	154,000	63,000	8,100
100	25	55	308,000	126,000	16,300

136(200磅)	30	66	419,000	172,000	22,100
272(400磅)	34	155	837,000	344,000	44,300
300	36	170	924,000	379,000	48,800
500	45	285	1,540,000	632,000	81,400
900	50	600	2,770,000	1,138,000	146,400
1000	55	680	3,080,000	1,264,000	162,800
1500	60	1000	4,620,000	1,896,000	244,200
1800	67	1200	5,540,000	2,277,000	292,800
2000	75	1350	6,160,000	2,528,000	325,500

由上表可見飛機高度爲四千公尺時，炸彈之有效動能分力約爲高度兩千公尺時動能分力之兩倍半及高度五百公尺時之十九倍。故除爲目標之命中率計外，自當以四千公尺之高度爲準則投擲炸彈也。

例題一：設有飛機自三千五百公尺高空平飛擲千磅炸彈，飛機速度爲每小時三百公里問總動能及其水平及有效分力爲幾何？

自第一圖得知遭遇速率 $v=231$ 秒公尺

自第二圖得知遭遇角 $\theta=73°$

用公式(三) $E=\dfrac{Wv^2}{2g}$

今 $W=1,000$ 磅 $=453.6$ 公斤，$v=231$ 秒公尺

$g=$ 每秒 9.81 秒公尺。故

總動能 $=\dfrac{453.6\times(231)^2}{2\times9.81}=1,234,000$ 公斤公尺

水平動能分力 $=E\cos\theta=1,234,000\cos 73°$

$=1,234,000\times0.2924=361,000$ 公斤公尺

有效動能分力 $E\sin\theta=1,234,000\sin 73°$

$=1,234,000\times0.9563=1,181,000$ 公斤公尺

丁　彈孔之穿透深度

炸彈與物體遭遇之後，因其有效動能分力，故能將遭遇物體穿透相當深度，始行爆炸。此項穿透深度，與關之因子甚多。最緊要者當推炸彈之有效動能分力，最大之橫斷面積（其直徑卽炸彈之口徑）彈尖部份與橫斷面之比例及遭遇物體之穿透抵抗力，就中最大橫斷面積與穿透深度之關係，自表面觀之，每以爲面積愈大，所容之炸藥愈多，則穿透深度當愈大。其實非特不然，且得其反。蓋穿透作用，純由動能所致。在信管被撞，炸藥爆炸之先，已完成其工作，初與炸藥量無關。自實驗得知，橫斷面積愈大，穿透深度愈小；其關係適爲反比例。誠以面積愈小，則每單位面積之動能愈大，卽單位面積之穿透力大，故穿透深度亦較大也。彈孔之穿透深度可以下列公式計算之：

$$h=\frac{V\sigma}{Ac}\quad\text{……………………（四）}$$

其中 $h=$ 彈孔之穿透深度，以公尺計；

$V=$ 有效動能分力，以公斤公尺計；

$A=$ 炸彈之最大橫斷圓面積（其直徑爲炸彈之口徑），以平

方公分計;

c ＝彈尖部份與横断面比例之係數,普通等於 1.0。

σ ＝遭遇物體之穿透係數。

下列兩表,列 c 及 σ 之值:

第七表 彈尖部份與横断面比例之係數 c

彈尖部份之球面半徑以口徑之倍數計	係數 c	附註
4	0.89	以重量較輕之炸彈居多
3	1.00	最常用者
2	1.11	
1.5	1.22	
1.0	1.44	
0.5	1.85	半球形

第八表 物體之穿透係數 σ

遭遇物體		穿透係數 σ
土壤*:	(1)堅固土壤	0.0066
	(2)尚堅固土壤	0.0071
	(3)含砂堅固土壤	0.0064
	(4)含砂及卵石堅固土層	0.0063
	(5)含石黏土	0.0056
	(6)堅固黏土	0.0047
岩石:	(1)堅固花崗岩	0.0001
	(2)堅固石灰岩	0.000107
	(3)普通石灰岩	0.000137
	(4)堅固砂岩	0.000187
	(5)堅固頁岩	0.000133
橡木		0.00050
混凝土:	(1)成分 1:3(1:1:2)	0.000668
	(2)成分 1:4	0.000740
	(3)成分 1:6(1:2:4)	0.000825
	(4)成分 1:8	0.000952
	(5)成分 1:9(1:3:6)	0.001065
	(6)成分 1:10	0.001180
	(7)成分 1:12(1:4:8)	0.001334
鋼筋混凝土(建築逾一年以上者):	(1)普通構造	0.000560
	(2)加強構造	0.000510
	(3)特別加強構造(防禦工事)	0.000420
	(4)超等加強構造(特別防禦工事)	最小不得過 0.000300
圬工(砌築)**:	(1)亂砌石工	0.000970
	(2)良好漿砌磚工	0.000920
	(3)亂砌灌漿石工	0.000850
	(4)塊石砌工	0.000477
	(5)普通磚工	0.000933
	(6)鈎縫砌石工	0.002480

(附註) *潮濕土壤應將 σ 酌加,多至百分之八十。**圬工係指用石灰漿砌築者,如用洋灰漿則 σ 應減少百分之三十五至三十八。

上表所列，以土壤之穿透係數為多有出入，而尤以潮濕者為甚。其他大部可靠。

茲將數種炸彈對於某種物體之穿透深度，列為第九表，以示一斑。並將飛機速度為每小時二百公里時之穿透深度，製成第四圖，以資比較。

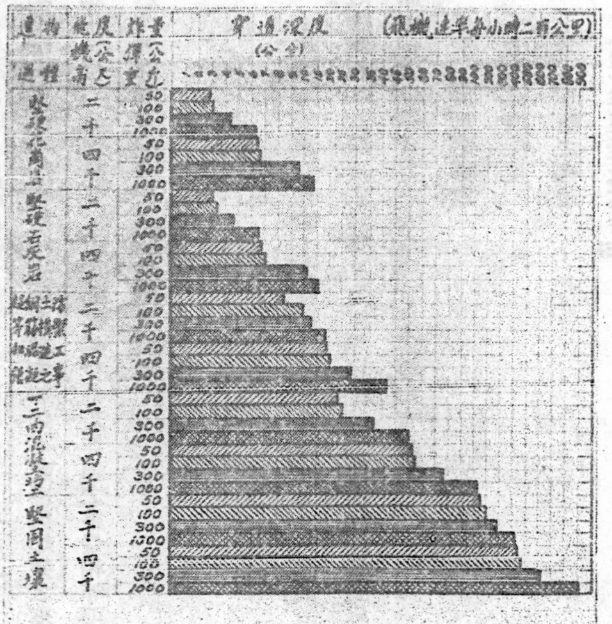

第四圖

第九表　穿透深度表

遭遇物體	炸彈重量（公斤）	2000公尺 每小時公里數 200	2000公尺 300	2000公尺 400	4000公尺 每小時公里數 200	4000公尺 300	4000公尺 400
堅硬花崗岩	50	2.8公分	2.7公分	2.5公分	6.3公分	5.9公分	5.5公分
	100	3.0	2.8	2.6	6.5	6.1	5.7
	300	4.3	4.0	3.7	9.4	8.8	8.2
	1000	6.1	5.7	5.3	13.5	12.6	11.7
堅硬石灰岩	50	3.0	2.9	2.7	6.7	6.3	5.8
	100	3.2	3.0	2.8	7.0	6.5	6.1
	300	4.6	4.3	4.0	10.1	9.4	8.8
	1000	6.5	6.1	5.7	14.4	13.4	12.5
超等加強鋼筋混凝土構造之防禦工事	50	8.5	8.0	7.5	18.8	17.6	16.4
	100	9.9	8.3	7.7	19.6	18.2	17.0
	300	12.8	12.0	11.2	28.2	26.3	24.6
	1000	18.3	17.0	16.0	40.4	37.7	35.2
一：二：四混凝土圬工	50	23.5	21.9	20.5	51.8	48.3	45.1
	100	24.4	22.7	21.2	53.8	50.0	46.7
	300	35.3	32.8	30.7	77.6	72.3	47.6
	1000	50.4	46.8	43.9	111.1	103.6	96.8
堅固土壤	50	188	175	164	414	386	360
	100	195	182	170	431	400	374
	300	282	263	246	621	579	540
	1000	403	375	351	888	829	774

自公式（四）或第九表可知在同一地點對於同一種物體抛擲炸彈，穿透深度與炸彈之重量成正比例同時與其口徑之自乘方成反比例。惟口徑之增加率甚緩故深度之增加，雖不直接與炸彈之重量成正比例，但不致因重量之增加而反減少也。若炸彈之重量相等，則口徑愈大者，穿透愈淺，適如試驗所得之結果。

戊　彈穴

炸彈落於遭遇物體上之後，因其本身自高空下墜之動能，故能穿透物體至相當深度，成爲彈孔。迨穿透以後，信管即撞發炸藥，隨以爆炸，而生彈穴。爆炸威力之大小，與下列諸項，均有關係：

(一)信管之構造；
(二)穿透深度；
(三)炸藥之構造；
(四)炸藥量及其特性；
(五)障礙之程度；
(六)遭遇物質之抗炸力；
(七)遭遇角度。

穿透深度與炸彈長度之比愈小，對於物體之爆炸力亦愈小，同時爆炸氣體對於四周空氣之影響則愈大，而碎片作用亦愈大。直接爆炸圍範，約爲一半球面，名爲威力圈；其半徑爲威力半徑。爆炸時總動能之一部用作摧毁彈殼，一部化爲熱能，一部向下作用於彈道切線方向，因爆炸氣體之能力而使彈孔加深，造成彈穴之總深度。彈穴最深之一點，即在威力圈上。另一部動能作用於彈穴上方及四周，使彈內碎片及遭遇物體碎塊四外橫飛，同時使四周空氣受壓力而成壓炸空氣，影響於附近區域之一部發生真空作用。更因爆炸之震動傳遞於附近土地，發生局部地震作用。遭遇物體附近之築建物，因碎片作用或因空氣壓力及真空吸力或因地震作用，每致傾陷坍毁。此外炸彈落於不甚透氣之建築物內，因爆炸而生之一氧化炭二氧化炭及其他氣體，更有毒化作用。炸彈之破壞作用，盡於此矣。

在威力圈以內，炸彈之威力，與爆炸所生氣體之多寡成正比例。換言之，即與炸藥量成正比例。

彈穴（或稱漏斗穴）爲一倒立圓錐形如漏斗。其尖端即最深之點，在威力圈上。圓錐之中線爲彈道之切線，其傾斜角即爲遭遇角。彈穴之邊坡，視遭遇物體之性質及炸彈之重量而定，常在三十五至六十度之間。炸彈較輕者，其所生之彈穴邊坡亦較平，蓋上行之威力小故也。

在一般土質及黏着性較高之物質上，威力半徑，可用公式（五）計算之。

$$r=\sqrt[3]{\frac{L}{m\cdot d\cdot k}}\quad\text{……（五）}$$

其中 r＝威力半徑以公尺計；

L＝炸藥量，以公斤計；

m＝遭遇物體之抗炸係數；

d＝障礙係數；

k＝炸藥係數。

抗炸係數m與物體之黏着性（或譯作黏性及黏附性，英文爲Viscosity，德文爲Zähigkeit）及抗剪力直接有關。

障礙係數d，視環境情形而定。炸彈入穴愈深，四周之物質愈形堅固，則障礙數愈大，反之則上層物質一部因爆炸飛去，故障礙係數愈小。其極限自最優良至最窳劣之障礙情形爲1.0至3.5。如彈孔之直徑，等於炸彈之口徑，穿透深度大於炸彈之總長，炸彈四周，均有遭遇物體包圍，同時并有其他良好條件，則障礙係數可作爲1.0，否則較1.0爲大。

炸彈對於黏着性甚小之物質，穿透深度，等於彈身之全長，或祇及其一部，其對於物體之威力，僅爲一部分炸藥之作用，故威力半徑常較在黏着性較大之物質上爲小。如第五圖所示，即爲炸彈對於黏着性小之物體穿透之情形。假定普通炸彈之炸藥所佔高度爲炸彈全長減去口徑之一又四分之三倍（上端減口徑四分之三倍，下端減口徑之一倍）如圖所示。如遭遇物體爲混凝土或其他類似物質，各部抗力一律，則炸藥嵌入物體之部約爲全部炸藥量百分之十五至二十，即在一般土質上同種炸彈對於遭遇物體之威力，即在混凝土上威力之五六倍（其平均數爲5.75倍）。

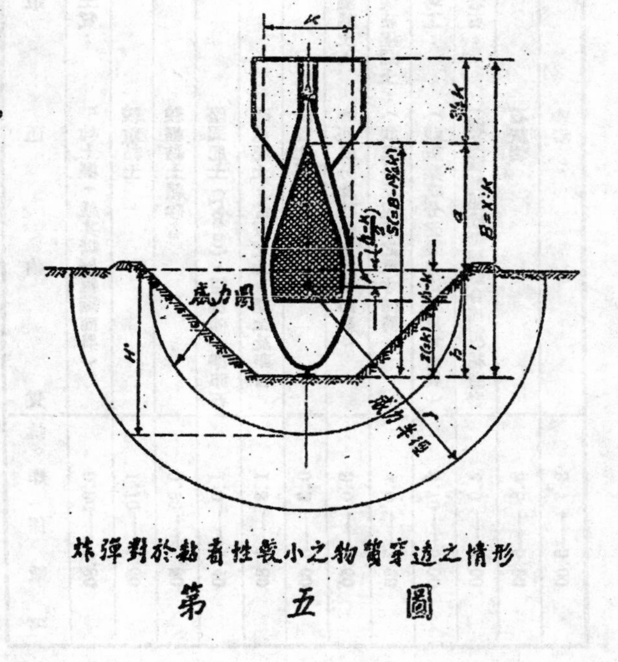

第五圖 炸彈對於黏着性較小之物質穿透之情形

第五圖中，

K＝炸彈之口徑；

B＝炸彈全長，設爲口徑之X倍（普通X爲三至七）；

h＝穿透深度（即爆炸前彈孔深度）；

H＝爆炸後彈穴總深度（即穿透深度加由爆炸氣體所生之深度）；

r＝威力半徑；

S＝炸藥筒長度＝$B-1\frac{3}{4}K$。

自圖中可知 h－K 爲對於物體爆炸有關之有效炸藥長度；a 爲無關爆炸威力炸藥部份之長度。

適合彈道特性之炸彈，其長度常爲口徑之六倍至七倍。此種炸彈，在混凝土及其他一般黏着性低之物質上，其威力半徑之近似值，可以公式（六）計算之。

$$r=\sqrt[3]{\frac{L}{5.75m\cdot d\cdot k}}\quad\cdots\cdots（六）$$

公式中代表之記號與公式（五）中所用，完全相同。惟在開方號內，分母爲前公式中分母之 5.75 倍，卽在此種黏着性小之物質上，有效炸藥量爲總炸藥量之 5.75 分之一，卽威力半徑爲 $\sqrt[3]{5.75}$ 或 1.97 分之一。

派愛爾氏自實驗結果，求得威力半徑公式。其精確程度，超過公式（五）或（六）甚多，其式如下：

$$r=\sqrt[3]{\frac{L\gamma}{k\cdot m\cdot d\left(\frac{m+d}{2}\right)}}\quad\cdots\cdots（七）$$

其中 γ 爲一係數，與（h－k）及炸彈內彈藥部份所佔之長度直接有關，値見第十二表。r，L，k，m 及 d 均同前。

威力半徑 r 求得之後，彈穴總深度 H 可由下列公式求得之：

$$H=\frac{h-K}{2}+r\quad\cdots\cdots（八）$$

總深度既得，卽可作爲設計防空建築之根據。吾人對於該項設計，其各無掩護部份之厚度，應較自公式（八）求得 H 之値爲多，始無炸穿之危險。若此條件已合，再應負載荷重，能勝其任，始稱足用。

第十表、第十一表及第十二表列抗炸係數 m，障礙係數 d 及係數 γ 之値。其中 d 直接與穿透深度 h 有關。表內穿透深度，以彈身之長度計之，爲二十分之若干份。若二十分之二十，卽穿透深度等於彈身之長矣。

第十表　遭遇物質之抗炸係數 m 之値

遭遇物質	抗炸係數 m
土質： 平均土壤（視其斷層組織而異）	0.60—0.80
較重黏土	1.10—1.50
較輕黏土雜砂者	0.90—1.50
堅固肥土（Loam）、粗細砂、淨卵石	1.0—1.40
潮濕肥土、含石肥土、肥土及卵石	1.3—1.80
極輕土壤、腐植土	0.3—0.60
混凝土：（視成分及建築之尺寸而異）	3.0—5.50
鋼筋混凝土：（視成分及建築之尺寸而異）	4.0—7.20
圬工：（視灰漿成分建築方法及尺寸而異）	2.70—6.00
岩石：（視其顆粒組成斷層結合而定）花崗岩	4.6—6.00
石灰岩	3.8—5.90
砂岩	3.7—5.00

第十一表　障礙係數d之值

穿透深度以彈身長度之倍數計	障礙係數 d	穿透深度以彈身長度之倍數計	障礙係數 d
1/20	3.500	11/20	2.675
2/20	3.350	12/20	2.600
3/20	3.275	13/20	2.525
4/20	3.200	14/20	2.450
5/20	3.125	15/20	2.375
6/20	3.050	16/20	2.300
7/20	2.975	17/20	2.225
8/20	2.900	18/20	2.150
9/20	2.825	19/20	2.075
10/60	2.750	20/20	2.000

第十二表　係數γ之值

炸彈長以口徑計 / (b-x)/深跟彈長之比 / γ值	5.5——6.5k*	3——5.9k	3——3.5k**
1/12	0.14	0.06	0.04
2/12	0.27	0.15	0.11
3/12	0.38	0.27	0.19
4/12	0.49	0.39	0.27
5/12	0.59	0.50	0.36
6/12	0.68	0.61	0.46
7/12	0.75	0.66	0.55
8/12	0.82	0.76	0.64
9/12	0.88	0.84	0.73
10/12	0.93	0.91	0.82
11/12	0.97	0.96	0.91
12/12	1.00	1.00	1.00

（附註）* 小型炸彈。

** 彈尾部成圓筒形如倒立嚥彈狀者。

炸藥係數K，除極不普通之炸藥外，通常均等於1，故可不計。

玆假定飛機自四千公尺高度平飛投彈，飛機速度為每小時四百公里。其穿透深度（參看第九表）威力半徑及彈穴總深度表列於下，以資比較。

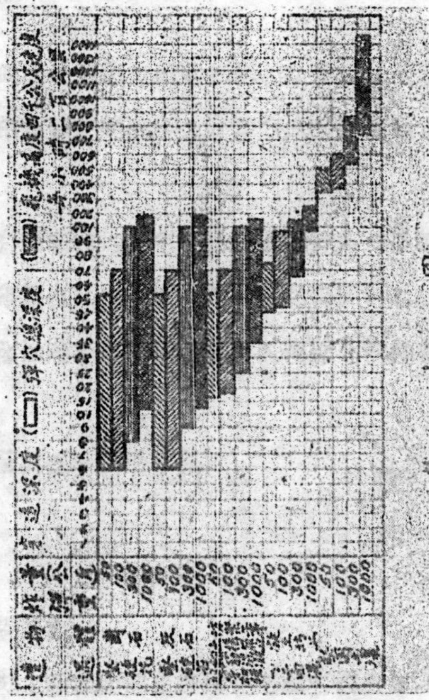

第六圖

第十三表，穿透深度h威力半徑r及彈穴總深度H比較表（飛機高度四千公尺速度每小時四百公里）（參看第六圖。）

遭遇物質	炸彈重量（公斤）	穿透深度h（公尺）	威力半徑r（公尺）	彈穴總深度H（公尺）
堅硬花崗石	50	0.06	0.61	0.54
	100	0.06	0.79	0.70
	300	0.08	1.15	1.01
	1000	0.12	1.90	1.93
堅硬石灰岩	50	0.06	0.62	0.56
	100	0.06	0.81	0.71
	300	0.09	1.18	1.05
	1000	0.13	1.90	1.94
超等加強鋼筋混凝土構造之防禦工事	50	0.16	0.57	0.56
	100	0.17	0.73	0.69
	300	0.25	1.09	1.03
	1000	0.35	1.76	1.66
一：三：四混凝土	50	0.45	0.68	0.76
	100	0.47	0.88	0.99
	300	0.68	1.31	1.47
	1000	0.97	2.25	2.46
堅固土壤	50	3.60	3.29	5.01
	100	3.74	4.28	6.02
	300	5.40	6.24	8.76
	1000	7.74	9.90	13.50

以上所列公式適用於一般裝有延燒信管之地雷炸彈。因普通空襲，多採用此種炸彈，其他故不贅。

己 算例

茲將例題數則及其演算列下，以示一斑。

例題二：

一百公斤重之炸彈，裝有延燒信管，自四千公尺高空平投落地。地面為普通土質（其抗炸係數為 0.65）天氣正常。彈之口徑等於25公分，長度為口徑之六倍。裝炸藥量為 53 公斤。若飛機速度每小時為四百公里，求彈穴之總深度。

（解答） 自第一表得知遭遇速度 =250 秒公尺。假定重力加速率為每秒 9.81 秒公尺。自第三表得知遭遇角為 75° 度。自第丄表得 $\sin 75° = 0.966$.

公式(三)為 $E = \frac{WV^2}{2g}$

$= \frac{100 \times (250)^2}{2 \times 9.81}$

$= 318,600$ 公斤公尺。

自公式(二)，$V = E \sin\theta$

$= 318,600 \sin 75°$

$= 318,600 \times 0.966$

$= 307,700$ 公斤公尺。

假定彈尖部份與橫斷面比例之係數 $c=1.0$。

普通土質之穿透係數 $\sigma=0.0071$（第八表。）

自公式(四) $h=\frac{V\sigma}{Ac}$

$$=\frac{307\ 700\times0.0071}{\frac{\pi}{4}(25)^2\times1.00}$$

$=4.45$ 公尺。

今炸彈長度爲 $6\times0.25=1.50$ 公尺，故穿透深度約爲彈長之三倍。

威力半徑可用公式（五）計算之。

假定用普通炸藥，$k=1$ 穿透甚深，故假定 $d=1.00, m=0.65$，

故自公式(五)， $r=\sqrt[3]{\frac{L}{m\cdot d\cdot k}}$，

$$=\sqrt[3]{\frac{53}{0.65\times1.00\times1.00}}$$

$=4.34$ 公尺。

自公式(八) 總深度 $H=\frac{h-K}{2}+r$

$$=\frac{4.45-0.25}{2}+4.34$$

$=6.44$ 公尺。

但當爆炸發生之後，一部份土復行墜落彈穴之內，其厚度可積至總深度百分之五至十二。故實際深度當約爲6公尺。

例題三：

如例題二，惟天氣良好，遭遇角等於 80 度。遭遇物質爲 1:6(1:2:4) 混凝土（抗炸係數 m 等於 3.60）。炸藥量爲 50 公斤。求彈穴之總深度。

（解答） E 仍同前，因W及V不變。故自公式（二），得 —

$V=E\sin\theta$

$=318,600\sin80°$

$=318,600\times0.985$

$=313,700$ 公斤公尺。

σ 自第八表得 0.000825。

$h=\frac{V\sigma}{Ac}$

$$=\frac{313,700\times0.000825}{\frac{\pi}{4}(25)^2\times1.00}$$

$=0.527$ 公尺。

今彈長 $=1.50$ 公尺，$\frac{0.527}{1.50}\times20=7.03$，即 h 爲彈長之二十分之7.03倍。故自第十一表得 $d=2.973$（用直線插入法。）自公式(六)，

$$r=\sqrt[3]{\frac{50}{5.75\times3.60\times2.973}}$$

$=0.933$ 公尺。

如用派愛爾氏實驗公式(七)，

$$r=\sqrt[3]{\frac{L\gamma}{m\cdot d\cdot k\left(\frac{m+d}{2}\right)}}。$$

假定彈藥長為彈長減去口徑之一又四分之三倍，即 1.50−1.75×0.25=1.063 公尺。又 (h−k)=0.527−0.250=0.277 公尺，即 $\frac{0.277}{1.063}\times12=$ 彈藥長之十二分之3.13倍。故自第十二表得 $\gamma=0.394$。

威力半徑

$$r=\sqrt[3]{\frac{50=0.394}{3.60\times2.793\left(\frac{3.60+2.793}{2}\right)}}$$

$$=\sqrt[3]{0.561}=0.826\text{ 公尺。}$$

當 r=0.933 公尺時總深度 $H=\frac{0.527-0.250}{2}+0.933=1.072$ 公尺。當 r=0.826 公尺時，總深度 $H=\frac{0.277}{2}+0.826=0.964$ 公尺。因公式(七)係自多種情形下得來之平均數，不甚可靠，故以 H=0.964 公尺為較準確。

彈穴上口之直徑約為1.63公尺，如第七圖。

第七圖

（待續）

鐵路叢談

程文熙

第二章 蒸汽機車

一 機車之演變

開發地方富源，端賴交通發達；而陸地交通工具之最能任重致遠者，厥為機車。考機車之最初發明者，為民國紀元前一四一年——即西曆一七七零年法國工程隊兵官居諾用蒸汽代人力為初次之試驗。繼起者有一八〇二年英國南韋爾斯礦工隊長突來肥息克及維維映二人，一八一三年白郎景索濺，一八一四年白拉開脫及史梯文生等；而史

IMPORT—EXPORT

SOCIÉTÉ GÉROLIMATOS

若利嗎洋行

MAISON FONDÉE EN 1908

YUNNANFU

Quincaillerie—Outillages divers—Produits métallurigiques—

Matériaux de construction—Ciment—Verres à vitre.

Articles sanitaires

Verrerie—Vaisselle—Ustensiles de cuisine.

Pneux—Chambres à air pour Autos—Vélos et pousse-pousse.

Bicyclettes—Coffreforts—Appareils téléphoniques—Corde.

Droguerie et Alimentation générale.

本行開設滇垣歷有卅餘年專辦大小五金各種工具鋼鐵玻璃及水泥等建築材料兼售各式汽車卡車人力車內外輪胎衛生用具玻璃器皿西餐廚房用具單車保險鐵櫃繩索電話材料歐美罐頭食品一應俱全價格克己如蒙賜顧毋任歡迎

行址：昆明金碧路四〇七八號

電話七三八號

電報掛號 GÉROLIMATOS

氏復於一八一五年續有發明。他如一八二八年則有法人塞根，一八三四年則有利物浦人福來斯士。經各發明家之研求，逐漸改革，乃有今日之機車，供吾人之使用。由此可知一事之成功，非一時一人所能奏效，自必經多數人之改進，長時間之探討，而後克獲相當之結果。至其結果之是否完善，則又難言。蓋完善云者，乃相對的，非絕對的也。今日所認爲完善者，殆吾人智能止於此，非學術盡於此也。倘異日有更完善之發明，將又覺昨非而今是。學問既無止境，則吾人之努力寧有止境哉？吾人生當今日，欲預推將來，自不可不先明已往。蓋未來乃已往之續，非劃時代而起者。爰不揣譾陋，採集歷來機車發明之源流，繪具圖說，輯爲是篇。倘亦因此引起閱者研求之興趣，而有所創造發明乎，是則區區之所企禱者也。

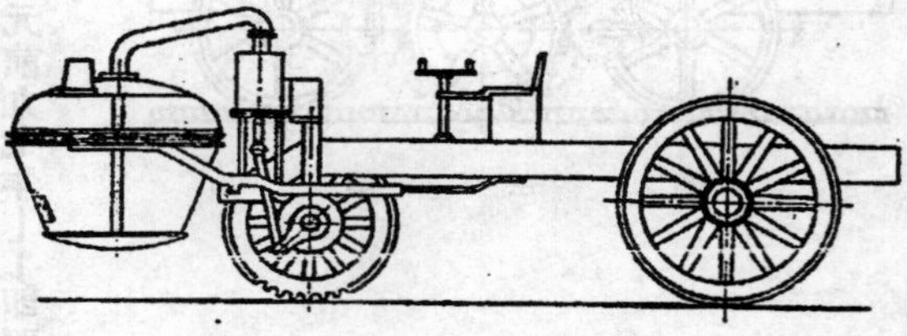

第一圖：民國紀元前一四一年——即西曆一七七〇年法國工程隊兵官居諾 (Cugnot) 所發明之機車。此車模型現陳列巴黎藝術博物院 (Conservatoire des Arts et Métiers de Paris)。

第一圖

第二圖：民國紀元前一〇九年——即西曆一八〇二年英國南韋爾斯 (A. Cornish Mine Captain in South Wales) 礦工隊長突來肥息克 (Richard Grevithik)及維維映(Andrews Vivian)二人創造之三輪自行車。後二輪用汽力轉動，前一輪爲引導。嗣經改良，將汽缸中之廢汽導入烟囱，與近代之機車原理恰合。此車模型現陳列倫敦景心登博物院 (South Kensington Museum, London)。

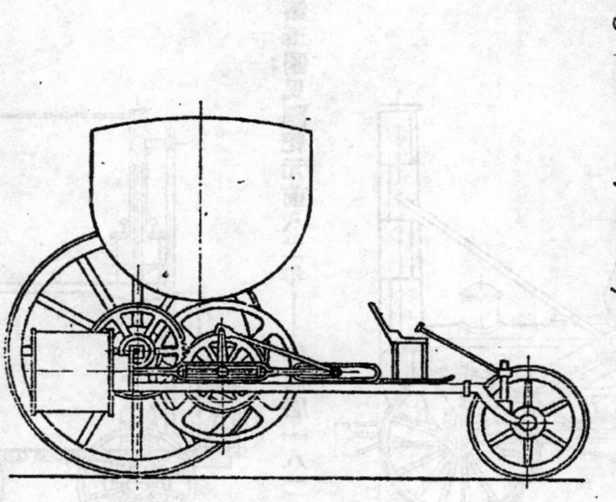

第二圖

第三圖：民國紀元前九八年——即西曆一八一三年白郎景索潑 (Blenkinsop)創造之車，能行於有齒軌道之上，專爲米突爾頓 (Middleton) 煤礦運煤至黎茲 (Leeds) 用之。此爲爬山機車之始祖。近代瑞士國利希 (Righi) 鐵路，其坡度有25%；孟比拉脫 (Monte Pilate) 鐵路，其坡度有 40%，即用齒軌。

按輪軌澀力(Adherence)原理，民國紀元前九七年——卽西曆一八一四年始由白拉開脫(Blackett)發明。

第三圖

第四圖：民國紀元前九七年——卽西曆一八一四年史梯文生(Stephensen)創造之車。前後兩動輪軸用鐵鏈相連，專爲口靈勿次(Killingsworth)煤礦所用。

民國紀元前九六年——卽西曆一八一五年，史梯文生又將機車前後兩動輪軸聯絡關係，改用槓杆，車軸改爲彎軸。

民國紀元前九五年，——卽西曆一八一六年，史梯文生又造一車。用三副動輪軸，以循環之鐵鏈聯絡之。

按民國紀元前八三年——卽西曆一八二八年，法國聖戴基映(Saint Etienne)鐵道經理塞根(Seguin)發明鍋爐烟管。鍋爐蒸發

量，遂見增大。

第四圖

第五圖：民國紀元前八二年——卽西曆一八二九年，史梯文生又

第五圖

造一車，名曰火箭(Rocket)。其直立汽缸，改爲斜汽缸，拖重四十噸，速率每小時三十五英里，曾得獎金五百鎊。

第六圖：民國紀元前七九年——即西曆一八三二年，史梯文生又造一車，名曰行星(Planet)。其斜汽缸改爲平行汽缸，放置前端兩邊車輪之內，行駛於利物浦(Liverpool)及孟鳩斯脫(Manchester)之間。

第七圖：民國紀元前七七年——即西曆一八三四年，利物浦人福來斯土(Forrester)創造之車，用平行汽缸，但置於車輪之外邊。此爲第一次造成之高速度機車。

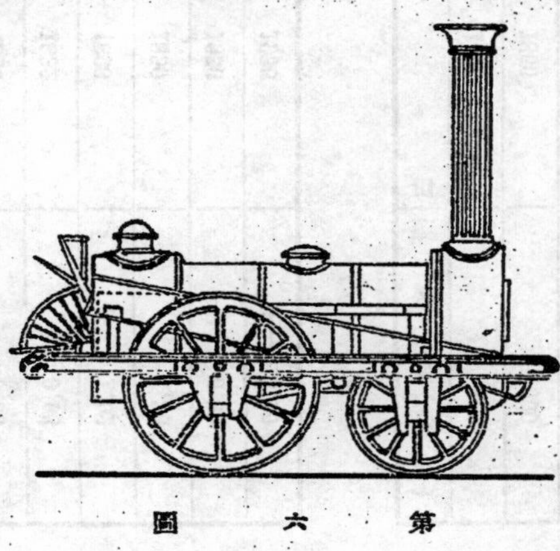

第六圖

第七圖

民國紀元前六一年——即西曆一八五〇年，稽拉克(Quillac)及孟德丑矣(Montcheuil)發明乾汽機車。惟此種乾汽機車至西曆一九〇三年一九〇四年——即民國紀元前九年八年——始盛行。與尋常式樣之同等力量之機車相較，水可省百分之二十至二十五，煤可省百分之十至十五。

民國紀元前三五年——即西曆一八七六年，馬來(Mallet)發明複漲機車。其汽體先在第一汽缸澎漲一次之後，再在第二汽缸作第二次之澎漲；故有大小汽缸各一。其大汽缸中用低壓汽，小汽缸中用高壓汽。如此佈置，可省煤百分之十至十五。

民國紀元前三一年——即西曆一八八〇年，黎古(Ricour)發明桶式汽門。既經久且便利，乾汽機車率皆援用。

民國紀元前二五年——即西曆一八六八年，韋白(Wibb)創造一車。有汽缸三：其低壓汽缸一個在中間，高壓汽缸兩個，分置於其兩邊。

民國紀元前二三年——即西曆一八八八年，P. L. M. 公司造一機車。有汽缸四：其低壓汽缸兩個在中間，高壓汽缸兩個，分置於其前後或兩邊。

一百五十年間蒸汽機車之演變，大略如此；今尙精進無已時。推其改進之目的，無非使機車負重多而行駛速，效能大而費用小。至於改進之方，則在增加其能力，改善其效率。蓋機車之能力發於蒸汽之熱量；蒸汽愈多，熱度愈高，其成績愈佳。蒸汽發於鍋爐，故欲蒸汽之多，必須鍋爐之容水多，燒煤多，鍋體大，火箱大，爐篦之面積大，而每小時之蒸發量亦隨之增加。至於熱度，則蒸汽在鍋爐內之壓力愈大，其熱度愈高；然鍋爐之體積加大，則機車全身之重量亦隨之加大，其每一軸之負重亦如之。機車之能力既大矣，其行駛之速率，能挽之重量，自然加大。此為機車改進之程度也。茲將上述各項歷年改進之數字分別列表於后以示大概：

(甲)鍋爐之直徑

地點＼年份	1907	1936
歐洲	1m50—1m60	1m80—1m90
美洲	1m80—1m90	2m40—2m60

最大直徑在美洲有達3m00者。

(乙)火箱爐篦之面積

機車名稱	年份	面積(方公尺)
Rocket	1829	0,56
Planet	1832	0,68
Ginonde	1838	1,02
Crampton	1850	1,30
歐洲最大之機車	1936	4—6,50
美洲最大之機車	1936	6—16,90

(丙)每小時之蒸發量

機車名稱	年份	蒸發量(公斤)
Rocket	1829	800
Crampton	1850	5,000
Express	1900	10,000
歐洲機車	1936	18,000—25,000
美洲機車	1936	50,000

(丁)蒸汽之汽壓

年份	汽壓(公斤)
1829	3,500
1850	7,000
1890	15,000
1900	16,000
1924	27,000
1929	31.000
1933	35,000

(戊)機車全身之重量

機車名稱	年份	重量(公斤)
Rocket	1829	4,500
Planet	1832	8,000
Crampton	1850	27,000
Express	1900	50,000
Pacific	1910	93,000
Mountain	1931	125,000
以上係歐洲之情形		

Southern Pacific	1936	291,000
Northern Pacific	1936	339,000
以上係美洲之情形		

(己)車軸之負重

機車名稱	年份	每根軸負重(公斤)
Rocket	1829	2
法國	1936	19——22
德國	1936	20
比國	1936	24
英國	1936	22
美國	1936	33——42

(庚)列車之營業速率(Commercial Speed 包括停車時間在內)

年份	每小時能行公里
1750	4,2
1832	12,6
1843	16,1
1855	48,3
1899	72,7
1900	85,3
1932	88,2
1933	93,4
1934	100,1
1936	120,8

(辛)機車之拉重

歐洲大機車能挽 2750 噸(Locomotive 2-7-2 of U. R. S. S.)。

美洲大機車能挽 4800 噸(Locomotive Mallet of U. S. A.)。

(壬)機車每噸本身重量發生之馬力

年份	馬力(匹)
1829	5,9
1850	14,8
1890	20,8
1910	23,0
1931	25,0
1936	36,0

按機車總馬力最初不過二十五匹，以後逐漸增加，今已達三千七百匹云。

(癸)機車能力加強，其拖帶之煤水車，亦隨之而大。茲將一九三六年世界各國煤水車之存煤存水量，開列如左：

國別	存水噸數	存煤噸數
英國	22.7	8
德國	32.0	10
法國	42.0	10
比國	38.0	——
美國	82.0	——

現代運輸工具，蒸汽機車而外，尚有蒸汽船、摩托車、飛機諸類；然核其效力，則以機車為最強而最儉。今試以每小時行一百公里為準，計各種工具每匹馬力能負之重量，得表如左；讀者可資比較焉。

飛機	13.5公斤
摩托車	21公斤
裝貨卡車	41公斤
飛船	43公斤
有軌摩托車	100公斤
海船	290公斤
鐵路快車	400公斤
鐵路貨車	840公斤

二　機車之識別

機車式樣甚多，簡單區別方法，以其車輪數目為準。機車之輪，凡分三種：與汽缸聯繫者為動輪；在動輪之前者為導輪；在動輪之後者為隨輪。如北寧鐵路之米加度式機車，前有導輪二，中有動輪八，尾有隨輪二，則列式為2.8.2。平綏鐵路之馬來式機車，前有導輪二，機有動輪八，其後又有動輪八，尾有隨輪二，則列式為 2.8.0+0.8.2，此之謂雙套機車。假如中間動輪僅六個，前無導輪，尾無隨輪，如汴洛鐵路所用之調車機車，然則列式為0.6.0。餘可類推。

附表

單套機車

0.2.2.	Rocket
2.2.0.	Planet
2.2.2.	Forrester (Gironde)
4.2.0.	Crampton
4.2.2.	G. N. R.
0.4.0.	Clemont Desormes
0.4.2.	
0.4.4.	（廣三）
2.4.0.	Buddicom(Express)
2.4.2.	Columbia
2.4.4.	（膠濟）
4.4.0.	America
4.4.2.	Atlantic
4.4.4.	Double Ender
0.6.0.	（汴洛）
2.6.0.	Mogul
0.6.2.	（京奉）
2.6.2.	Prairie
2.6.4.	Adriatic
4.6.0.	10 Wheel
4.6.2.	Pacific
4.6.4.	Baltic or Hudson

0.8.0.		(隴海)
2.8.0.		Consolidation
2.8.2.		Mikado
2.8.4.		Berkshire
4.8.0.		12 Wheel
4.8.2.		Mountain
4.8.4.		
0.10.0.		10 Coupled
2.10.0.		Decapod
0.10.2.		
2.10.2.		Santa Fa
2.10.4.		Texas
4.10.0.		Mastodont
4.10.2.		Overland
0.12.0.		12 Coupled
2.12.0.		Centipede
2.12.2.		Janvanic
2.12.4.		
4.12.0.		
4.12.2.		Union Pacific
4.12.4.		
4.14.4.		([illegible])

雙套機車

0.4.0.+0.4.0.	Mallet, Garratt, Meyer, Farlie.
2.4.0.+0.4.0.	Mallet, Garratt, Meyer, Farlie.
0.6.0.+0.6.0.	Mallet, Garratt, Meyer, Farlie.
2.6.0.+0.6.0.	Mallet, Garratt, Meyer, Farlie.
2.6.0.+0.6.2.	Mallet, Garratt, Meyer, Farlie.
0.8.0.+0.8.0.	Mallet, Garratt, Meyer, Farlie.
2.10.0.+0.10.2.	Mallet, Garratt, Meyer, Farlie.

三套機車

0.4.0.+0.4.0.+0.4.0.	Shay type.
2.8.0.+0.8.0.+0.8.0.	Locomotive with driven tender wheels.

雙套三套機車，因鐵路之彎道及橋樑之限制而起。彎道小則長機車不能行，橋樑弱則重機車不能行；救長之法，將機車分成數節，如人之骨節，然俾臨時可以轉移方向，救重之法，將機車軸數增加，使其重量分佈於衆軸之上——但機車因此增長，分節更有必要。所謂單套機車者：其鍋爐之下，有一套動輪，導輪隨輪，或有或無。雙套機車者有兩套動輪；其中一套或一二軸，可隨道轉向，導輪隨輪或有或無。三套機車者有三套動輪，其功用與前相同。

附雙套機車格式及所在路名表

式	鐵路名	軌距 (mm)	車輪列式
Mallet	Missouri Oklahama and Gulf R.	1435	2.6.0.+0.6.2.

Mallet	Norfolk and Western R.	1435	2.6.0.+0.6.2.
Mallet	Pennsylvania R.	1435	0.8.0.+0.8.0.
Mallet	Baltimore and Ohio R.	1435	2.8.0.+0.8.0.
Mallet	Great Northern R.	1435	2.8.0.+0.8.0.
Mallet	San Louia and San Francisco R.	1435	2.8.0.+0.8.2.
Mallet	Philadelphia and Reading R.	1435	2.8.0.+0.8.2.
Mallet	Nashville, Chattanooga San Louis R.	1435	2.8.0.+0.8.2.
Mallet	Duluth, Missabe and Northern R.	1435	2.8.0.+0.8.2.
Mallet	Virginian R.	1435	2-10-0+0-10-2 2.8.0.+0.8.0.+0.8.4.
Mallet	Erie R. R.	1435	2.8.0.+0.8.0.+0.8.2.
Mallet	Northern R. R.	1435	2.8.2.+2.6.0. 2.8.2.+2.8.0.
Mallet	North Pacific	1435	2.8.0.+0.8.2.
Mallet	Chesapeake and Ohio	1435	2.8.0.+0.8.2.
Mattle	Union Pacific	1435	4.6.0.+0.6.4.
Mallet	South Pacific	1435	4.8.0.+0.8.2.
Mallet	Bavarian State	1435	0.8.0.+0.8.0.
Mallet	Peping Suiyuan Ry	1435	0.4.0.+0.4.0. 2.4.0.+0.4.2. 0.6.0.+0.6.0. 2.8.2.+2.8.2.
Mallet	Peping Hankow Ry	1435	0.8.2.+2.6.0.
Mallet	Japan State	1067	0.4.0.+0.4.0. 0.6.0.+0.6.0.
Mallet	Jaroslaw Archangel	1067	0.6.0.+0.6.0.
Mallet	South African Ry	1067	2.6.0.+0.6.0. 2.6.0.+0.6.2.
Mallet	Java	1067	2.8.0.+0.8.0.
Mallet	Kenya-Uganda Ry	1000	0.6.0.+0.6.0.
Mallet	Madrid-Aragon	1000	2.6.0.+0.6.0.
Mallet	F. C. de P (Chili)	1000	2.6.0.+0.6.2.
Mallet	Minas Y.F. C. de Utrillas	1000	0.6.0.+0.6.0.
Mallet	German State	1000	0.6.0.+0.6.0.
Mallet	Gio Grande do Sul (Brazil)	1000	2.6.0.+0.6.2.
Mallet	Burma	1000	0.6.0.+0.6.0.
Mallet	Jugoslave	760	2.6.0.+0.6.2.
Mallet	Austrian Federal	760	2.6.0.+0.6.2.
Garratt	L. M. S. R.	1435	2.6.0.+0.6.2.
Garratt	L. N. E. R.	1435	2.8.0.+0.8.2.
Garratt	Algerian	1435	4.6.2.+2.6.4.
Garratt	Limburg Tramw. Mij.	1435	0.6.0.+0.6.0.
Garratt	San Paulo (Brazil)	1600	2.4.0.+0.4.2.
Garratt	Bengal Nagpur	1067	4.8.0.+0.8.4.
Garratt	Reira and Rhodesia	1067	2.8.2.+2.8.2.
Garratt	South African	1067	2.6.0.+0.6.2. 4.8.2.+2.8.4. 4.6.2.+2.6.4. 2.8.2.+2.8.2. 2.6.2.+2.6.2.
Garratt	Western Australian	1067	2.6.0.+0.6.2.
Garratt	Tasmania Government	1067	4.4.2.+2.4.4.
Garratt	Tasmania Emu Bay	1067	4.8.2.+2.8.4.
Garratt	New Zealand	1067	4.6.2.+2.6.4.
Garratt	Negerian	1067	4.8.2.+2.8.4.

Garratt	Negerian	1067	4.6.2.+2.6.4.
Garratt	Sudan	1067	4.6.2.+2.6.4.
Garratt	La Robla (Spain)	1000	2.6.0.+0.6.2.
Garratt	Rio Grande du Sul (Brazil)	1000	4.6.2.+2.6.4.
Garratt	Leopoldina	1000	4.6.2.+2.6.4.
Garratt	Tranian State	1000	4.8.2.+2.8.4.
Garratt	Siam State	1000	2.8.2.+2.8.2.
Garratt	Burma (Sedaw-Maymyo)	1000	2.8.0.+0.8.2.
Garratt	Kenya Uganda	1000	4.8.2.+2.8.4.
Garratt	Tanganyika	1000	4.8.2.+2.8.4.
Garratt	Victoria State (Australian)	762	2.6.0.+0.6.2.
Garratt	Serra Leone	762	2.6.2.+2.6.2.
Garratt	South African	762	2.6.2.+2.6.2.
Garratt	South African	610	2.6.2.+2.6.2.
Garratt	Chemin de fer du Bas Congo	760	2.6.0.+0.6.2.
Garratt	West African	600	2.6.0.+0.6.2.
Shay	Mount Tamalpais Ry	1435	0.4.0.+0.4.0.
	Peping Suiyuan Ry	1435	0.4.0.+0.4.0.+0.4.0.
Baldwin	Marysville and Northern Ry	1435	0.4.0.+0.4.0.+0.4.0.
Meyer	Manila R.	1067	2.6.0.+0.6.2.
Farlie	South African	1067	2.8.2.+2.8.2.
Golwé	Chemin de fer de la côte d'ivoire	1000	1.3.0.+0.3.1.

三　我國之機車

民國紀元前四十八年——卽同治三年，當洪秀全困守金陵之時，英國鐵道發明家史梯文生由印度來華建議當道，創設上海至蘇州之鐵道。當時中國當道，昧於世界新智識，無以應之；然此線竟於四十年後築成，卽所謂京滬鐵路是。民前三十八年——卽同治十三年，英商怡和洋行發起由上海江灣造一鐵道至吳淞口。翌年——光緒元年——一月，所需材料及小機車一輛——名引導者由英國運抵上海，當卽興工舖道，五月通至吳淞，計長五英里。是月底第二機車——名永久者亦運抵上海，雖重祇九噸，然已大於引導矣。七月一日正式通車，計一列車載客二百人，每小時行五英里。上海道聞之十分驚惶，欲迫其停工而未果。民前三十六年——光緒二年——三月，撞斃一兵，致成命案。上海道及南洋大臣遂照會領事，轉飭停止營業；由中國出銀二十八萬五千元贖回自辦。付款之後，卽將該路拆除。民前三十五年——光緒三年——五月，招商局總辦唐景星呈請：「因開平煤礦運輸不便，建造唐山至胥各莊鐵路七英里。」是爲唐胥鐵路。但奉批准之後，又收回成命。翌年復請「以騾馬曳車代替機車」，重申造路之請，始得邀准。於民前三十三年——光緒五年——開工，是年卽告完成。此爲中國第一正式鐵路。民前三十一年——光緒七年，該路總工程司英人金達以騾馬曳車，費時耗資，至不經濟；乃利用舊廢鍋爐，改造一小機車，其力能引重百餘噸。此爲中國正式鐵路行駛機車之第一次。翌年，由英購來機車二輛。厥後國內鐵路漸多，而各種機車亦次第輸入。茲將民國二十六年我國所有機車式樣，及數量，暨我國各式機車始用年份及所在路名分列兩表，以資觀覽。並將二十七年世界各國蒸汽機車數目列表附後。

中國所有機車式樣及輛數表（民國二十六年冬）

類別＼輛數＼路別	京滬	滬杭甬	津浦	平漢	北寧	膠濟	隴海	廣九	粵漢	南潯	平綏	正太	道清	潮汕	新寧	杭江	首都鐵路及輪渡	總計
0-4-0									2						3			5
0-4-4									3									3
2-4-0							2											2
2-4-2	2																	2
2-4-4						4												4
4-4-0	18	18	2		3				8	2								51
4-4-2	4												1					5
0-6-0	2	11	12	25		9	10	2	2		3	11	4		2			93
0-6-2					4	13												17
2-6-0		3	45	45	113		15	9	23	4	10		7		10		2	298
2-6-2			6	90	41		8		9	4	21			5				184
2-6-4					2						4							6
4-6-0	25		38	47	19	80	12	3	8			56						232
4-6-2	11		20		12	10	7				20							80
0-8-0		1				8	1		4								1	10
2-8-0	4	10		10	44	40	28		19		6							161
2-8-2			48		34	4	4				46							186

4-8-0																6		6
4-8-2									4									4
4-8-4									24									24
0-4+4-0											6							6
2-10-2			10															10
2-4+4-2											4							4
0-6+6-0											4							4
2-8+8-2											14							14
0-6-2+2-6-0				12														12
全國總數	66	43	181	229	266	113	87	14	106	10	138	67	12	5	15	15	1	1368

我國各式機車始用年份及所在路名表

始用年份	機車式樣	始用路別
1887(民前二四年)	2-6-2	北寧
1891(民前二〇年)	2-6-0	北寧
1892(民前一九年)	2-6-4	北寧
1897(民前一四年)	4-4-0	北寧
1897(民前一四年)	0-6-2	北寧
1898(民前一三年)	0-6-0	隴海
1901(民前一一年)	4-6-0	膠濟
1903(民前九年)	0-4-4	粵漢
1904(民前八年)	0-4-0	粵漢
1905(民前七年)	4-6-2	京滬
1906(民前六年)	2-4-4	膠濟
1908(民前四年)	0-6-0+0-6-0	平綏
1908(民前四年)	0-6-2+2-6-0	平漢
1909(民前三年)	0-8-0	膠濟 隴海
1909(民前三年)	0-4-0+0-4-0	平綏
1911(民前一年)	2-4-0+0-4-2	平綏
1912(民一年)	2-8-0	平綏
1913(民二年)	4-4-2	平綏
1914(民三年)	2-8-0+0-8-2	京滬
1915(民四年)	2-4-2	道清
1916(民五年)	2-4-0	隴海
1918(民七年)	2-8-2	北寧
1928(民一七年)	4-8-2	粵漢
1934(民二三年)	4-8-0	浙贛

1936(民二五年)	4-8-4	粵漢
1937(民二六年)	2-10-2	津浦

附一九三八年世界各國蒸汽機車數目表（民國二十七年）

國別	數目
德國	27,100
英國	24,460
法國	21,300
俄國	20,000
澈大利	6,400
波蘭	5,150
比利時及呂森堡	4,850
捷克斯拉夫	4,300
羅馬尼亞	4,000
奧地利	2,700
西班牙	2,400
匈加利	1,950
荷蘭	1,600
南斯拉夫	1,500
瑞典	1,150
瑞士	880
丹麥	700
芬蘭	675
波加利亞	400
土耳其	400
挪威	395
葡萄牙	375
阿爾巴尼亞	350
萊多維亞	250
希臘	175
立陶宛	150
愛沙利亞	100
歐洲總數爲	133,610輛
美國	61,300
加拿大	5,550
銀國	3,050
巴西	2,300
支利	950
西印度羣島	850
墨西哥	600
烏拉圭	440
中美洲各國	280
哥倫比亞	270
祕魯	200
委納瑞拉	90
厄瓜多	30
巴拉圭	25
玻尼維亞	20
美洲總數爲	78,555輛

印度（緬甸在內）	8,000
日本	3,800
中國	1,368
荷屬地	550
小亞細亞	270
馬來半島	240
安南	228
朝鮮	200
暹羅	180
非利賓	150
亞拉伯	100
亞洲總數為	15,088輛
南非洲聯邦	1,900
西爾及尼亞	1,050
英屬各地	980
埃及	700
法屬各地	470
比屬岡果	325
突尼斯	200
葡屬各地	180
摩洛哥	60
亞比西尼亞	50
非洲總數為	5,915輛
澳大利亞洲	3,700
紐西蘭	650
澳洲總數為	4,350輛
全世界蒸汽機車總數為	237,416輛

英國超高壓遠距離輸電之經濟觀

Reinhold Rüdenberg 原著
朱仁堪節譯 惲震校閱

緒言

十九世紀之中，英國一般工業，均集中於天然動力所在地，若煤礦或巨流之附近。但自運輸設備及高壓輸電發展以來，遂逐漸變化。當132仟伏高壓電網完成之時，凡工業及家庭所需之電力，無論窮鄉僻壤，均有供給。然則此後新建之動力廠，將近用電中心乎，抑近煤礦乎，頗值研究。此問題之形成，固不自今日始，但挽近高壓輸電之發展，及大型汽輪機効率之增進，誠為萬分重要之因素，尤宜重加考慮。爰就近十年來電機工程之發展，從經濟觀點上探討超高壓遠距離之大量輸電，爲便於討論，計假定輸送電力爲500,000瓩，距離爲160哩，此數實等於英國主要煤田及工業區之距離也。

動力廠之容量

茲先就統計數字，推測未來動力廠之容量。根據長期紀錄，各國電力輸出量，平均每年增加10至15%。英國在1930年，動力廠最大輸出量爲220,000瓩，1935年爲330,000瓩。故至1940年當可增至500,000瓩，1945年當爲750,000瓩。

限制動力廠容量之因素有二：一爲汽輪機之凝冷水（Cooling water），一爲發電機之短路電力（Shortcircuit power）。動力廠輸出一瓩小時之電功，即需爲1/3至2/3噸凝冷水。是以當輸出500,000瓩時，每秒鐘需凝冷水50至100噸。倘採用冷水塔設備，不特創設費太高，抑且水溫不能十分降低，發電成本勢必增加。是以未來之巨大動力廠，不得不鄰近海岸，庶幾冷凝水取給利便。英國主要煤礦離海較近，適足資以供給，誠屬巧合也。

短路電力亦足以限制動力廠之容量。是以全廠之電力，必須分配於5至10座發電機之間，適宜裝置交叉電抗器（Cross-reactor），或利用升高變壓器之電抗，以分段隔離之；同時斷路器之設計，必須改進，庶使線路發生障礙時，斷路器有甚高之斷路容量（Interrupting capacity），於最短時間內，足以祛除之。照近年設計之進展，與容量之增加，適能相稱，故500,000瓩動力廠之順利建築，當爲合理之假定。

動力廠之發電成本

動力廠創設費，不難從已成動力廠之平均數中推測得之。倘對鍋爐及汽輪機之效率，不事苛求，則創設費自能減低，惟煤之消耗，勢必增加；反言之，欲求效率高超，必用高壓蒸汽，及其他設備，創設費亦隨之而增。上列因素互爲消長，故發電成本不致參差過甚。關於500,000瓩動力廠，姑假定每瓩之創設費爲£15，每瓩小時用煤1.5磅。

凡大量之動力廠，每年利息、折舊、運用及維持費用，約合投資之15%，負載因數約在50至60%間，就其平均數而言，假定每年滿載運用5,000小時，即可能量8,700小時中之57%。如此則

$$\text{每瓩小時之間接成本}=\frac{15\%\times 7,500,000}{500,000\times 5,000}\times 20\times 12$$

$$=0.108\ \text{d.}$$

所需之煤，含熱量較大，約爲每磅14,000 B.T.U.。在礦場交貨之價格，約爲12s. 6d.。故

$$\text{每年之耗煤量}=\frac{500,000\times 5,000\times 1.5}{2240}=1.68\times 10^{6}\ \text{噸}$$

$$\text{每年煤價}=168\times 1.0^{6}\times\frac{12.5}{20}=£1.05\times 10^{6}$$

$$每瓩小時之直接成本=\frac{1.05\times10^6\times20\times12}{500,000\times5,000}=0.101d.$$

間接與直接成本相加得

$$每瓩小時發電成本=0.108+0.101=0.209d.$$

就使假定數值不能盡符實際發電成本決不出 0.20 至 0.25d 範圍之外。

輸電線之設計

設計遠距離高壓架高線時，最重要者，莫若適宜電壓之選擇。良以線路之極限輸電量隨電壓而定。至於限制輸電量之主要因素有如下述三點：一為在製造及架設觀點上容許之導體截面及其電阻抗位降。二為兩端動力廠之穩度(Stability)三為輸電損失及電容電流。

第一表　高壓輸電線之特性

(1) 電壓（仟伏）	100	120	150	200	250	300
(2) 導體直徑（毫米）	12	15	18	25	30	36
(3) 截面積（平方毫米）	90	140	200	185	250	320
(4) 電　流（安）	150	230	340	315	425	550
(5) 電阻位降（%）	13.5	11.2	9.0	6.7	5.4	4.5
(6) 電抗位降（%）	27	32	40	28	30	32
(7) 單路三相電力（兆瓦）	26	47	88	110	185	280
(8) 穩定單路電力（兆瓦）	22	32	50	90	140	200
(9) 最佳單路電力（兆瓦）	27	39	60	110	170	240

第一表所示係 100 至 300 仟伏間高壓輸電線之特性。第一行為實際採用之電壓。此係動力廠空載時之數值，當滿載時須增加10%。為避免電暈損失及電訊騷擾，導體直徑不能過小，第二行即為其最小值。第三行為導體截面積。150 仟伏以下用絞線，超過此數，則徵諸經驗，空心線殊屬必要。至於電流密度以每平方毫米 1.5 安最為經濟。第四行之電流，即據此而計算。第五六行之電阻抗位降，係根據輸電距離 160 哩之假定。至於第七行，則為電力因數 100% 時之單路三相電力。就電阻位降言之，假定之電流，甚為合理。但就電抗位降言之，則電流不容再增。實際運用時，必須減低。惟管形導體則不受此限制。

若就輸電線兩端動力廠之相互穩度而言，則電抗位降，尚須減低。否則倘遇騷擾發生，發電機易於脫離同步性。大凡發電機，輸電線，及中間電器之總電抗位降，不能超過66%。照一般標準，每一發電機之電抗，至少為12%，變壓器為10%，於是輸電線之電抗，祇餘22%，較諸第六行所列為低，因此輸電量必須照電抗比例減低，如第八行所列者。

在長輸電線上，尚有電容電流之損失，隨距離電壓而激增。然設使線路電抗之有感電力與充電電流之電容電力互相中和，則輸電效率反為最高。每一電壓，必有此最佳電力 (Optimum Power)，其數值隨電壓而增加，第九行即最佳輸送電力也。世界上長輸電線，均運用於其附近，設計時亦當奉為圭臬。

輸電線之容量，既隨電壓激增如上表，欲在相距 160 哩處，輸送電力500,000瓩，所需並聯線路，當隨電壓而遞減。第二表第二行卽所需線路數也。然則100或120仟伏，殊難採用，理至明顯。良以線路過多，運用複雜也。至於適宜電壓，當爲250或300仟伏。

輸電線之費用

第二表 各種電壓之輸電費用

(1) 電壓（仟伏）	100	120	150	200	250	300
(2) 並聯線路數	18	12	8	5	3	2
(3) 架設費（£×10⁶）	3.82	2.88	2.21	1.68	1.20	0.93
(4) 每年固定費用（£×10³）	382	288	221	168	120	93
(5) 輸電損失（兆瓦）	67	56	45	34	27	23
(6) 每年損失費用（£×10³）	321	268	216	163	129	110
(7) 每年輸電費用（£×10³）	703	556	437	331	249	203
(8) 每瓩小時輸電費用（d.）	0.068	0.053	0.042	0.032	0.024	0.020
(9) 佔發電成本百分數	32	25	20	15	11	9

第二表所示，係輸送500,000瓩電力160哩距離時，各種電壓之輸電費用。輸電線之架設費，固當隨電壓而增加。蓋導體截面較大，而各相間絕緣距離之增加，又須採用大型鐵塔也。照英國市場

雙線路每哩之架設費＝£1050＋16×仟伏數

第三行之架設費卽據此而計算。由此可得至爲重要之論據；卽當大量輸電之時，線路架設費之減低，實較電壓之增加爲快。倘與動力廠創設費比較，則架設費祇佔極小之分數。此又與低壓輸電架設費超出動力廠創設費之事實適爲相反。

至於高壓輸電線路，每年之利息，折舊，維持，及管理費用，約佔10%，因此得第四行之固定費用。第五行之輸電損失，則從第一表第五行之百分數乘500,000瓩而得。倘仍照前假定全年滿載運用5,000小時，而發電成本則爲每瓩小時0.23d.，則第六行之損失費用，不難計算得之。至於第七行爲總輸電費用。第八九行，則爲每瓩小時之輸電費用及其佔發電成本之百分數。

根據上表所示，固定費用與損失費用，適爲相等，可知輸電線之運用，實最經濟。亦卽電壓與導體之選擇，與夫整個輸電制度之設計最爲有利。至於輸電費用，亦如架設費之隨電壓遞增而激減。當250或300仟伏時，輸電費用，如是低小，用諸實際，當爲合理之舉。

與運煤費用之比較

倘動力廠近於煤礦，則須採用高壓，輸送至用電中心。倘近用電中心，則燃料亦須運輸。二者孰爲經濟，須就實際數字比較之。照英國鐵道運輸情形，運煤160哩，平均每噸需費12s.6d.。是以

$$每年運煤費=1.68\times10^6\times\frac{12.5}{20}=£1.05\times10^6$$

$$每瓩小時之運煤費=\frac{1.05\times10^6\times20\times12}{500,000\times5,000}=0.101d.$$

新華信託儲蓄銀行是國內歷史最悠久的儲蓄銀行

服務週到

辦事迅速

昆明分行

金碧路一六九號

總行上海江西路三六一號

分行

北平　天津　南京　廈門　廣州　漢口　重慶　昆明

估發電成本之百分數 $=\frac{0.101}{0.209}\times 100=48$

由此可知運煤制度絕不能與任何輸電制度相頡頏，就使發電効率增加，使每瓩小時燃煤一磅，仍大於輸電費用也。

至於水道運輸固較鐵道節省，倘每噸以 5s. 計，則每年之運煤費爲 £420,000。仍較 250 或 300 仟伏輸電費用爲高，惟 120 或 150 仟伏之輸電制則不能與水運相競爭矣。

結論

綜上以觀，大量電力之輸電費用隨電壓遞增而激減。照年來進展推測，500,000 瓩動力廠既能順利建築，則採用 250 或 300 仟伏高壓輸電時費用增加甚微，故此後新建動力廠之位置可不復顧及用電中心。至於鐵道或水道運煤制屆時亦不足與高壓輸電制相競爭。然則高壓輸電必日益發展，對未來電氣事業影響之深遠實毋庸誇大也。

〔G. E. C. Journal Vol. 1×No 4. 載 "The Economics of Very High Power Transmission over Long Distances" 一文議論警闢，雖文中所引述之數據未必盡符我國實際狀況，但所申論之原則固無往而不可應用，爰就原文節譯如上。 譯者符註〕

建築工程估價法的改進

夏功模

在本雜誌取名「新工程」的定義之下，寫作的工程專家們，一定有不少技術上新的貢獻，本篇所論的於技術無多大關係，不過因爲人們認「經濟」也是工程的一個主要原則，所以作者在這裏發表些關於工程估價法的新的意見。

甲 改進的商榷

往昔國內建築業開始受黨歐風的時候，技術方面的進步可謂一日千里，估價方面卻少有人去深刻研究而求其改良。每逢工程開標，雖然也間有「億則屢中」的，但大多數標價與實際相差太遠，得標人不是發大財，便是虧大本，於是就有減工偸料等情事發生。工程告竣以後，毫無記錄，所以無從研究其贏虧的原因與所在。此後估價，還不是不知如何改良。就像從前某營造包商說：「當工程結束時，我的口袋裏多出錢來，就算是好買賣了。」這類現象對於若輩本身的成敗利弊，不足探討。但是國家及社會上建設費用的無形增高，被包工料商們層層括取及精糙的，是不可勝算！同時因工料窳劣以致肇事的案件也屢見不鮮！

近年來業主們是比較精明了，尤其是屬於國家機關的工程，都有預算包商們的程度也已提高百倍估價方面可稱富有經驗與研究。但是作者認爲經驗與研究，是沒有止境的，以最近的估價法來說，似乎還有改良餘地，其缺點還是在於不夠詳盡。包商們因爲自覺不夠詳盡，爲顧到營業的安全起見，不得不將工程數量及單價儘量提高以防禦意外。表面上看來是保障着很厚的利益，實際上也確實有因此而造成求厚利的趨勢，所以到現在營造業還是被人們目爲致富之道，是不無原因。其實在估價法沒有改革完善之前，營造業的虧蝕危險性，不在其他任何營業之下。

另一方面說國家機關內負責作預算的工程師們，往往也因爲估價法的不詳盡，把工程的困難處忽略太多，結果預算太低了，找不着包商承做，於是不得不一再改動預算，或是削足就履，把工程改成簡陋塞責了事，這類現象也是亟待革除的。

現在試看下列幾種屬於房屋工程的通常估價方式：

最簡單省事的有如平房每平方公尺價值幾何，二層房屋每平方分尺價值幾何……。周到些的，想到房屋每層除了面積之外，尚有高度的差異，於是估每立方公尺的容量價值幾何。最普通而更進一步周到的想到除了面積高度的差異外，尚有工料優劣的分別，於是把工程分類而估例如混凝土每立方公尺價值幾何，十吋厚磚牆每平方公尺價值幾何，挖土每立方公尺價值幾何……。

前兩種估法的不準確是不必說，祇可先作約略比數之用。第三種估法，是否是最周到而近實際的呢？這要看這些分類單價是否再經過詳細的分析而定，如果是刻版式的引用市價，作者敢相信還是不準確的。譬如以鋼筋混凝土而言，水泥的成份，估價者不致忽略，至於鋼筋的疏密，模型的簡單複雜以及應用次數，也可以牽動單價不少，如果不加分析計算，即成大錯。有一次作者估計一個地下室工程的造價，混凝土厚及二公尺餘，而鋼筋卻用極小者佈置尤其很稀，平均每三十立方公尺混凝土中用鋼筋一公噸，而普通房屋建築樑柱樓板等設計，大致每十二立方公尺混凝土中，即需用鋼筋一公噸，這個地下室的建造所在，是產水泥的，而鋼筋卻須遠途由外國運來，價格特別高昂，經詳細分析之後，發覺該項鋼筋混凝土中的單價，較當時當地建築界人們所公認的「市價」竟不到一半之數。

再以模型而論，上述這個地下室，是不需要用木模型的，所以用土石堆築充作模型灌澆混凝土後將土石挖出即成。這個計劃，當時也沒有人預爲想到，而將標價如數減低。

再進一步精確的講，於分析工料之外，尚有其他多點，都該注意。即如用水一項，是否就地取用，或須遠途挑運，或遠途挑來後尚須濾清種種都要事先調查明白，然後準確估計，在內區區用水一項，或許也能影響單價到相當程度，尤其是工作速率方面，往往會受這些小事的妨礙，而使造價陡增。記得某處橋工，在大江中心灌築混凝土橋墩，因江水混濁，並含鹽質，用水要向岸上數里外挑來，再用小舟般運全部工用，因此不能急進，此項混凝土單價之因此變幻，非但做包商的估價時意料不到，就時嚴格禁用江水的工程師們，預算上恐怕也不會計及吧。

我們看上述的幾個例，可以斷定工程估價，非經過科學化的分析與精究不可，並且要分析得無可再分，方為盡善。無論處業主或包商的立場，都應該如此做去，因為其目的不是儘在減低估價，亦不儘在提高估價，而在跡近實際。

但是，曾經很有些人反對作者的論調同方法，他們認為這樣算法，不勝麻煩，如要項項求其準確，萬一漏去一項，反使估價不準，不如約略估計，多加餘額，較有把握。這些原是聰敏而營業化的理解，但是似乎不免受故步自封之譏。若以新時代的精神來講作事，祇求能改進一分，不怕麻煩萬分，都要做去，這樣纔可以達到完善之境。尤其在現在抗戰時期，負責國防建設的國人，應該如何不憚多費心思，分文精算，為工程避免額外費用，並且經詳細分析之後，可以知道造價的分配比例，而儘量改善不經濟的所在。這些責任，是不盡在國家機關人員們的身上，包商們也應該幫助負一點的。

乙 改進的方式

任何工程，都可以作兩方面的分析：

(一)工作的種類　如房屋工程之有基礎、牆身、屋面、粉刷、門窗、裝修之類。

(二)造價的區別

(i)材料——又可分為三種：(1)工程上消耗之材料，十足計值者，如水泥、磚瓦、樓板等；(2)工程上暫用之材料，折舊計值者，如模型板、鷹架料等。

(ii)人工——亦可分為二種：(1)包工，以工作數量計算工資者；(2)點工，以工作時間計算工資者。

(iii)運輸——無論引用舟車人畜，概以貨重單位及里程單位，計算單價。(如每公噸每公里價值幾何)

(iv)工具——不論大小，概以折舊計算，燃料則以消耗品計。

(v)管理——職工薪資，設計費用，工地膳宿開支等，概以分類工作價值及時間性，按比例攤算。

(vi)雜項——其他一切在上述五項範圍以外之費用，如何計算，視情形而定。

現在待作者把分析如上的估價表(表見後面)舉例一二，以作參考。其他工程，可以變通引用類似的分析表。總之，在求其分析之準確與詳盡而已。

丙 估價之附帶工作

（二）橋樑工程估價單

項目	工作類別	數量	單位	單價	材料		人工		運輸	工具	管理	雜項	總計
					消耗品	暫用品	包工	點工					
（甲）	圍堰工程	—	立方公尺	—									—
	（1）打板樁												
	板樁——木尺（尺碼）					—	—		—				
	鐵件——公斤					—	—		—				
	打樁機——工作小時							—		—	—	—	
	（2）沙包								—				
	蔴袋——只（作消耗品）				—			—	—				
	裝沙——立方公尺				—			—	—				
	堆置						—				—		
	（3）抽水												
	抽水機——工作小時							—	—	—	—	—	
	（4）挖土								—				
	軟土——立方公尺						—			—	—		
	硬土——立方公尺						—			—	—		
	軟石——立方公尺						—			—	—		
（乙）	基礎混凝土 1:2:4	—	立方公尺	—									—
	（1）水泥——桶				—				—				
	（2）鐵筋——噸 鉛絲——磅				—		—		—		—		
	（3）模型												
	木料——木尺					—	—		—		—		
	洋釘——桶（作消耗品）				—				—				
	鐵件——公斤（同上）				—				—				
	（4）拌機——工作小時							—	—	—	—	—	
	（5）沙——立方公尺				—				—				
	（6）碎石——立方公尺				—				—				
	（7）水——介侖							—	—				
	（8）鷹架——木尺 洋釘——桶				—	—	—		—				
（丙）	墩身砌石	—	立方公尺	—									—
	（1）石料——立方公尺				—				—				
	（2）石灰——擔				—				—				
	（3）沙——立方公尺				—				—				
	（4）砌工							—			—	—	
（丁）	鋼樑	—	噸	—									—
	（1）鋼料裝配——噸				—			—	—	—	—		
	（2）鉚釘——只				—			—	—	—	—		
	（3）鷹架												
	木樁——棵（尺碼）						—	—	—	—	—		
	木架——木尺												
	鐵件——公斤 洋釘——桶				—				—				
（戊）	工料房（如上法分析）												—
（己）	便橋（同上）												—
（庚）	意外損失												—
（辛）	利益												—
	包價總數												—

28088

(二)房屋工程估價單

項目	工作類別	數量	單位	單價	材料		人工		運輸	工具	管理	雜項	總計
					消耗品	暫用品	包工	點工					
(甲)	毛石底脚(至地板面)	—	立方公尺	—									—
	(1)挖土——立方公尺						—		—	—	—		
	(2)毛石——立方公尺				—				—				
	(3)石灰——擔				—				—				
	(4)砂——立方公尺				—				—				
	(5)砌工——						—			—	—	—	
(乙)	磚牆(15吋厚)	—	立方公尺	—									—
	(1)青磚——塊				—				—				
	(2)石灰——擔				—				—				
	(3)砂——立方公尺				—				—				
	(4)砌工						—			—	—	—	
(丙)	屋面	—	立公方尺	—									—
	(1)屋架木料——木尺				—		—		—	—	—	—	
	(2)椽子——根(尺碼)				—		—		—	—			
	(3)屋面板——木尺				—		—		—	—			
	(4)鐵件——公斤				—		—		—	—			
	(5)洋釘——公斤				—				—				
	(6)桐油——公斤				—			—	—				
	(7)簡板瓦——塊				—		—		—	—	—	—	
	(8)石灰——擔				—				—				
	(9)砂——立方公尺				—				—				
(丁)	木樓板連擱柵	—	立方公尺	—									—
	(1)擱柵——木尺				—		—		—		—		
	(2)樓板——木尺				—		—		—		—		
	(3)洋釘——桶				—				—				
	(4)柏油——公斤				—			—	—				
(戊)	門(如上法分析)	—	立方公尺	—									—
(己)	窗(同上)	—	立方公尺	—									—
(庚)	平頂粉刷(同上)	—	立方公尺	—									—
(辛)	內粉刷(同上)	—	立方公尺	—									—
(壬)	外粉刷(同上)	—	立方公尺	—									—
(癸)	………(同上)	—	…………	—									—
(子)	工料房(同上)												—
(丑)	意外損失												—
(寅)	利益												—
	包價總數												—

上列兩種估計單，不過是舉一個例子，倘還不夠周詳。正式估價時，須有下列輔助工作。

(一)工程進序表　根據投標人自身之本能與準備實力業主方面規定之限期，及當地情形之限制而作此表。該表可以提醒投標人於得標後應作何補充，以應工程之需，同時於標價上亦能作顯明的導正，尤其是在人工工具於地點及時間上之分配，如何可使不相衝突材料如何可以一再利用等等，都可以在表上研究出來。

(二)價格漲跌表　在工程進行時期中，根據國際或當地所處的環境，有時可以測定以後市況的趨勢。例如抗戰時期，外料難免高漲，農忙以後，工人易於招致之類，都應該在估價前預算到。但是究竟漲落多少，是誰也說不準的，不過以比較科學些的辦法來處理，將同等環境下已往的變遷調查記錄，作成表格(Graph)，而研究其漲跌係數(Coefficient)，藉以推測工程進行時期內的平均價格，而以之估計，無論如何，較諸胡猜盲測，必準確多矣。

(三)施工計劃書　有許多施工設計，為業主招標圖上所不備，應由包商自己計劃，附帶在投標單內，由業主核准。在巨大工程內，尤其是水上工程，這種輔助施工的工作，如築壩築便道築浮筏等等，占相當鉅數，非細心算及不可。並且包商如能設計取巧的施工方法，可以節省造價或縮短限期的，而將這種施工計劃書連圖送交業主，必能造成良好印像，而增加得標的機會。

(四)會計學的應用　估單上所列的費用，可以分成數種性質，有的是急需，有的可以陸續採辦，有的是整個消耗，有的以折舊計值，都應該分別週盡，而工款收付方面的時間性，很能牽動資本同利益，事前尤須有準確的計算。

(五)人事的研究　估價前應先調查競爭者的多寡，若輩已往的估價標準，及對於本工程興趣之濃淺，再研究業主之心理及思想，當地行政機關定例之輕重，以及當地料商工人之品性，種種皆與標價有聯帶關係。至於因人事的因素而應變動單價至如何程度，則非作者所能概括言定，亦在本篇論文的範圍以外矣。

(六)成本記錄　除非估價人是初次接辦工程，否則於分析估價之外，應有同樣分析的成本記錄(Costkeeping)以證實前估考是否準確，並可作以後估價時校正之參考，再可以從成本記錄裏面研究各項工作，以致贏虧的原因，而對症發藥的實行改善。

成本記錄的初步手續，由工場監工員負責，因為他知道每天材料出入的數量，工人進退的人數，運輸的方式，工具應用的時間，以及上述一切是用在何項分類工作的份上，該項工作當天告成的數量是多少，一一記錄下來，按日報告於總管理處。該記錄表最好預為印就，盡建築業所有的工料等名目，分門別類的排印着，一目了然，監工員祇須按項填數，十分省事。總管理處收到報告，即着會計員按項填上價格，計算其值，再將每項分類工作已成數量與價值分別立表，按日求知該項工作之累積平均單價，該單價之隨時上落，即表示工作之退步或進步，該單價之最後平均數，即可與估單上所列者作比較，而作以後估價時進一步之校正。

滇省路政史籍之一頁

陳德芬

引言

自滇緬敍昆兩路局先後成立，而滇省大規模之築路工作，於焉發軔，然夷考路政史籍，本省遠在遜清光緒末季，已有籌築滇蜀騰越兩路之舉。滇蜀鐵路之倡修者，係陳紳榮昌，於光緒三十一年具呈滇督丁振鐸奏准，由本省自行集股辦理，就田賦鹽課比例加捐，作爲股本，又奏請彙鑄銀幣，以餘利充路款，聘美人多萊哈克充工程司。騰越鐵路則於光緒三十三年時，駐滇英領謹順，照會雲南，由英屬緬甸修一鐵路以通騰越，後經滇人力爭，乃由清政府與英使議定，各修各界，此兩路之歷史概略也。蓋其時正值革命醞釀之際，各省風氣大開，有志之士，鑒於鐵路之興修，關係於國家之富強者甚大，奔走呼號，竭力提倡，其愛國熱誠，殊堪欽佩，而當時兩路籌劃工作之積極情形，亦不難想見，祇因中間時局不靖，以致遷延日久，迄未實行耳。筆者某日在省都東郊外平昆段公路十五公里處之定風庵內牆壁上，偶見光緒三十三年間本省大吏所出勸告人民踴躍加入滇蜀騰越鐵路公司股本之告示一道，剴切曉諭路政之重要，並詳敍如何繳納股款，如何立摺給息等等辦法，共數千字。此告示閱三十餘年之久，而紙張完整，字跡未壞，筆者以其不失爲滇省路政史籍中之一頁，恐日久而湮沒也，因抄錄送登工程雜誌，備資考徵云爾。

總理 會辦 滇蜀騰越鐵路總公司雲南 按察使司沈 布政使司劉 補用道方

欽命頭品頂戴雲南等處承宣布政使司布政使洊升巴圖魯劉

欽加花翎二品銜督理雲南屯田糧儲道分巡雲武地方兼管水利事加六級記錄二次增 爲

出示曉諭事。案據滇蜀騰越鐵路總公司總辦陳紳榮昌、總董王紳鴻圖、會辦陳紳度、副董湯紳曜呈稱：滇蜀騰越兩路修築，約計股本非二千萬兩不辦，數至鉅也。近奉

督部堂示諭各屬，均應分行分區分鄉認貲勸集，昆明爲省會首邑，自當先行倡辦，以爲各屬模範，除城市分行分區業經選舉分董認貲勸集外，其昆明各鄉，舊分五路，現經約集五路鄉耆，連日會議，僉

謂村野小民咸務農業家道貧富悉視田糧糧多者出多股糧少者
出少股隨糧認股至公至允莫過於斯較之按戶勸集旣易爲力而
得數亦復可觀因議定每糧一石集銀五兩昆明每歲納糧約七千
餘石可集銀三萬餘兩通省每歲納糧約二十萬石可集銀一百萬
兩以十年計可集銀一千萬兩以股本須二千萬兩論之隨糧認股
可得其半有此大宗事乃易舉或以糧股太重爲慮則鄉耆皆曰此
鐵路成否關係雲南安危欲雲南之安必期於鐵路之成欲鐵路之
成安敢辭糧股之重且曩年兵燹未靖曾隨糧徵夫馬銀矣每糧一
石徵銀三兩民無敢違者後蒙

國恩一律裁免夫徵夫馬銀兩是捐輸也其銀旣出非復己有今集鐵路
股是購票也其銀雖出仍爲己財集股益多得息益厚每石五兩雖
重無傷況關安危其誰敢吝質之通省當無異情且滇省近年來米
價昂貴大利歸農農人力田每畝除應納錢糧各款外獲利實豐約
計能納糧一斗之家不過僅認股銀五錢其數並不爲多持較川省
租捐則輕減矣如謂迭年旱災辦理不易小民闇愚恐有阻撓不知
被災之田旣免錢糧則此項路股亦與之俱免如錢糧可納則田實
有秋又不難隨糧認集矣小民闇洵所不免然經五路耆老詢謀僉
同阻撓之事當亦無慮況先就昆明試辦然後推行之或有扞格
亦不難隨時研究補救匡正惟是合之通省每年旣可得款百萬亦
宜預定期限請卽以十年爲率限滿卽行停止以紓民力昆明旣先
一年開辦將來亦先一年停止以示平均至於此事旣責小民以踴
躍擔認亦不能不爲之酬以利益杜絕弊害擬請將此項隨糧認股
仿照糧串刊刷印票註明應納數目民間交納得串票後持赴公司
核對如數至十兩者卽塡給中票一張五兩至一兩者塡給小票一
張並塡息摺交其收執照章付息倘爲數畸零有願補足一兩或數
人湊集一兩者均照塡票有願由公司登帳下年再行併數計算者
亦聽其便此酬之以利之說也而杜弊之法尤屬重要擬請將此項
認股仍由地方官當堂設櫃隨糧經收所收之銀概以庫平紋銀爲
準龍元亦可上納畸零小數願以銅幣銅錢上納者錢價照市公訂
大張示諭俾衆知悉仍由公司遴派正紳前往監收稽查以杜弊端
倘有通同作弊發覺重懲其經手書吏有查册塡票之煩亦不可不
給以酬勞查

奏定公司集股章程第十五節凡勸辦集股紳董以及並未充董而能
勸集股銀在五千兩以上者酬給銀五十兩等語擬請卽照此章辦
理卽監收人士應給夫馬亦由此內開支以示體恤總之此項旣屬
鉅款早一年開辦卽早一日得款擬請昆明試辦卽自本年開徵起
一律起辦明年再行推之全省以期迅速而資模範再前經

奏定隨糧徵收每升二文之鐵路股本如昆明本年照案開辦卽將每
升二文之糧捐停止他處未經開辦仍行徵收合併聲明等情據此
當經據情詳請

督憲衙核在案茲奉
督部堂錫　批詳悉按糧集股既經各鄉紳耆認可自屬可行所擬
辦法亦尙周妥應准先由昆明試辦俟有成效再行推行通省並詳
候
奏咨立案仰卽會同藩司糧道速飭昆明縣遵照辦理仍一面會銜出
示剴切曉諭俾衆周知切切繳等因奉此自應遵照辦理除札昆明
縣設櫃代爲徵收暨由公司遴選正紳協同監收稽查外合亟出示
曉諭爲此示仰昆明所屬有糧花戶一律遵照本年上納糧石卽照
每糧一石隨繳鐵路股款銀五兩裁發串票持赴公司聽候核對換
塡收執票息摺以憑入股照章付息倘有一兩以下畸零小數或由
本人湊起一兩之數或由數人湊集合成一兩之數均聽其便或願
由公司登帳下年再行併數計算者亦無不可因公司小票至一兩
爲止故必須湊足一兩之數方能塡票付息也至前經
奏定每升二文之鐵路糧捐應卽停止查昆明爲首善之區鐵路爲籌
滇要政該民等旣知此舉爲身家性命所繫必能踴躍從事以爲全
省之倡且事屬認股並非捐輸尤應力顧大局倘有匪徒造謠阻撓
妨害公益定行嚴拿究辦該民等愼毋輕聽附和違抗干咎凜遵勿
違切切特示　　右仰通知

光緒三十三年九月　　日

告示　　發　　實貼曉諭

28095

28096

28097

28098

編輯公約

一、本誌純以宣揚工程學術為宗旨。關於任何惡意批評政府或個人之文字，概不登載。如有記載錯誤經人檢舉，立即更正。

二、本誌所選材料，以下列三種為範圍：

甲、國外雜誌重要工程新聞之譯述；

乙、國內工程之記述及計劃；

丙、各種工程學術之研究。

三、本誌稿件，務求精審，寧闕毋濫。乙項材料，力求翔實。丙項材料，力求切實。

四、本誌稿件，雖力求專門之著述；但文字方面則務求通俗，以適應普通曾受高等教育者之閱讀。

五、本誌歡迎投稿。稿件須由投稿人用墨筆謄正，用新式標點點定；能依本誌行格寫者尤佳；如有圖案，須用墨筆繪就，以不必再行縮小為原則；譯件須將原著作人姓名及原雜誌名稱說明；由投稿人署名負責。

六、凡經本誌登載之文稿，一律酌酬稿費。每篇在一千字以上者，酬國幣十元至五十元；內容特別豐富者從優；一千字以下者，隨時酌定。

七、本誌以複雜圖案，昆明市無相當承印之所，有時須寄往外埠刊印。所有稿件，請投稿人自留一份，萬一寄遞遺失，俾有存底可查。

八、本誌係由熱心同人，以私人能力創辦。嗣後如有有力之學術團體，願意接辦者，經洽商同意，得移請辦理。

本雜誌已呈請登記

新工程　第二期

國內每冊國幣五角
香港每冊港幣四角

民國二十九年三月出版

▲外埠另加寄費▼

發行人　沈立孫

總編輯　翁為

發行處　新工程雜誌社

代售處　各大書局

社址　昆明青門巷廿號

代印處　香港商務印書館

新工程定價

時期	冊數	本省	外埠	香港	國外
半年	三	二元二角	二元八角	一元八角	二元七角
全年	六	四元四角	五元六角	三元六角	五元四角

寄費在內　郵票代洋十足通用

28100